Tous nos ouvrages sont disponibles aux

Éditions Decoopman
Ferrières
30440 Saint-Laurent-le-Minier
Tel : +33 (0)4.67.73.90.95
web : www.decoopman.com
e.mail : livres@decoopman.com

Olivier Lacaux
Jean Castanier

I.S.B.N. 978-2-36965-133-8
Dépot légal : 3e trimestre 2023

Collection
- Horlogerie -

- *L'horloger à l'établi* - Charles Gros (trad)
- *Échappements d'horloges et de montres* - Charles Gros
- *L'Horloger II - Sonneries* - Charles Poncet
- *L'Horloger* - Charles Poncet
- *Traité d'horlogerie moderne* - Claudius Saunier
- *Guide-manuel de l'Horloger* - Claudius saunier
- *L'art de l'Horlogerie enseigné en trente leçons* - Anonyme
- *L'art de connaître et de soigner les montres et les pendules* - Junius Gondy
- *Échappements à ancre*
- *Encliquetages* - F. Balavoine
- *L'horlogerie électrique* - Adolf Tobler
- *Histoire de l'Horlogerie* - Pierre Dubois
- *Les merveilles de l'horlogerie* - C. Portal & H. de Graffigny

L'HORLOGER

Sonneries

Charles PONCET

Directeur de l'École nationale d'horlogerie de Cluses

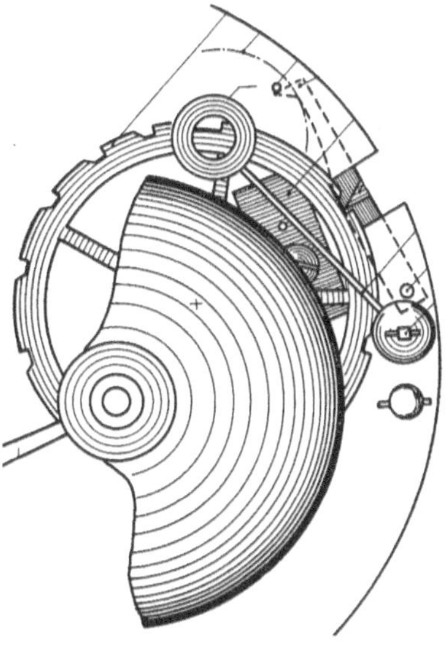

1938

Un mot d'introduction

Il s'agit, exclusivement, dans ce manuel, du mécanisme de fonctionnement des sonneries.

Divers systèmes, dont quelques-uns à remontage automatique, y sont décrits.

Pour la clarté, l'auteur a pensé — et il a eu raison — qu'il convenait de désigner par les mêmes chiffres ou les mêmes lettres, dans toutes les descriptions et dans tous les dessins, les organes qui, dans ces différents systèmes, jouent les mêmes rôles.

C'est ainsi que dans le texte explicatif et dans les figures de chaque système se trouvent indiquées par les chiffres :

- de 1 à 14 les références des ORGANES DE DÉGAGEMENT ou de DÉCLENCHEMENT ;
- de 15 à 29 les références des ORGANES D'ARRÊT ;
- de 30 à 49 les références des ORGANES PARTICIPANT AU RÉGLAGE DES COUPS À SONNER.

Et ainsi de suite.

Une telle méthode aidera le lecteur dans le travail de compréhension et de comparaison qu'il va entreprendre.

Ce livre s'adresse aux élèves des Écoles d'Horlogerie et aux jeunes professionnels qui sentent le besoin de se familiariser de plus en plus avec le jeu des pièces compliquées.

Il a le caractère d'un ouvrage de complément. Aussi avons-nous renoncé, en ce qui le concerne, à la présentation sous laquelle paraissent nos manuels pour les débutants. C'est ainsi, par exemple, que nous avons cru devoir l'alléger des Questionnaires et des Exercices que comportent le Tome I et la plupart des volumes du *Livre de la Profession.*

Une fois de plus, M. Ch. Poncet a bien voulu mettre au service de l'instruction pratique son esprit clair et méthodique, sa compétence universellement connue et sa haute autorité.

Ce nouvel ouvrage sur les *Sonneries* connaîtra le succès du précédent.

Le Directeur du *Livre de la Profession*, C. Caillard.

Chapitre I

LES GÉNÉRATEURS DE SONS

Organes essentiels d'un mécanisme de sonnerie. — Organes sonores. — Marteaux et Ressorts contre-marteaux. — Poids et courses des marteaux. — Calcul de la chute verticale. — Travail mécanique d'un marteau.

1. Organes essentiels d'un mécanisme de sonnerie.

En principe, dans tout mécanisme de sonnerie on distingue :

1°. un ou plusieurs organes sonores ;

2°. un ou plusieurs frappeurs ou marteaux ;

3°. un ressort par marteau, appelé *ressort contre-marteau*, ou, simplement, *contre-marteau*, dont le rôle est d'éloigner le marteau de l'organe sonore après chaque coup frappé sur ce dernier ;

4°. un dispositif destiné à provoquer le soulèvement du marteau ;

5°. une force motrice constituée par un poids ou par un ressort, ou encore par un moteur électrique ;

6°. un rouage multiplicateur situé entre le siège de la force motrice et le dispositif de soulèvement du marteau, rouage qui détermine une durée de marche du mécanisme de la sonnerie au moins égale, sinon supérieure, à celle du mécanisme des compteurs de temps ;

7°. un dispositif qui assure l'arrêt de la sonnerie après chaque phase de fonctionnement ;

8°. un autre ayant pour objet de mettre en concordance le nombre de coups à sonner avec les positions occupées par les aiguilles des minutes et des heures sur le cadran ;

9°. un autre encore qui déclenche la sonnerie aux moments voulus ;

10°. un autre enfin, appelé *délai* [1], qui complète le précédent et assure, à l'heure juste, la frappe du premier coup de marteau ;

11°. un régulateur de vitesse ou volant dont le but est d'établir un intervalle convenable et uniforme entre les coups de marteau.

2. Organes sonores.

La théorie des organes sonores rentre dans la partie de la Physique appelée *Acoustique.*

La vogue des horloges et même des montres qui chantent si agréablement aux oreilles la division du temps, se développe de plus en plus, Aussi, est-il nécessaire qu'un horloger qui veut être maître en sa profession connaisse les éléments fondamentaux de la théorie des sons, c'est-à-dire de l'art musical.

Les sons résultent de vibrations. Pour s'en rendre compte il suffit d'appuyer la main sur une cloche qui vient de recevoir un choc : on ressent tout d'abord un frémissement que le contact fait aussitôt disparaître, en même temps que le son s'éteint.

Ce frémissement témoigne d'une agitation moléculaire qui ne diffère des mouvements de va-et-vient du balancier des horloges et des montres que par la *fréquence.* Si la fréquence est grande, elle détermine des *vibrations* ; si elle est faible, elle produit des *oscillations.* Les premières engendrent des sons que l'oreille peut percevoir ; les secondes, non. L'expérience suivante le montre : Fixer tout d'abord, entre les mâchoires d'un étau, l'une des extrémités d'une longue tige d'acier, puis écarter l'autre extrémité de sa position de repos, et l'abandonner à elle-même : la tige libérée exécute des mouvements de va-et-vient d'autant moins rapides qu'elle est plus longue. Si l'air, qui propage les ondes sonores, n'est pas assez fouetté, le son n'est pas perceptible. Mais si l'on recommence plusieurs fois l'expérience après avoir raccourci de plus en plus la tige, on obtient un son dont l'acuité augmente avec la fréquence des vibrations.

Les sons se distinguent entre eux par leur *hauteur*, leur *intensité*, et leur *timbre.*

La *hauteur d'un son* est son degré d'acuité. L'inverse de l'acuité est la gravité. Deux sons de même hauteur sont à l'*unisson.*

L'intervalle de deux sons est exprimé par le rapport des fréquences de leurs vibrations. Par exemple, si deux corps sonores émettent

[1] Tous les mécanismes de sonnerie ne sont pas pourvus de délai.

respectivement 1044 et 522 vibrations par seconde, l'intervalle des deux sons produits est $\frac{1044}{522} = \frac{2}{1}$.

L'*intensité d'un son* permet de distinguer un son fort d'un son faible. Elle augmente avec l'amplitude des vibrations, la densité du milieu et le pouvoir résonnant de ce milieu ; elle diminue avec la distance qui sépare l'organe sonore de l'oreille réceptrice.

À la température de 16°, la vitesse de propagation du son dans l'air est d'environ 340 mètres à la seconde ; dans l'eau, elle est de 1420 mètres, et, dans le fer, de 5100 mètres.

Dans un milieu privé d'air, le son ne se manifeste pas ; ainsi on n'entend pas une sonnette fonctionnant sous une cloche à l'intérieur de laquelle on a fait le vide.

Le son se réfléchit sur un obstacle et produit l'*écho*. Une parole prononcée à voix basse à l'un des foyers d'une salle en forme d'ellipse, s'entend distinctement à l'autre foyer, alors qu'elle ne peut pas être perçue en aucun autre point.

Le *timbre* est la qualité qui distingue deux sons de même hauteur et de même intensité.

On appelle *harmoniques* les sons secondaires qui se superposent parfois à un son principal.

Les huit sons qui constituent la gamme, soit *do, ré, mi, fa, sol, la, si, do*, correspondent respectivement, en prenant pour base 522 vibrations, à 522, 587, 652, 695, 783, 870, 978 et 1.044 vibrations simples.

Le nombre de vibrations de ce qu'on appelle le *dièse* d'un son, est égal à la fréquence multipliée par $^{25}/_{24}$. Le rapport inverse multiplié par la fréquence, donne le *bémol*.

Lorsque des vibrations diverses produisent un son agréable, l'accord est *consonant* ; dans le cas contraire, il est *dissonant* : c'est un *bruit*.

Les accords peuvent comprendre deux, trois, quatre sons et même plus. L'accord le plus simple est formé par deux sons dont les vibrations respectives peuvent être entre elles comme les nombres 1 et 2 (*octaves*), 2 et 3 (*quinte*), 4 et 5 (*tierce majeure*), 5 et 6 (*tierce mineure*).

Trois sons donnent l'accord le plus agréable lorsque leurs fréquences sont entre elles comme 4, 5 et 6 (*accord parfait majeur*). Les notes *do, mi, sol* ; *fa, la, do* ; *sol, si, ré*, sont dans ce cas.

La fréquence des vibrations d'une tige est indépendante de l'amplitude. En d'autres termes, la durée des grandes et petites vibrations est la même ; elles sont *isochrones*.

L'*isochronisme*, c'est-à-dire l'identité de la durée des vibrations d'une tige, est mise en évidence par le diagramme représentant les vibrations d'un diapason T (fig. 1), dont l'une des branches est munie d'une plume, reposant sur une feuille de papier F, qu'un mécanisme d'horlogerie entraîne d'un mouvement uniforme suivant la flèche. Tant que le diapason ne vibre pas, la plume trace une droite *ox*. Dès que l'on frappe un coup sur le diapason, elle trace une ligne sinueuse

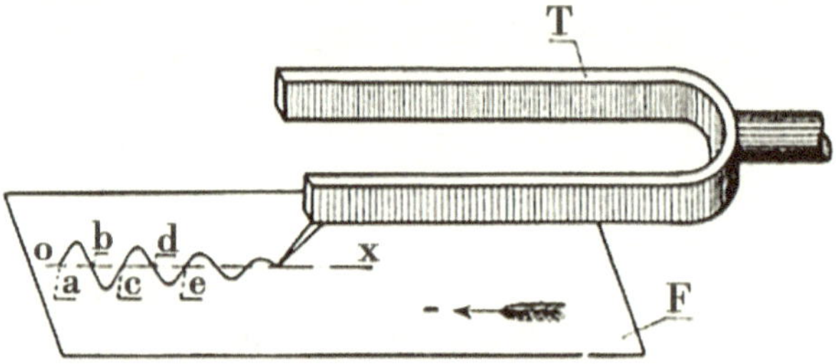

Fig. 1.

Enregistrement des vibrations d'un diapason.

abcde... dont l'amplitude va en décroissant. Les périodes *ac*, *ce*,... sont égales et si l'on mesure les espaces *a b, b c, c d*,... on constate qu'ils sont égaux, ce qui confirme l'isochronisme des vibrations.

En raison de cette propriété, les lames vibrantes peuvent être rangées parmi les instruments de mesure du temps.

Les divers types d'organes sonores des horloges et des montres diffèrent par leur forme et la nature du métal qui les compose.

L'*airain* et l'*acier*, sont les métaux les plus fréquemment employés dans la fabrication de ces organes. Les cloches de beffroi (fig. 2, (I)), ainsi que les petites clochettes en forme de cuvette renversée, connues sous le nom de timbres (II), sont en airain. On fait également des timbres en *laiton* et en *aluminium*.

Les timbres en acier s'exécutent avec des tiges rectilignes (III), ou enroulées en spiral (IV). Le premier système doit être préféré au second toutes les fois que le permet la hauteur du cabinet renfermant le mécanisme.

Dans les montres modernes à sonnerie, les tiges d'acier constituant le timbre sont circulaires, de façon à pouvoir être logées entre la périphérie des ponts et celle de la platine (V). Dans les anciennes montres à sonnerie, la grande hauteur de la boîte B (VI) permettait de loger le timbre-cuvette T.

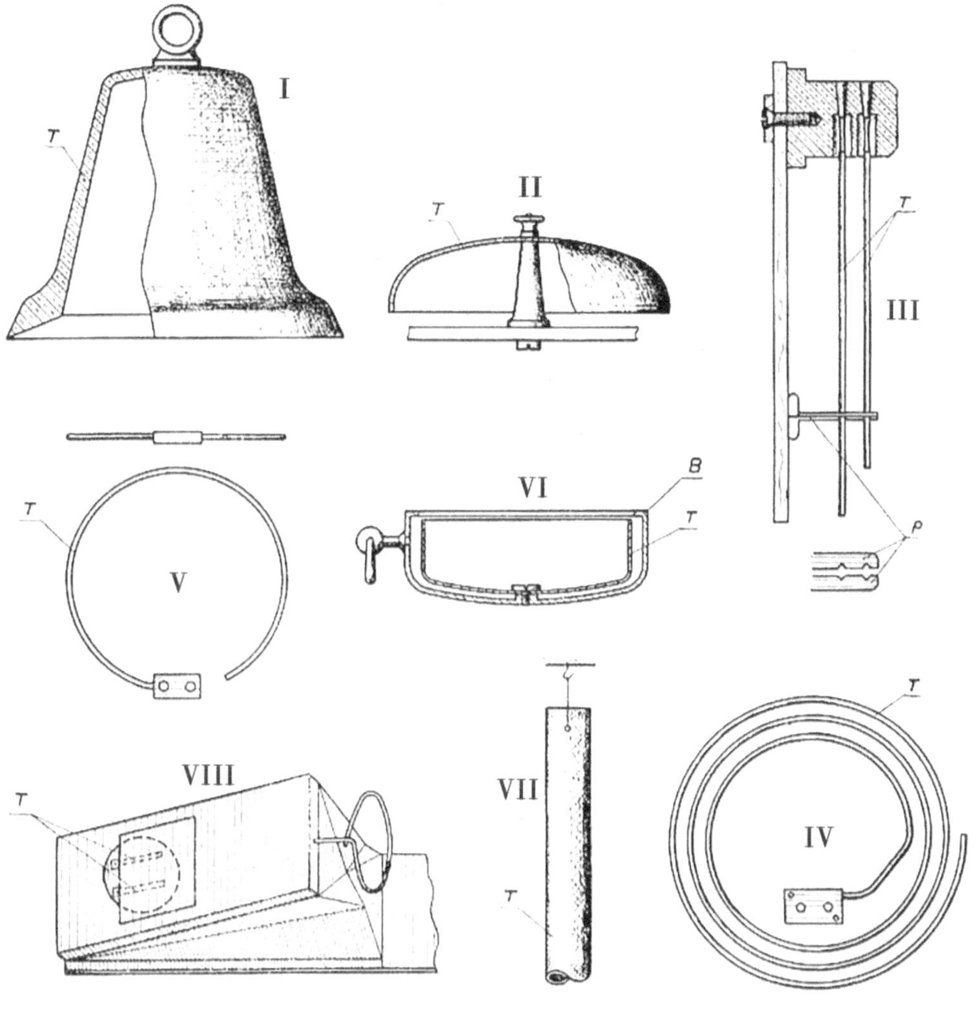

Fig. 2.

Divers types d'organes sonores employés dans les horloges et les montres.

Pour éviter la cacophonie et un amortissement prématuré des vibrations, les points de fixation des timbres en acier doivent être aussi massifs que possible.

La pince *p* (III) sert à immobiliser les tiges-timbres pendant le transport des horloges. Il faut éviter de fausser les timbres car ils perdraient leur belle sonorité.

On pourrait toutefois la leur restituer par un recuit bien régulier, après, bien entendu, les avoir redressés.

On fait aussi des cloches tubulaires (VII), d'une très belle sonorité, à l'aide d'un métal dont la nature constitue pour chaque marque un secret de fabrication.

Les cloches tubulaires tiennent peu de place et la charpente qui les soutient est légère. On peut en juger par le tableau comparatif ci-dessous. L'épaisseur et le diamètre des tubes sont respectivement de 1 et de 7 cm.

NOTES	CLOCHES TUBULAIRES		CLOCHES ORDINAIRES		FRÉQUENCES (Vibrations à la seconde)
	Longueurs (m)	Poids (kg)	Diamètres (m)	Poids (kg)	Nombres
Sol	2,50	45,500	2,000	5000	391
Sol dièse	2,40	44,000	1,870	4000	412
La	2,30	42,600	1,770	3500	435
Si bémol	2,24	41,200	1,675	3000	464
Si	2,13	40,000	1,575	2500	489
Do	2,02	39,000	1,480	2000	522
Ré	1,90	36,500	1,320	1500	587
Mi bémol	1,84	35,800	1,245	1200	618
Mi	1,80	34,600	1,180	1000	652
Fa	1,74	33,600	1,115	850	695
Fa dièse	1,69	32,500	1,050	750	735
Sol	1,65	31,800	0,990	600	783
Sol dièse	1,60	30,800	0,940	500	824
La	1,54	30,000	0,885	445	870
Si bémol	1,52	28,500	0,835	355	921
Si	1,46	28,000	0,785	300	978
Do	1,40	26,300	0,740	245	1044
Do dièse	1,33	25,000	0,695	200	1101
Ré	1,30	24,400	0,655	170	1174
Mi bémol	1,25	23,500	0,620	150	1237
Mi	1,20	22,500	0,590	120	1305

Il résulte de l'examen de ce tableau que le problème de la note à réaliser se ramène à une détermination de la longueur du tube. En augmentant l'épaisseur et le diamètre du tube on donne aux sons une intensité considérable eu égard au poids. Ainsi s'explique qu'un coup de marteau, frappé sur un tube de 10 cm de diamètre, installé à une hauteur convenable, s'entend par temps calme à cinq kilomètres de distance.

Par mesure d'économie, certains villages pauvres ont remplacé la cloche par un simple tronçon de rail.

Les soufflets à air (VIII) remplissent l'office de timbres dans les horloges communes dénommées *coucous*. Ces soufflets imitent assez bien, en effet, le cri de l'oiseau qui porte ce nom.

Enfin, le phonographe, à audition directe, ou indirecte par la T.S.F., peut être rangé par mi les organes sonores marquant la division du temps. Les horloges qui « parlent » les heures ont été créées par Casimir Sivan, ancien élève de l'École nationale d'horlogerie de Cluses.

3. Marteaux et contre-marteaux.

Les marteaux des horloges d'édifices sont généralement en fer et ceux des horloges d'appartement, en laiton. La partie frappante des premiers est parfois munie d'une pastille de cuivre et celle des seconds de bois dur ou de cuir durci.

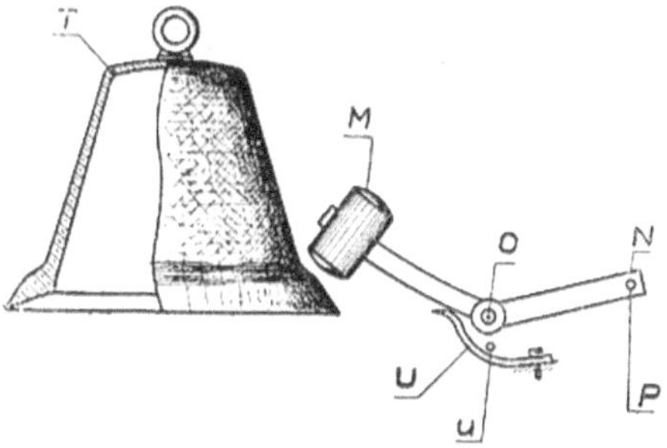

Fig. 3.

Marteau agissant par le seul effet de sa masse.

Il y a deux manières de faire agir les marteaux sur leurs organes sonores ;

1°. Utiliser leur masse seule (fig. 3) ;

2°. Utiliser à la fois leur masse et un ressort (fig. 4 et 5).

Le premier mode de frappe s'applique aux cloches qui donnent des vibrations de grandes amplitudes et de faibles fréquences ; tel est le cas des cloches de beffrois.

Le second convient à tous les organes sonores, mais plus particulièrement à ceux dont les vibrations, relativement nombreuses, s'amortissent rapidement, comme les timbres des horloges d'appartement T (fig. 5), par exemple, et même les cloches tubulaires T (fig. 4).

Le point d'application de la force du ressort R doit être près de l'axe O du marteau M ; ainsi, la course effectuée par ce ressort reste bien au-dessous de sa limite d'élasticité, en même temps que sa force reste à peu près constante.

Aussitôt après la frappe, le marteau doit s'éloigner instantanément afin

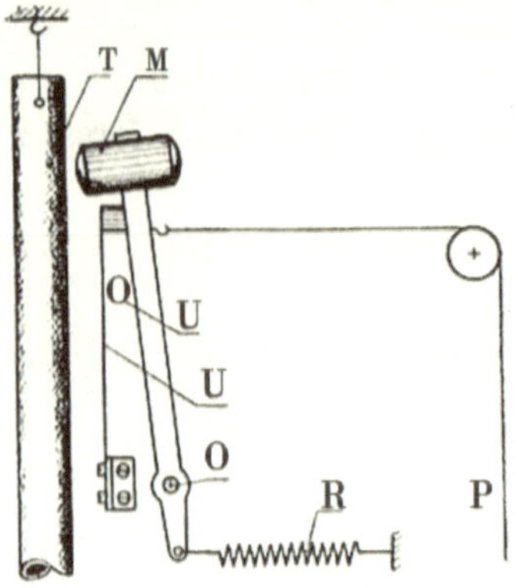

Fig. 4.

Marteau agissant par les effets conjugués de sa masse et d'un ressort.

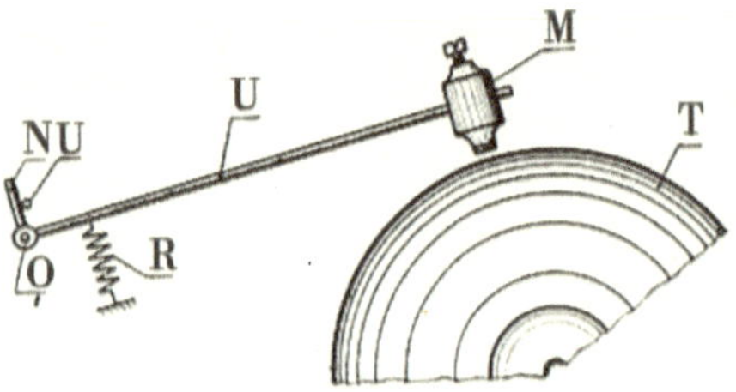

Fig. 5.

Marteau à tige flexible U tenant lieu de contre-marteau. -T. Timbre cuvette. - M. Marteau et son axe OR, ressort. - *u*. butée du levier N.

que l'organe sonore vibre en toute liberté ; un ressort U, appelé *contre-marteau* (fig. 3 et 4), provoque cet éloignement. Une goupille de butée *u* limite la course du contre-marteau.

Dans nombre d'horloges d'appartement, le contre-marteau est supprimé : l'élasticité de la tige U du marteau en tient lieu (fig. 5).

Le rôle du contre-marteau U est facile à comprendre. Au repos, il doit être juste assez fort pour maintenir le marteau M éloigné du corps sonore. Mais lorsque le marteau, après avoir été ainsi écarté par une force P, est abandonné à lui-même, il acquiert une force vive qui lui permet de faire plier aisément le contre-marteau et de venir frapper l'organe sonore. La force vive étant alors anéantie, le marteau, qui n'oppose plus que sa force statique à l'action du contre-marteau, est immédiatement ramené par ce dernier à la position de repos.

Les points de frappe des marteaux se trouvent, dans les cloches de beffroi, à la partie de la grande ceinture où l'épaisseur est maximum ; dans les timbres-cuvettes, à la grande circonférence ; dans les tiges-timbres, proches du point de fixation.

Dans ce dernier cas, le praticien détermine facilement, par la méthode expérimentale, le point de frappe le plus favorable.

4. Poids et courses des marteaux.

La masse du marteau dépend de la masse de l'organe sonore.

Le rapport entre le poids du marteau et le poids de la cloche d'une horloge d'édifice peut varier entre 1/100 et 5/100. Par exemple la cloche de l'horloge de Notre-Dame, à Annecy, qui pèse six tonnes, est frappée par un marteau de 60 kg.

Le rapport entre le poids des marteaux et le poids des cloches tubulaires, ou des timbres-cuvettes, est de l'ordre de 6/100 à 12/100.

La hauteur réelle de chute, c'est-à-dire la chute verticale d'un marteau, qui n'agit que par sa masse (horloges de beffrois), est généralement de 0,10 à 0,16 mètre.

Une exagération en ce qui concerne la masse du marteau ou le chemin parcouru pourrait provoquer la fêlure de la cloche.

5. Calcul de la chute verticale d'un marteau.

Travail mécanique d'un marteau. — Soit un marteau d'horloge de beffroi (fig. 6) dont la trajectoire circulaire est M M' et dont la distance O M de l'axe au centre de gravité est de 0,3 m. L'angle *a*, que fait entre O M et O M' le marteau quand il est soulevé, est de 40° ; l'angle *a'*, qu'il fait avec l'horizontale *o x*, lorsqu'il est dans la position de repos, est de 35°. Calculer la hauteur Q M représentant la chute verticale.

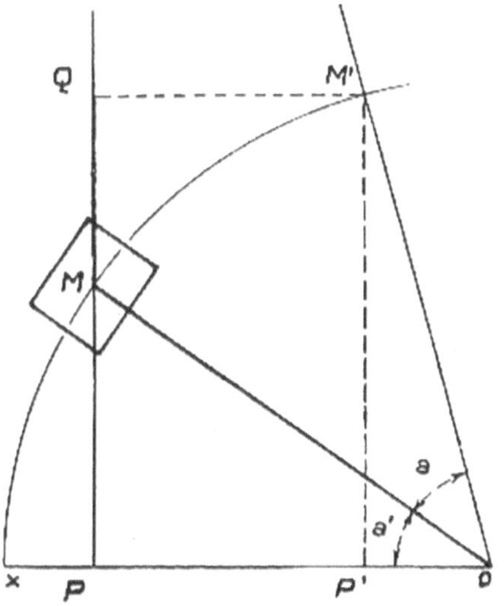

Fig. 6.
Chute verticale d'un marteau.

QM = QP – MP.

De M' tracer la parallèle M' P' à Q P ;

Q P = M' P' = O M sin ($\hat{a}$ + $\hat{a}'$)

MP = OM sin $\hat{a}'$.

D'où :

$$QM = OM\,[\sin(\hat{a} + \hat{a}') - \sin \hat{a}']$$
$$= 0{,}3\,(0{,}966 - 0{,}574)$$
$$= 0{,}3 \times 0{,}392$$
$$= 0{,}1176 \text{ m.}$$

La chute verticale du marteau est de 0,1176 mètre.

La valeur de la chute verticale d'un marteau peut être relevée avec une précision suffisante sur une épure d'une échelle convenable.

Soit un autre marteau de poids P, égal à 5 kg, tombant d'une hauteur réelle H de 0, 15 m.

La formule du travail mécanique T (*L'horloger*, Tome I, Ch. V, § 29) donne :

T = H x P ; 0,15 x 5 = 0,75 kgm par coup de marteau.

En un jour, le travail du marteau est de 0,75 x *x* ; l'inconnue *x* désignant le nombre de coups frappés en 24 heures. Or, le nombre de coups frappés en 12 heures est donné par la formule :

$$\frac{n \times (n+1)}{2} ; \frac{12 \times 13}{2} = 78$$; soit 156 coups en 24 heures

Si ce marteau ne sonne que les heures, son travail journalier est de :

0,75 x 156 = 117 kgm.

S'il sonne les demies, on a :

0,75 x 2 x 90 = 135 kgm.

Si, enfin, le marteau sonne encore la répétition de l'heure, il frappe 336 coups ; son travail mécanique est alors de :

0,75 x 336 = 252 kgm en 24 heures.

Lorsque le marteau agit conjointement avec un ressort auxiliaire, la méthode la plus pratique pour déterminer la valeur de P consiste à soulever le marteau avec une lame dynamométrique étalonnée et à prendre la moyenne des résistances mesurées. Cette méthode de mesure, appliquée par exemple au marteau d'une pendule d'appartement sonnant les heures et les demies, a permis de constater que la force moyenne était de 3,5 g. Le chemin parcouru par le point d'application de cette force étant de 30 mm., le travail mécanique par jour ressortait à :

30 x 3,5 x 180 = 18900 g. m.m., ou 0,0189 kgm.

En admettant un battement par seconde, une force motrice d'une puissance de 1 kgm à la seconde suffirait, abstraction faite des résistances passives, pour assurer le fonctionnement de cette sonnerie pendant 52 jours, et 1 cheval-vapeur, pendant (53 x 75) 3900 jours.

CHAPITRE II

HORLOGES D'APPARTEMENT SONNANT LES HEURES ET LES DEMIES

Pendule à roue de compte. — Timbre et marteau. — Dispositif de soulèvement du marteau. — Force motrice. — Rouage de durée de marche. — Organes d'arrêt. — Organes réglant le nombre de coups à sonner. — Dispositif de déclenchement de la sonnerie. —Délai. — Cadence de la sonnerie. — Volant. — Repères de mise en place des mobiles d'une pendule à roue de compte. — Remise à l'heure des aiguilles d'une pendule à roue de compte. Pendule à râteau : Organes réglant le nombre de coups à sonner. — Fonctionnement de la sonnerie de l'heure. — Fonctionnement de la sonnerie de la demie. — Repères. — Remise à l'heure d'une pendule à râteau.

6. Timbre et marteau. — Dispositif de soulèvement du marteau. — Force motrice. — Rouage de durée de marche. — Organes d'arrêt.

La pendule à *roue de compte*, comme d'ailleurs la plupart des pendules ordinaires d'appartement, utilise soit le timbre-cuvette, soit le timbre en spirale fig. 2, (II) et (IV). Le marteau et son équipage sont représentés schématiquement aux figures 5 et 7, (I).

La figure 7 montre également les *organes de soulèvement du marteau*, constitués par le bras O N, que les horlogers appellent *verge*, et par les dix chevilles *g* implantées sur une roue C.

Si une force P imprime à la roue C un mouvement de rotation convenable, les chevilles *g* viennent, à tour de rôle, agir sur la verge qui soulève le marteau. Celui-ci, à chaque échappée de la cheville qui a provoqué l'action, frappe le timbre T. Une rotation de la roue C correspond donc à dix coups de marteau sur le timbre.

La chute du marteau est limitée par la rencontre de la verge O N, et d'une goupille *u* qui est chassée sur la platine avant de la cage renfermant les mobiles de la pendule. À l'instant où cette rencontre se produit, le marteau ne touche pas encore le timbre ; mais, en vertu de l'inertie, ou de la force vive qu'il a acquise pendant sa chute, il le frappe l'instant d'après. Il en est immédiatement séparé par l'action élastique de sa tige U, celle-ci remplissant, ainsi qu'il a été déjà dit, l'office de contre-marteau.

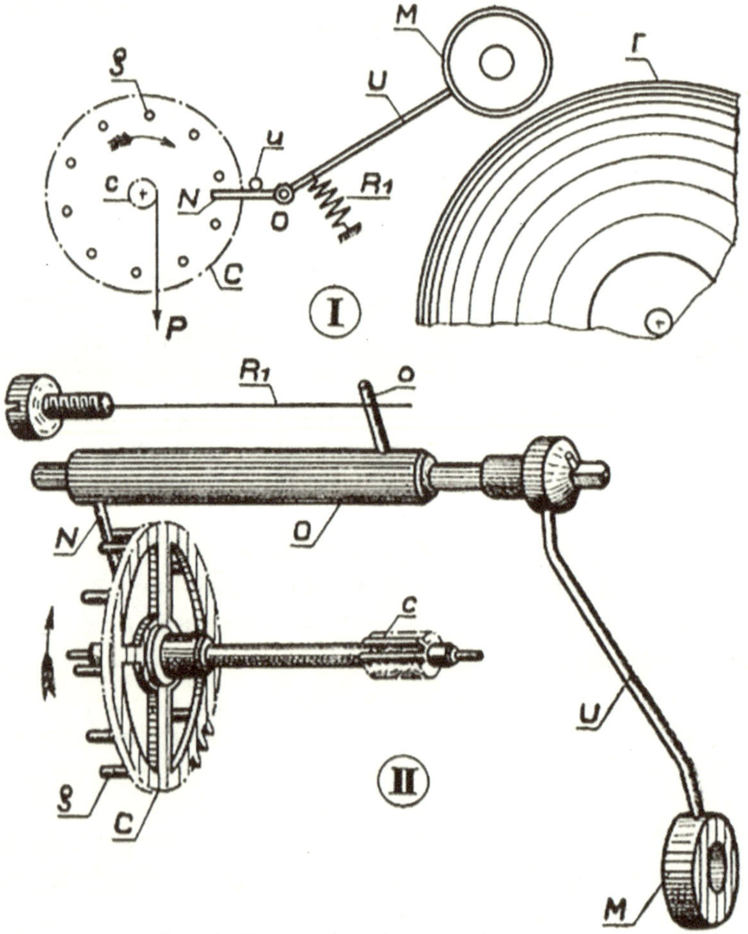

Fig. 7. - Organes de soulèvement du marteau.

(I) Représentation schématique ; (II) Réalisation pratique.

Tous les organes de soulèvement du marteau apparaissent sur la figure 7 (II) à l'exception de la goupille-butée *u* qui n'a pas été représentée pour ne pas nuire à la clarté du schéma. Elle se voit dans la figure 7 (I).

Qu'elle soit fournie par un poids ou par un ressort, la force P, nécessaire au soulèvement du marteau, ne peut pas agir directement sur la roue C. Une simple réflexion suffit pour en comprendre l'impossibilité pratique : le poids « tomberait » ou le ressort se « désarmerait » trop vite, ce qui exigerait des remontages trop fréquents. Or, il importe que ces remontages s'effectuent en même temps que ceux de la force motrice actionnant les mobiles des compteurs de temps.

Un *rouage de durée de marche* est donc nécessaire. En d'autres termes, la roue des chevilles C doit être séparée du mobile qui supporte la force motrice, c'est-à-dire du barillet, par un rouage multiplicateur ayant un rapport de transmission convenable.

Voici les deux paires d'engrenages qui sont ordinairement adoptées dans les pendules à roues de compte, à remontage bi-mensuel, actionnées par des ressorts-moteurs, (fig. 8) :

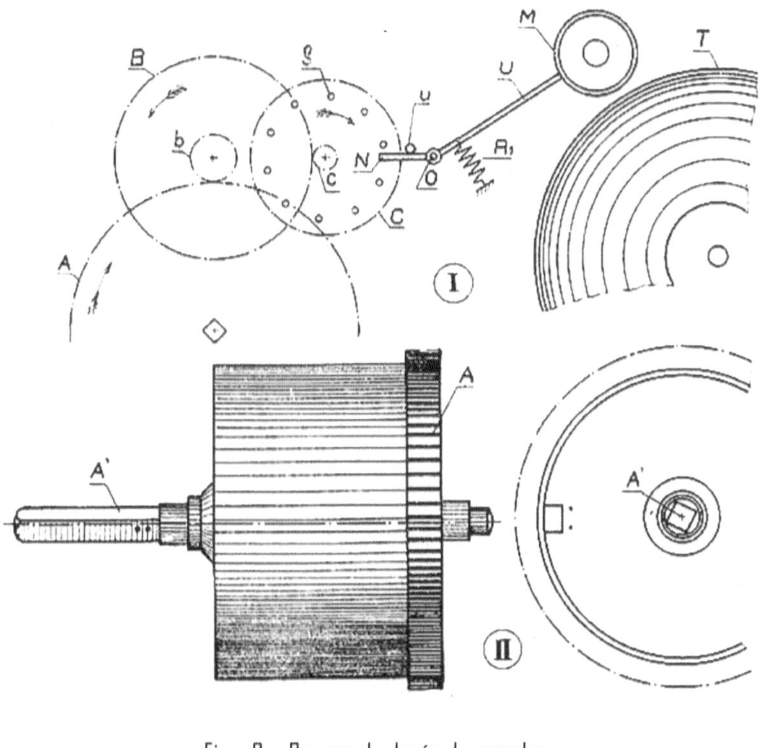

Fig. 8. - Rouage de durée de marche.

(I) Représentation schématique. - (II) Réalisation pratique du siège de la force motrice. (barillet à ressort).

Barillet...	A	 80
Roue intermédiaire et son pignon....	B b	.... 72 12
Roue des chevilles et son pignon......	C c	.... C 8

Pendant que le barillet fait un tour, la roue des chevilles et son pignon font :

$$\frac{80 \times 72}{12 \times 8} = 60 \text{ tours.}$$

Un tour de barillet correspond donc à 10 x 60 = 600 chevilles ou 600 coups de marteau sur le timbre.

Le marteau étant soulevé 180 fois (§ 5) en 24 heures, le quotient de 600 par 180, soit 3,38, représente la durée en jours d'un tour du barillet. Un ressort-moteur qui communiquerait, seulement, cinq tours utiles au barillet, assurerait une marche de 16,65 jours.

Dans le but de réduire le prix de revient des pendules, les fabricants établissent les sonneries de façon que leur fonctionnement soit assuré par un barillet identique à celui des compteurs de temps. Mais l'interchangeabilité de ces barillets n'est pas toujours certaine. Pour les distinguer les uns des autres, on marque un point sur l'arbre, sur le tambour et le couvercle du barillet des compteurs de temps, et deux points sur ces mêmes pièces du barillet de la sonnerie (fig. 8, (II)).

Le mécanisme de la sonnerie doit être arrêté net après chaque fonctionnement de celle-ci.

En principe, les organes d'arrêt (fig. 9) se composent d'un levier (15) mobile en O_1 et d'une goupille (16) chassée sur une roue D solidaire d'un pignon *d* que mène la roue des chevilles C.

D est la *roue d'arrêt*, (15) est le levier d'arrêt dénommé *détente* par les horlogers.

La roue d'arrêt fait un tour par coup de marteau ; le rapport de transmission de l'engrenage $C \searrow d$ est, par suite, de 10.

Si le pignon *d* a 7 dents, la roue C doit avoir 70 dents.

Lorsque la sonnerie est arrêtée, la première des chevilles *g* qui entrera en action, doit se trouver à une petite distance de la verge (O N).

Cette règle étant observée, le démarrage du mécanisme de la sonnerie s'effectue plus facilement.

7. Organes réglant le nombre de coups à sonner.

Le schéma (fig. 9) montre que la chute de la détente est limitée par une butée fixe (30). En réalité, la détente demeure, pendant les

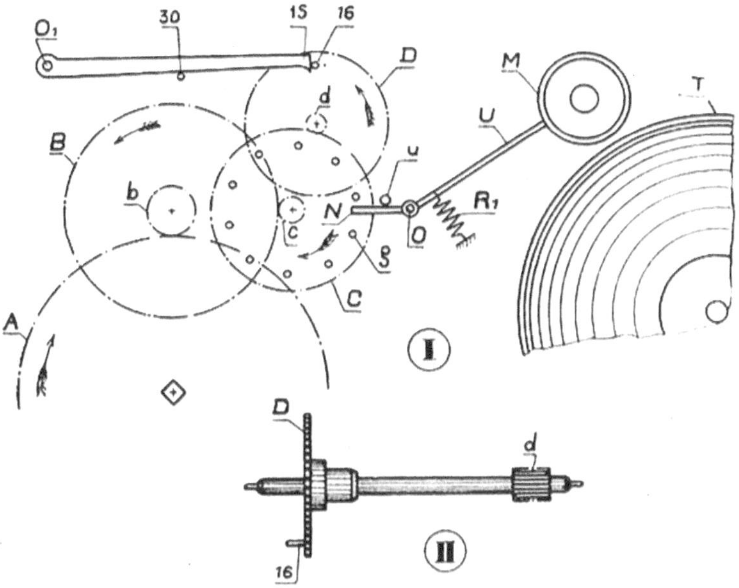

Fig. 9. - Organes d'arrêt.

(I) Représentation schématique. - (II) Réalisation pratique de la roue d'arrêt.

périodes de repos de la sonnerie, dans l'un des creux d'un mobile (30) (fig. 10).

Ce mobile est l'organe essentiel du dispositif qui fait concorder le nombre de coups à sonner avec l'heure indiquée par les aiguilles. Il porte le nom de *roue de compte* et est ajusté à carré sur le tourillon postérieur, prolongé au-delà de la platine-arrière, de la roue intermédiaire B (fig. 10, (II)).

La roue de compte se trouve, par conséquent, à l'extérieur de la cage P_1P_2 sur la face opposée au cadran (fig. 19 et 20). Elle fait son tour en douze heures et elle comporte autant de bosses qu'il y a d'heures à sonner dans ce laps de temps moins la bosse d'une heure qui n'a pas raison d'être, la sonnerie d'une heure étant équivalente à celle des demies.

Le rapport de transmission, ou des vitesses, entre les mobiles B et *c* doit donc être de : $\frac{90}{10} = \frac{9}{1}$

Si l'on donne 8 dents au pignon de la roue des chevilles, il faut donner 72 dents à la roue intermédiaire B.

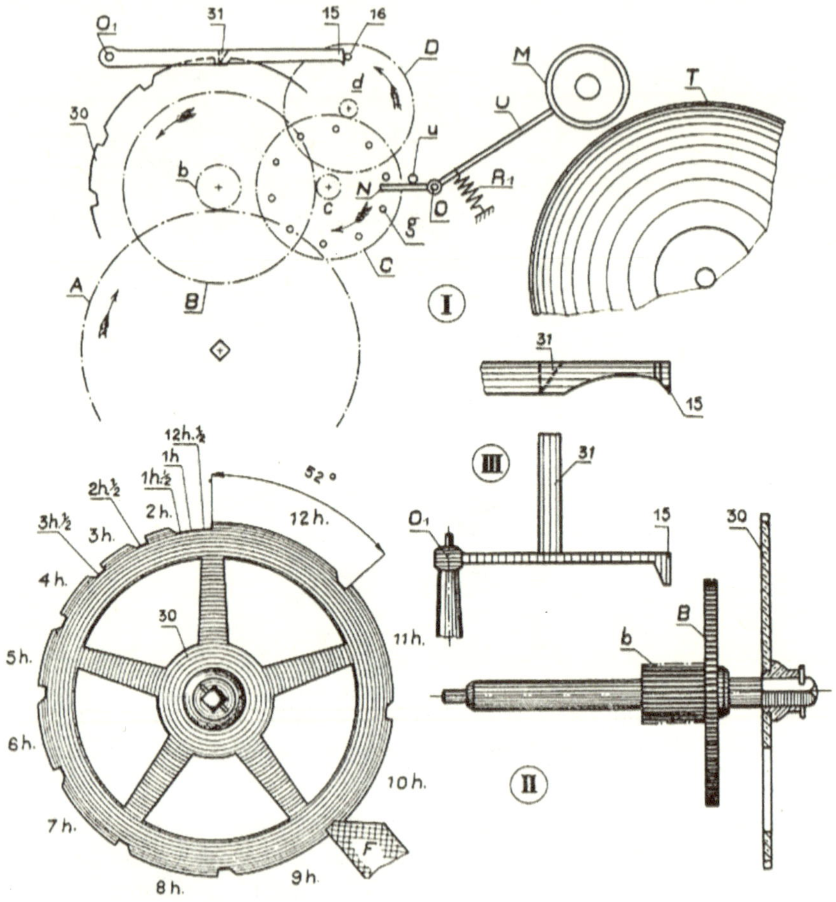

Fig. 10. - Organes réglant le nombre de coups à sonner.

(I) Représentation schématique. - (II) Réalisation pratique de la roue de compte et de la roue intermédiaire qui supporte celle-ci. - (III) Réalisation pratique de la détente au premier levier d'arrêt.

La détente (15) est nécessairement à l'intérieur de la cage puisqu'elle doit se trouver dans la trajectoire de la goupille d'arrêt (16). Il a donc fallu (fig. 10 (III)) lui adjoindre un bras (31) et pratiquer une ouverture (31') dans la platine arrière P_2 (fig. 12 et 20) pour permettre à ce bras de venir reposer sur la roue de compte.

Lorsque le bras (31) est dans un creux (fig, 10, (I) et fig. 11) la détente (15) est devant la goupille (16) de la roue d'arrêt D et l'une des chevilles *g* de la roue C est prête à attaquer la verge N du marteau M.

La figure 11 laisse voir cette disposition, après la sonnerie de l'heure, la platine-arrière étant supposée transparente.

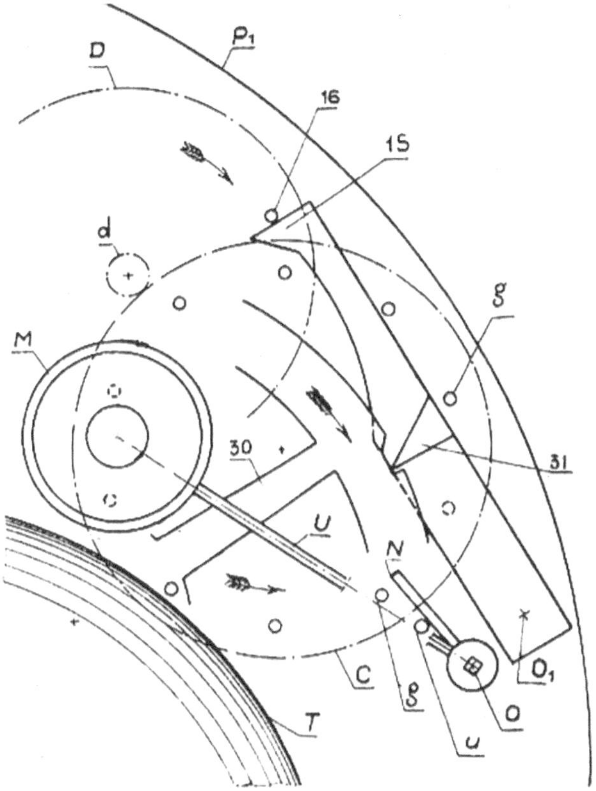

Fig. 11. - Mécanisme immobilisé après la sonnerie de l'heure.

Le mécanisme de la sonnerie est alors immobilisé.

Lorsque le bras (31) est sur une bosse (fig. 12, (I)), la sonnerie est libérée.

Le bras de la détente n'occupe pas toujours la même position dans les creux de la roue de compte : après la sonnerie de l'heure, il est à une petite distance de la bosse qu'il vient de quitter (fig. 12 (II)) ; après la sonnerie de la demie, il est au pied de la rampe qui précède la bosse suivante (III).

Lors de la sonnerie d'une heure et, naturellement, de la demie suivante, le bras de la détente reste dans le large creux qui vient après la bosse correspondant à la sonnerie de douze heures consécutives.

Le rôle de la rampe qui précède chaque bosse est de soulever, au début de la sonnerie de l'heure, le bras de la détente, de l'amener sur la bosse, et cela pendant que la détente libère le mécanisme de la sonnerie.

Les creux d'une roue de compte ont tous la même largeur, sauf le creux qui correspond aux sonneries de douze heures et demie, d'une heure, et d'une heure et demie.

Théoriquement, l'angle dans lequel est compris un creux est de 4°, soit le quotient de 360 par 90.

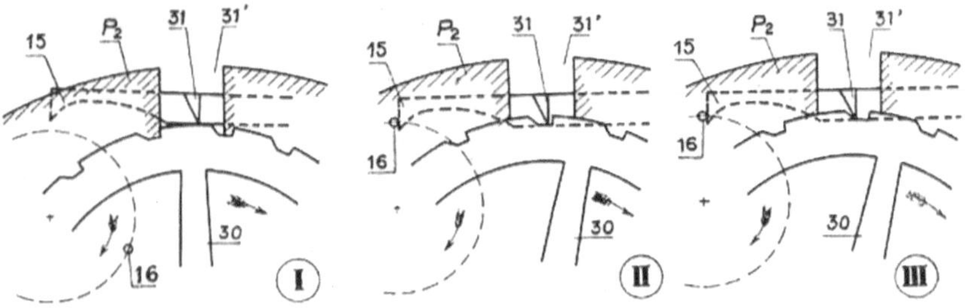

Fig. 12. - Positions de la détente.

(I) Pendant la sonnerie de l'heure. - (II) Après la sonnerie de l'heure. - (III) Après la sonnerie de la demie.

Les bosses, dont les longueurs sont proportionnelles aux heures à sonner, devraient donc correspondre respectivement à des angles de 8°, 12°, 16° ; .... 44° et 48°. Pratiquement, ces angles sont un peu plus petits, car il faut donner au creux un certain excédent de longueur de façon à tenir compte :

1°. de la faible largeur du bras de la détente qui est en contact avec la roue de compte ;

2°. de l'irrégularité des divisions de cette dernière, irrégularité qui oblige à séparer par un espace réduit le bras (15) de la bosse qu'il vient de quitter.

Ces desiderata sont satisfaits si chaque creux s'inscrit dans un angle de 7° au plus.

Le creux qui suit la grande bosse devrait, semble-t-il, être compris dans un angle de 210, mais cela n'est pas nécessaire puisque la bosse d'une heure n'existe pas ; un angle de 19 à 20° suffit.

Un bon praticien peut établir une roue de compte à la main, à condition d'en faire un tracé précis. Le plus simple, cependant, est d'employer une machine à diviser ordinaire, comportant le *diviseur* de 90. Après avoir fraisé un creux au moyen d'un *couteau* F, (fraise à une dent, fig. 10 (II)) qu'il est facile d'exécuter, on fait sauter le diviseur du nombre de pas correspondant à la bosse qui suit ce premier creux ; puis on fraise le second creux, et ainsi de suite.

Industriellement, il faut utiliser la fonte sous pression, ou mieux procéder au découpage de la roue de compte.

8. Dispositif de déclenchement de la sonnerie. — Délai. — Cadence de la sonnerie. — Volant.

Le mécanisme de la sonnerie doit être libéré à l'instant où l'aiguille des minutes arrive sur XII heures et VI heures.

En général, le rouage des compteurs de temps provoque le déclenchement de la sonnerie. Le mobile chargé de cette fonction est la chaussée, sauf dans certaines horloges où la roue de renvoi remplit ce rôle ; dans ce cas, le nombre de dents de cette roue doit être égal à celui de la chaussée.

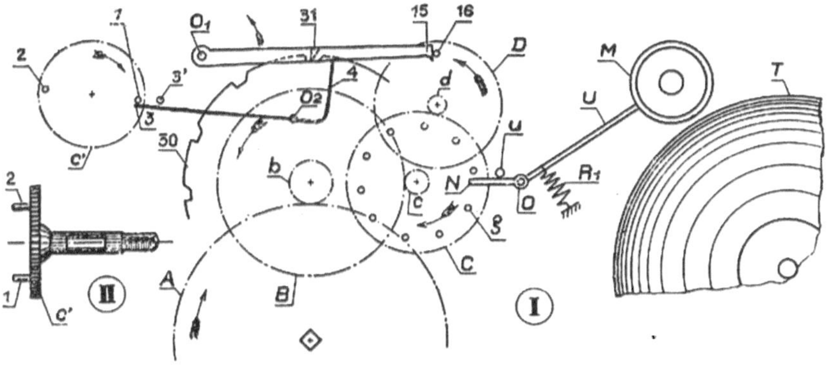

Fig. 13. - Organes de déclenchement.

(I) Représentation schématique. — (II) Réalisation pratique de la chaussée *c'*.

Le choix de la chaussée pour la libération de la sonnerie se justifie parce que :

1°. elle fait exactement un tour à l'heure ;

2°. elle accompagne l'aiguille pendant les mises à l'heure.

Sur la chaussée *c'* sont chassées deux goupilles (1) et (2) (fig. 13) (I) et (II) qui, à chaque heure ou à chaque demie, viennent soulever un levier inter-appui (3), O_2, (4), mobile en O_2, dont le bras soulève la détente (15). Dès que cette dernière a dégagé la goupille d'arrêt (16) la sonnerie fonctionne.

A priori, le levier ci-dessus paraît être à même de remplir la fonction qui lui est dévolue, mais il s'en révèle incapable et voici pourquoi :

Hypothèse. — L'horloge est sur le point de sonner une heure ou une demie. Lorsque la détente (15) a dégagé la goupille d'arrêt (16), le marteau ne doit frapper qu'un seul coup sur le timbre.

Pour qu'il n'en frappe pas un second, il serait nécessaire que, dans un temps inférieur à la durée d'une rotation de la roue d'arrêt, soit dans moins d'une seconde, la goupille de la chaussée libérât le bras O_2-(3). Ainsi la détente pourrait se représenter devant la goupille (16) alors que la roue d'arrêt n'aurait pas encore commencé un second tour.

Or, une telle précision dans l'engrenage des goupilles de la chaussée et du bras (3)-O_2 est pratiquement impossible à réaliser. La chaussée mettant 3600 secondes pour faire un tour et la roue d'arrêt une seconde seulement (voir plus loin : *cadence de la sonnerie*), il suffit :

ou que ses goupilles restent en prise avec le bras (3), de plus ou moins $1/3600$ de la circonférence qu'elles décrivent.

ou, simplement, que le tourillon-avant du pignon de centre ait un jeu latéral un peu trop marqué, pour que se produisent l'un ou l'autre des cas suivants :

1°. la détente étant maintenue trop longtemps soulevée, la pendule sonne plus de coups qu'il ne convient ;

2°. la détente étant au contraire, insuffisamment soulevée, la pendule reste muette.

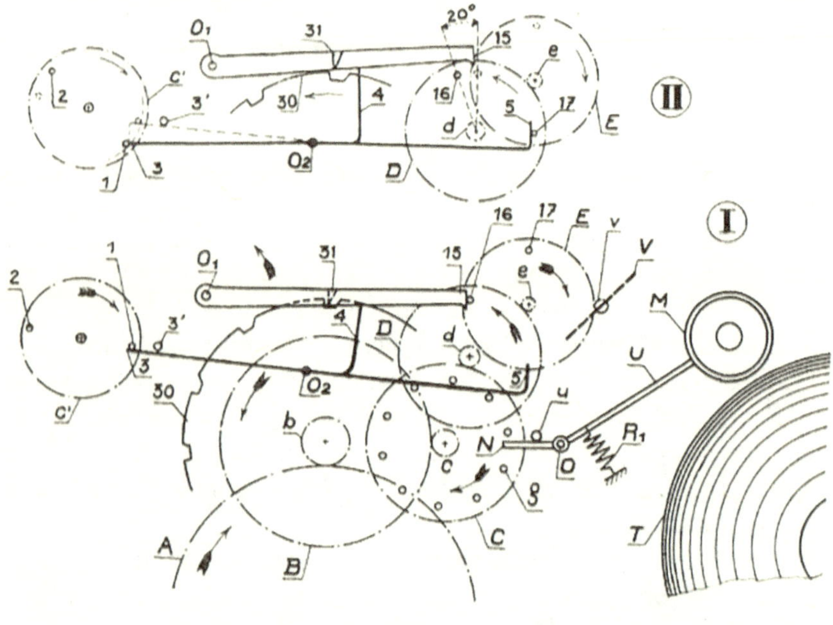

Fig. 14. - Déclenchement comportant un deuxième bras d'arrêt (5).

(I) Position de repos. - (II) Immobilisation du rouage de la sonnerie.

On évite ces inconvénients en employant un second dispositif d'arrêt qui se compose :

1°. d'une goupille (17) chassée sur une roue E, dont le pignon *e* est mené par la roue D (fig. 14) ;

2°. d'un bras (5) qui est solidaire du levier (3)-O_2.

La roue E est donc une seconde roue d'arrêt, on l'appelle : *roue de délai*. L'immobilisation de la sonnerie après un demi-tour de cette roue de délai est obtenue par la substitution du second levier (5) au premier levier (détente).

L'ensemble formé par le levier de déclenchement (3)-O_2-(4) et le second levier d'arrêt (5), soit le levier (3)-O_2-(4) (5), est désigné sous le nom de *détentillon*.

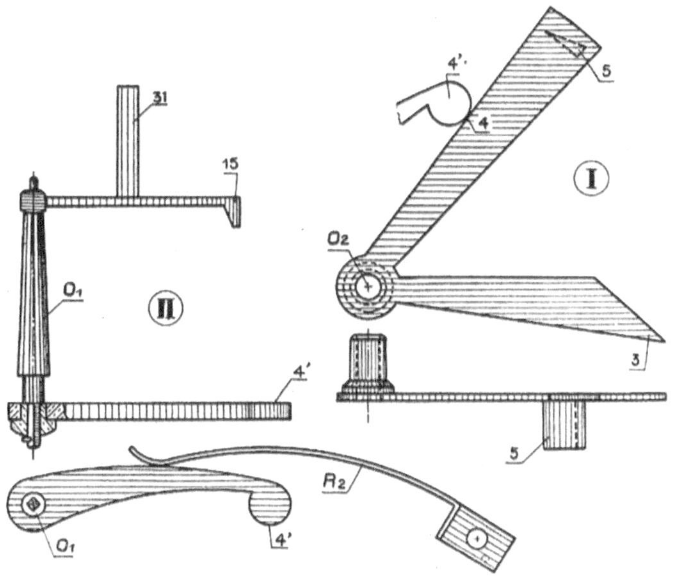

Fig. 15.

Réalisations pratiques : (I) du détentillon ; (II) de la détente.

La figure 15-(I) représente le détentillon tel qu'il se fabrique. Il est rivé sur une assiette qui pivote sur un pied-axe O_2, fixé sur la platine P_1 (fig. 18). Le bras (3) est celui que soulèvent les goupilles de la chaussée. À l'extrémité de l'autre bras est fixé le plot d'arrêt (5) qui pénètre à l'intérieur de la cage, à travers une ouverture (5'), pratiquée dans la platine P_1, jusqu'à la place qu'il doit occuper devant la roue de délai E (fig. 16 et 20).

Le bras O_2-(4) (fig. 15 et 18) n'agit pas directement, comme dans le schéma 14, sur le premier bras d'arrêt ou détente (15), mais il agit par l'intermédiaire d'un bras (4') monté à carré sur l'axe O_1 de celle-ci.

Il a été supposé, en ce qui concerne les figures schématiques précédentes, que la détente et le détentillon n'étaient sollicités à revenir à leurs positions de repos que par l'effet de la gravité. Or, ces organes sont encore sollicités par un ressort R_2, dont l'action s'exerce sur le bras (4').

On sait que la chute de la détente est limitée par la rencontre de son bras (31) et de la roue de compte (30) ; celle du détentillon l'est, non comme l'indiquent les schémas 13 et 14, par la rencontre du bras (3) et d'une goupille (3'), mais par la rencontre du bras (5) et du fond de l'encoche (5') (fig. 16 et 18).

Comment fonctionne le second levier d'arrêt ? Il est facile de s'en rendre compte en s'aidant simultanément des figures 14 et 16. (Dans cette dernière la platine arrière est supposée transparente).

Lorsque le premier arrêt (15)-(16) immobilise le rouage de la sonnerie, la goupille (17) de la roue de délai est diamétralement opposée au second bras d'arrêt (5). Ce dernier est hors de la trajectoire de (17). Mais, quand une goupille de la chaussée soulève, par le bras (4), la détente, et, avant que (15) ait libéré la goupille (16), le bras (5) pénètre dans la trajectoire de (17). Dès que le premier arrêt est libéré, (17) vient, après un demi-tour de la roue E, buter contre le second bras d'arrêt (5), immobilisant ainsi le rouage de la sonnerie jusqu'à ce que la goupille de la chaussée libère, à son tour, le bras (3) (fig. 14, (II)).

Ces deux derniers organes peuvent donc supporter, sans inconvénient, un certain excès d'engrènement, pourvu que la face du détentillon contre laquelle vient buter la goupille (17), soit assez haute pour maintenir celle-ci en respect.

En résumé, grâce au *délai*, autrement dit, grâce au temps qui s'écoule entre la libération de la première roue d'arrêt et la libération de la seconde roue d'arrêt, ou roue de délai, on peut faire déclencher le rouage de la sonnerie à l'instant où l'aiguille des minutes arrive sur la division 60, ou sur la division 30 du cadran.

Pour cela, on procède comme suit : l'aiguille, étant simplement ajustée à frottement gras sur son assiette, laquelle est montée à carré sur le canon de la chaussée (Tome I. Chap. IV), est tout d'abord amenée, seule, sur l'une des divisions ci-dessus, à l'instant précis où la goupille de la chaussée laisse échapper le bras (3) du détentillon ; ensuite, on retire l'aiguille et son assiette, en ayant soin de n'en pas modifier les

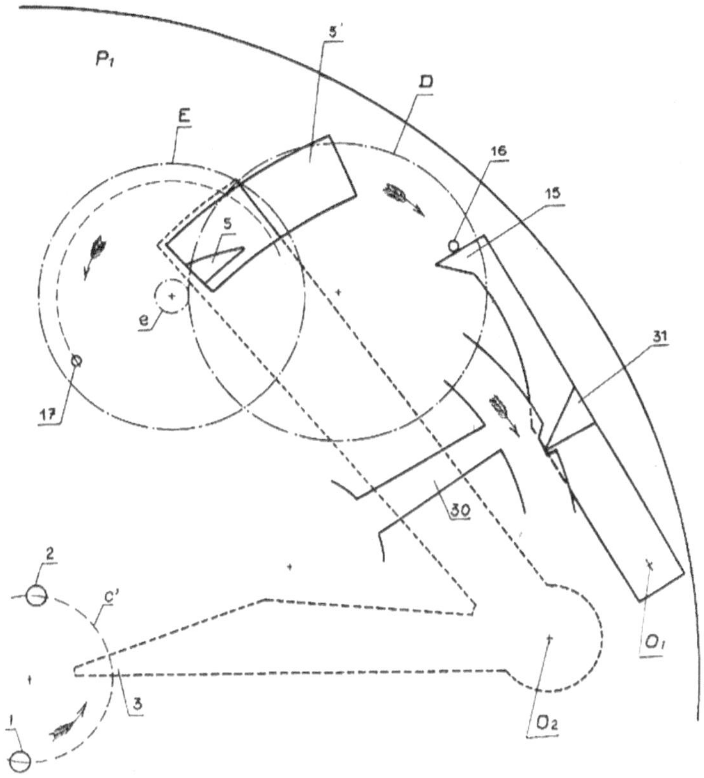

Fig. 16.

Positions entre deux sonneries : de la détente, du détentillon, des deux roues d'arrêt, de la chaussée et d'une portion de la roue de compte.

positions respectives, et on les solidarise par une bonne rivure. La durée du délai est d'environ cinq minutes.

Le rapport des vitesses entre les deux roues d'arrêt D et E n'a pas obligatoirement, comme dans les engrenages dont il a été parlé précédemment, une valeur absolue. Il suffit qu'il permette à la goupille (16) de la première roue d'arrêt de se déplacer suffisamment (20°) pendant la demi-révolution de la deuxième roue d'arrêt, pour ne pas gêner la chute de la détente sur la roue de compte. Le rapport 9/1 convient parfaitement. Si l'on donne 7 dents au pignon *e*, la roue D doit avoir 63 dents.

La fréquence des coups de marteau dépend de la gravité des sons. Les intervalles entre les coups frappés sur des cloches de beffroi, par exemple, doivent être plus grands que les intervalles séparant les coups frappés sur les timbres des horloges d'appartement. Dans les horloges monumentales, la cadence peut varier entre une seconde et demie et trois secondes, suivant les dimensions des cloches ; elle est d'une seconde environ dans les pendules. La première roue d'arrêt doit donc mettre le même temps pour faire un tour.

Pour réaliser une fréquence déterminée et uniforme, le rouage de la sonnerie est complété par un *volant* à résistance d'air.

Le volant à ailettes V est monté librement sur l'axe d'un pignon *v*, que mène la roue de délai E. (fig. 17, 20 et 21). Il est maintenu sur cet axe par une petite lame-ressort R dont la partie médiane se loge dans une rainure circulaire *v'* de l'axe et dont les extrémités, après avoir traversé deux ouvertures *v''* pratiquées dans les ailes, viennent s'arc-bouter sur la deuxième face de celles-ci. La friction élastique qui en résulte assure une solidarité suffisante entre le volant et le pignon, tout en permettant au volant, lors de l'arrêt brusque de la sonnerie, de tourner sur son axe et de dépenser la force vive qu'il a emmagasinée.

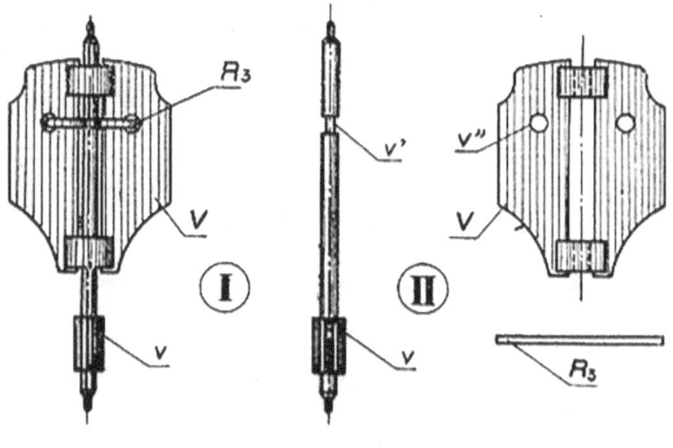

Fig. 17.

Volant à résistance d'air.

Le volant doit être léger afin de pouvoir passer rapidement de l'état de repos à l'état de vitesse maximum, et vice-versa. C'est là une condition essentielle pour obtenir une cadence uniforme entre les premiers et les derniers coups de la sonnerie. Aussi, les fabricants seraient-ils bien inspirés en livrant à leur clientèle des volants, non pas en laiton, mais en métaux légers, aluminium ou duralumin par exemple.

Le rapport de transmission entre la roue de délai et le pignon du volant dépend des dimensions de ce dernier. Or, l'emplacement qui

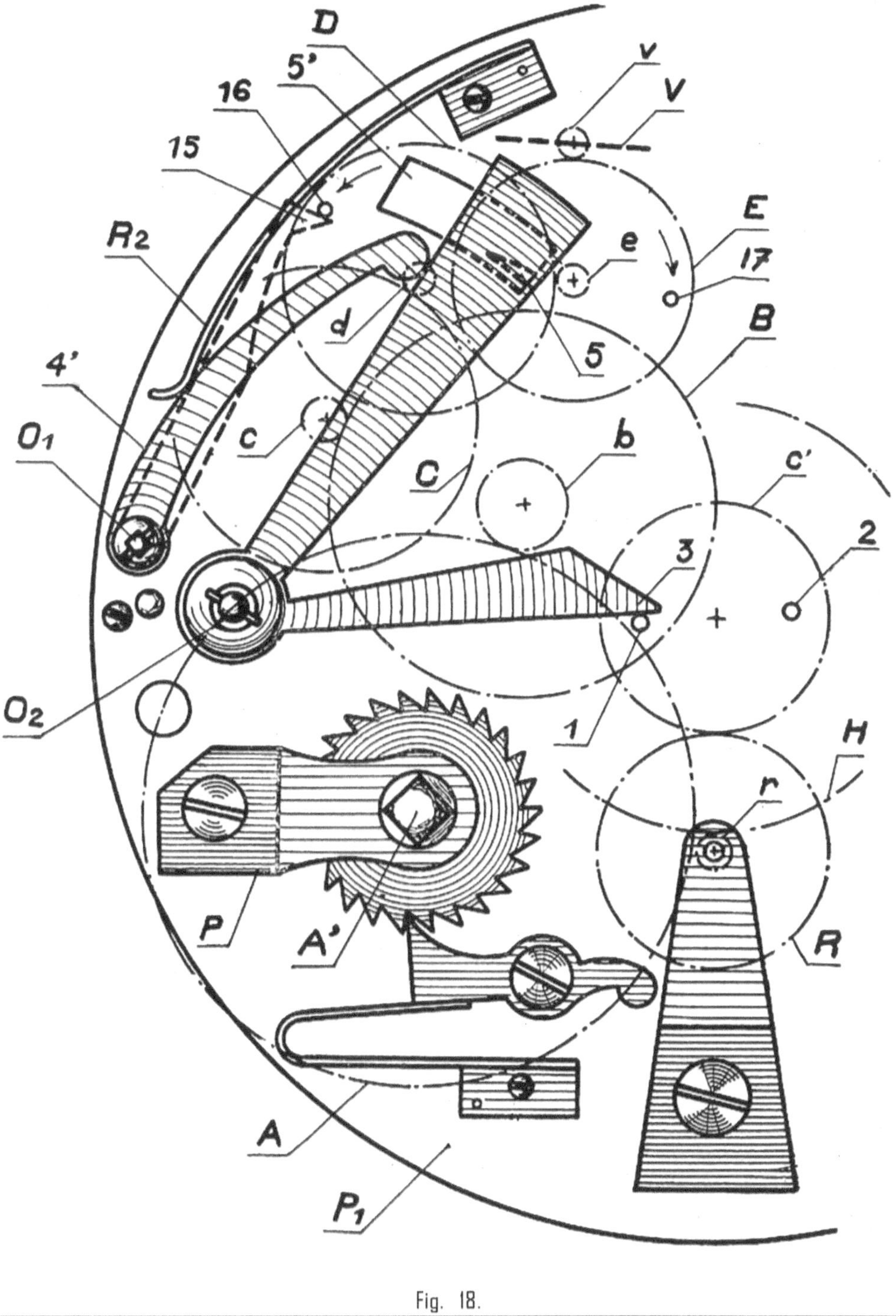

Fig. 18.

Mécanisme de sonnerie d'une pendule à roue de compte (Face antérieure).

lui est dévolu dans les horloges d'appartement est très limité. Il faut donc lui donner en vitesse ce qui lui manque en surface. L'expérience a démontré que le rapport $8/1$ convenait en général ; d'où l'engrenage : $56/7$.

Puisque la roue de délai tourne neuf fois plus vite que la première roue d'arrêt, si cette dernière met une seconde pour faire un tour, la vitesse du volant est de 72 tours à la seconde.

Une telle vitesse explique l'effet de la résistance de l'air sur le volant et l'action modératrice de celui-ci sur la vitesse de déroulement du rouage.

9. Repères à observer lors de la mise en place des mobiles d'un mécanisme de sonnerie à roue de compte.

On entend d'ordinaire par *repère* une marque faite à des pièces d'un mécanisme, soit pour les distinguer les unes des autres, soit pour les assembler entre elles plus facilement. Par exemple, les deux points marqués sur les trois principales pièces du barillet (fig. 8, (II)) sont des repères.

Dans les rouages de sonneries ordinaires d'appartement, deux repères sont classiques : l'un a été marqué par un coup de lime en chanfrein sur l'une des dents du pignon *e*, l'autre, par un simple point sur la roue D en face du vide dans lequel la dent chanfreinée du pignon doit être introduite.

Mais ces premiers repères cessent d'être utiles si, au cours d'une réparation, certains mobiles ayant été remplacés, d'autres repères ont été indiqués sur les pièces nouvelles ou anciennes. Il n'est pas toujours facile de discerner empiriquement les bons des mauvais.

C'est pourquoi la connaissance, pratique et approfondie, des mécanismes de sonneries est indispensable pour remonter les pièces sans avoir recours au guide souvent trompeur des repères.

D'ailleurs, pour l'horloger, le mot repère est, le plus souvent, pris au sens de bon ajustement.: ainsi, lorsqu'il dit qu'un mécanisme de sonnerie est *aux repères*, il entend que les mobiles sont bien à leur place, même si ces mobiles ne comportent aucun repère proprement dit.

Considérés à ce point de vue, il n'est pas sans intérêt de rappeler ici quels sont les repères d'une pendule à roue de compte, bien qu'ils aient été implicitement indiqués déjà.

Lorsque la goupille (16) de la première roue d'arrêt appuie sur la détente (15), les conditions suivantes sont à observer :

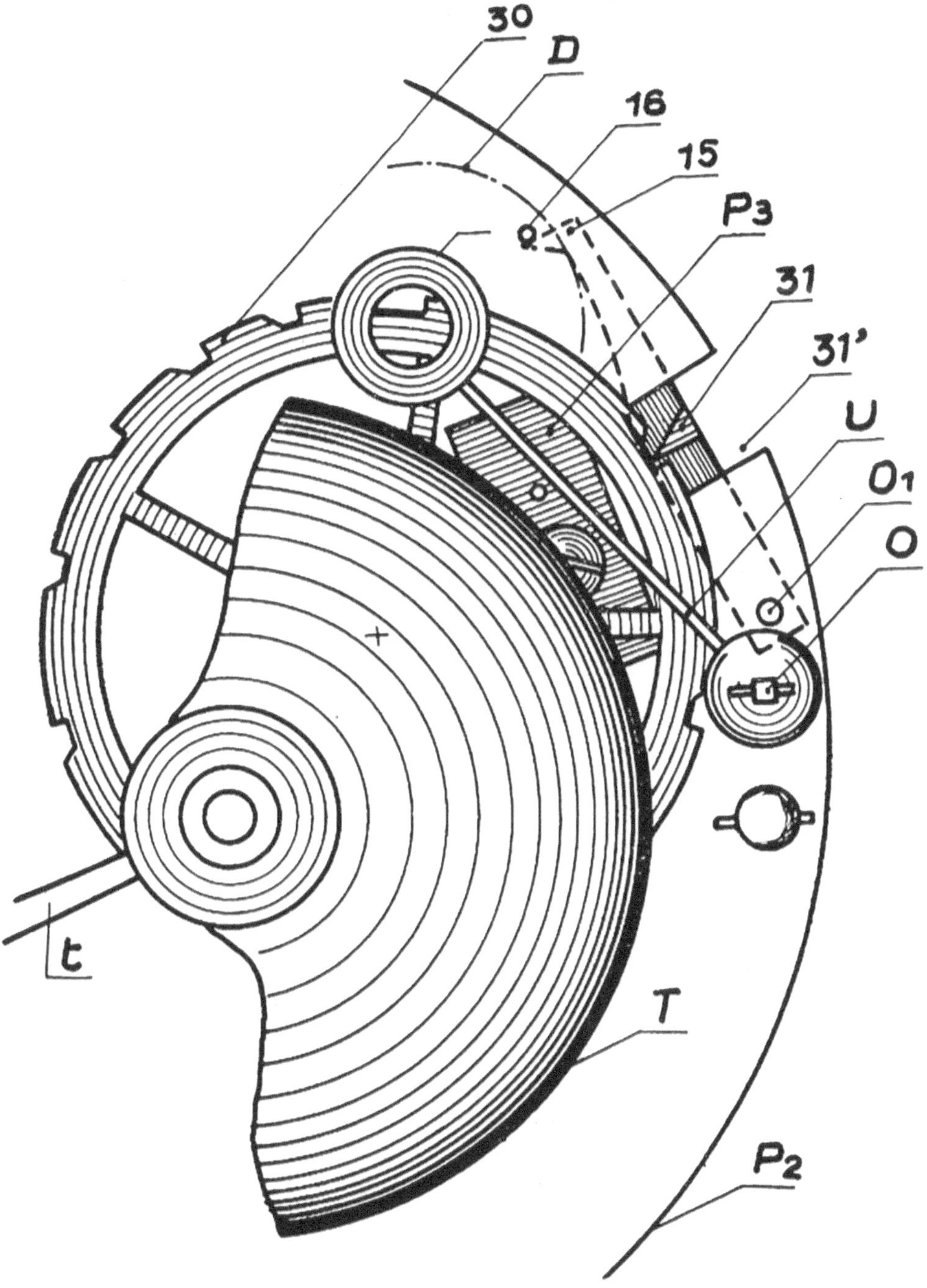

Fig. 19.

Mécanisme de sonnerie d'une pendule à roue de compte. (Face postérieure).

1°. La goupille (17) de la deuxième roue d'arrêt, ou roue de délai, doit être diamétralement opposée au bras (5) du détentillon (fig. 16 et 18) ;

2°. La goupille *g* de la roue des chevilles C, à qui revient le tour de soulever le marteau, doit rester distante du bras O N d'une quantité égale à l'épaisseur d'une dent environ. Même après le demi-tour de la roue de délai, il faut que subsiste un petit jour entre les pièces ci-dessus dénommées (fig. 11).

3°. Après la sonnerie de l'heure, le bras (31) de la détente doit reposer dans un creux de la roue de compte et à une petite distance de la bosse qu'il vient de quitter, de façon qu'il se trouve après la sonnerie de la demie, au pied de la rampe qui précède la bosse suivante (fig. 12, (II) et (III)).

Si le premier repère n'a pas été observé, il faut séparer l'une des platines de la cage pour le rétablir. S'il y a lieu de corriger les deuxième et troisième repères, il suffit de dévisser le pont P_3 (fig. 19 et 20), dans lequel pivote le tourillon arrière de la roue des chevilles, pour modifier d'une ou deux dents, en avant ou en arrière, les positions des mobiles B et *c*, C et *d* (fig. 20). Dans la figure 19 le timbre T est fixé sur la platine P_1 par un support dont on ne voit que la partie *t*.

Avant de dévisser le pont P_3, et, d'une façon générale, avant de séparer les platines d'une cage renfermant un train de rouages commandé par un ressort-moteur, il importe de désarmer ce dernier. Si l'on enfreint cette règle, le désarmage subit du ressort peut provoquer de graves accidents.

10. Mise à l'heure des aiguilles d'une pendule à roue de compte.

La mise à l'heure d'une pendule à roue de compte s'effectue dans le sens positif. Il ne faut faire rétrograder les aiguilles que dans la mesure où le permet la rencontre d'une des goupilles de la chaussée avec le dos du bras (3) du détentillon. Pratiquement, mieux vaut ne jamais user de ce procédé.

De plus, il convient d'attendre, à chaque heure, ou demie, que la sonnerie soit achevée, avant de poursuivre le déplacement de l'aiguille des minutes, sinon la pendule décompte, c'est-à-dire que la sonnerie n'est plus d'accord avec l'heure indiquée au cadran.

Ce dérèglement est, toutefois, facile à corriger. Si, par exemple, l'horloge sonne huit coups lorsque les aiguilles marquent 9 heures, il suffit de pousser sur la division 8 du cadran l'aiguille des heures, qui, on le sait, est ajustée à frottement gras sur le canon de la roue des heures.

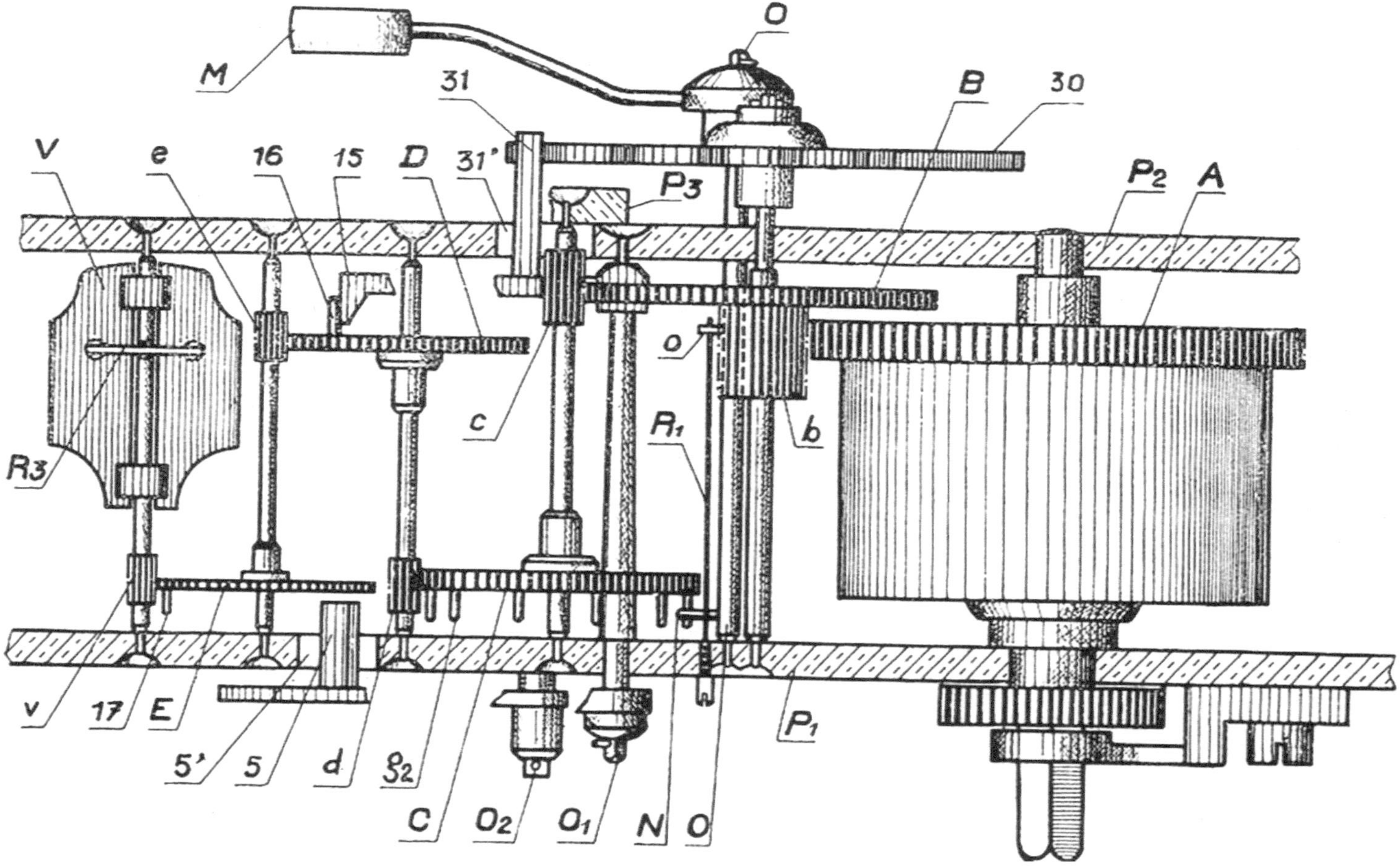

Fig. 20.

Mécanisme d'une pendule à roue de compte (Élévation développée).

Si l'horloge sonne une demie à l'heure, on imprime à l'aiguille des minutes une rotation rapide. L'heure qui sonnera sera évidemment en retard, mais on n'aura qu'à employer le remède qui vient d'être indiqué pour rétablir la concordance entre la sonnerie et l'heure que marquent les aiguilles. Ainsi se trouvera achevée la remise en marche normale.

11. Pendule à râteau. — Organes réglant le nombre de coups à sonner. — Fonctionnement de la sonnerie de l'heure. — Fonctionnement de la sonnerie de la demie.

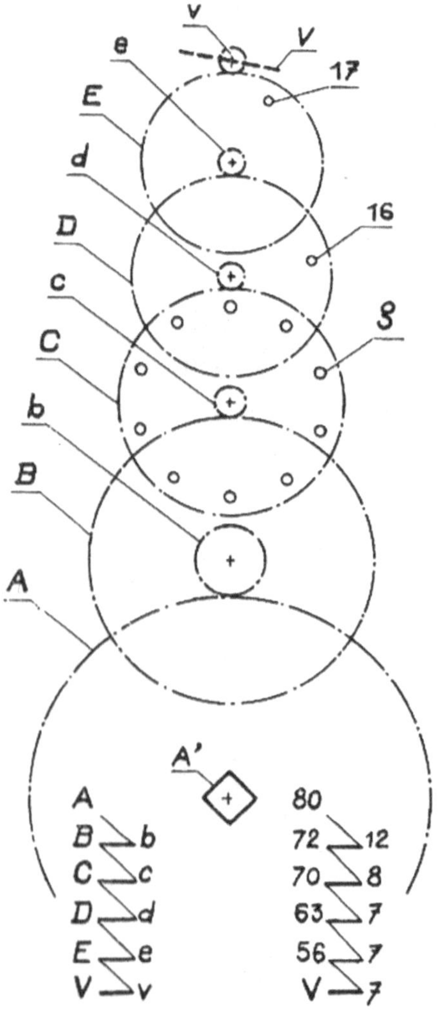

Fig. 21.

Train de rouages d'une pendule à roue de compte.

Le timbre, le marteau (M) et son équipement, les organes *g*-0 N de soulèvement du marteau, la force motrice, le rouage A,B,C,D,E, les organes d'arrêt et de déclenchement (détente et détentillon), le délai, sont identiques à peu de chose près, à leurs correspondants dans la pendule à roue de compte (fig. 22 et 23). Le détentillon ne diffère, en effet, de celui de la pendule à roue de compte, que par l'angle formé par les deux bras.

Par contre, le dispositif qui règle le nombre de coups à sonner présente un caractère très particulier.

Les organes essentiels de ce disposif sont :

a) Une came (30) appelée *limaçon des heures*, solidaire de la roue des heures H (fig. 22, 23, 24, et 27) ;

b) Un râteau (32) et son bras (31) dont le centre de mouvement est en 0_3 ;

Les organes accessoires sont :

c) Un mobile d'une dent, ou *levée* (33) qui est ajustée à frottement semi-dur sur le prolongement du pivot antérieur de la première roue d'arrêt D (fig. 29) ;

d) Un bras (34) dénommé l'S, à cause d'une certaine similitude de forme avec cette lettre, ajusté à carré sur le tourillon avant de l'axe O_1 de la détente (15).

La levée a pour rôle de relever, dent par dent, le râteau qui tombe sur le limaçon à chaque sonnerie de l'heure.

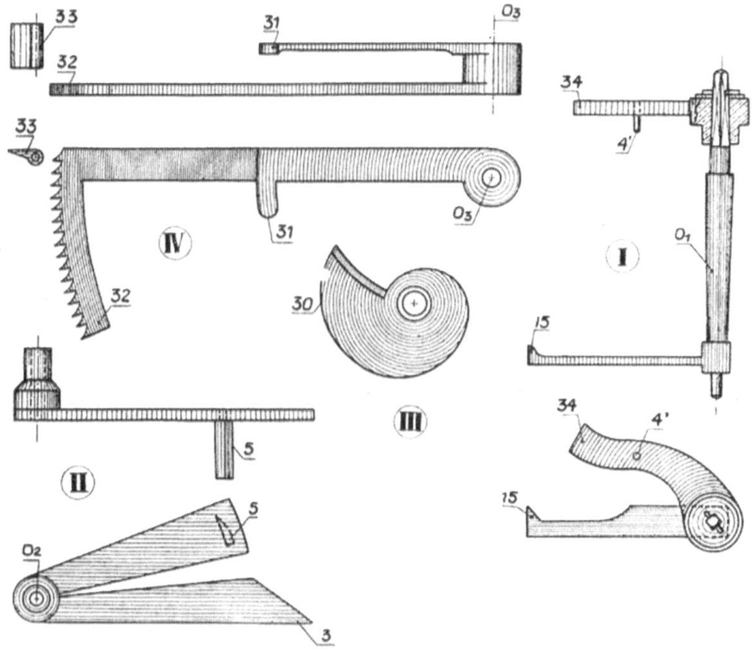

Fig. 22.

Principales pièces d'une pendule à râteau.

Quant au bras, appelé l'S, il a la charge des quatre opérations suivantes :

1°. Immobiliser le râteau dans la position représentée aux figures 23 et 27, pendant les périodes de repos de la sonnerie ;

2°. Agir comme cliquet de retenue, pendant le fonctionnement de la sonnerie, lorsque la levée abandonne le râteau après l'avoir remonté d'une dent ;

3°. Par l'intermédiaire de la goupille (4') qu'il supporte (fig. 25), provoquer l'action du bras O_1-(4) du détentillon et soulever ainsi la détente O_1-(15), opération analogue à celle qu'accomplit le bras O_1-(4) de la pendule à roue de compte ;

4°. Tant qu'il repose sur la denture du râteau (fig. 23)[2], maintenir la détente hors de la trajectoire de la goupille d'arrêt, et jusqu'à ce que la levée (33) ait ramené le râteau à sa position de repos (fig. 23, traits pleins).

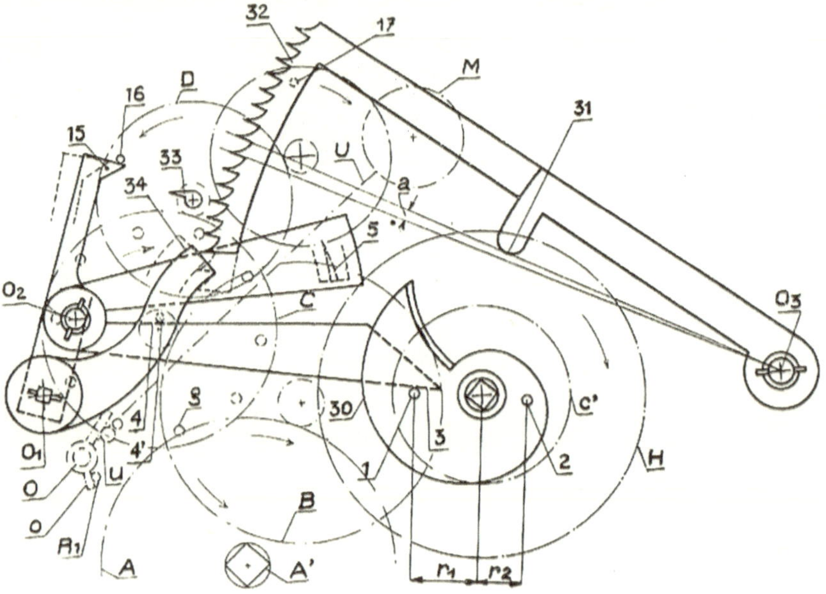

Fig. 23.

Positions occupées, entre deux sonneries, par les divers leviers d'une pendule à râteau.

L'excentricité du limaçon est telle qu'à deux, trois, quatre ou douze heures, elle permet au râteau de tomber de deux, trois, quatre... ou douze dents. De sorte que, après la libération du rouage, la levée doit effectuer autant de tours que le râteau a lui-même effectués de tombées de dents, pour remonter celui-ci jusqu'à sa position de repos (fig. 23 et 27).

Or, la levée étant solidaire de la roue d'arrêt D, dont chaque tour correspond à un coup de marteau sur le timbre, l'horloge sonnera un nombre d'heures égal au nombre de dents représentant la chute du râteau sur le limaçon.

Lorsque le râteau est entièrement relevé, l'S, n'étant plus retenu par la denture de celui-ci, revient à sa position de repos avec la détente

[2] Fig. 23. — Positions occupées, entre deux sonneries, par les divers leviers d'une pendule à râteau.

(15) contre laquelle bute la goupille (16) pour immobiliser le rouage de la sonnerie.

Le pas *a* du râteau dépend à la fois de la différence entre le grand et le petit rayon du limaçon et des distances entre les axes du râteau, du limaçon et de la levée.

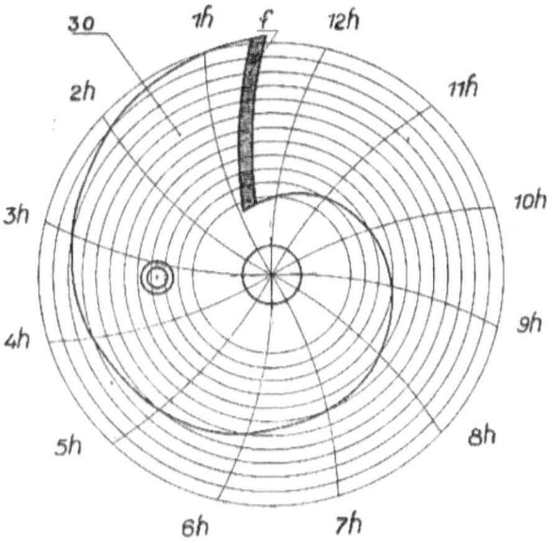

Fig. 24.
Tracé du limaçon.

Le grand rayon du limaçon, qui correspond à la sonnerie d'une heure, coïncide généralement avec la circonférence primitive ou le fond des dents de la roue des heures H. Le plus petit, qui correspond à la sonnerie de douze heures, doit laisser, autour du canon de la roue des heures, une collerette d'une épaisseur suffisante pour assurer la solidité du système.

Le tracé du limaçon des heures (fig. 24) montre que les douze principaux points de la courbe se trouvent aux intersections des douze circonférences concentriques à l'axe du limaçon et des douze arcs de cercle tracés de l'axe O_3 du râteau.

La chaussée, cela a déjà été dit, est le mobile de liaison entre les rouages de compteurs de temps et les rouages de la sonnerie. Toutefois, dans la pendule à râteau, les deux goupilles de la chaussée sont plantées sur deux rayons r_1 et r_2 inégaux. La goupille (1) qui décrit la plus grande trajectoire, provoque le déclenchement de la sonnerie des heures et la goupille (2) le déclenchement de la sonnerie des demies.

Quelques minutes avant la sonnerie de l'heure, la goupille (1) soulève le bras (3) du détentillon qui, à son tour, soulève, par la goupille (4'), l'S et la détente qui sont solidaires du même axe O_1.

Pendant ce temps, cette dernière libère la première roue d'arrêt et, peu après, l'S abandonne à lui-même le râteau qui tombe jusqu'à la rencontre du limaçon par son bras (31), (fig. 25).

Un peu avant la libération du mobile D, le plot (5) du détentillon, contrairement à celui de la pendule à roue de compte (fig. 18), pénètre, de l'extérieur à l'intérieur, dans la trajectoire de la goupille de la roue de délai, ou deuxième roue, d'arrêt E, (fig. 25 et 27). C'est le commencement du délai.

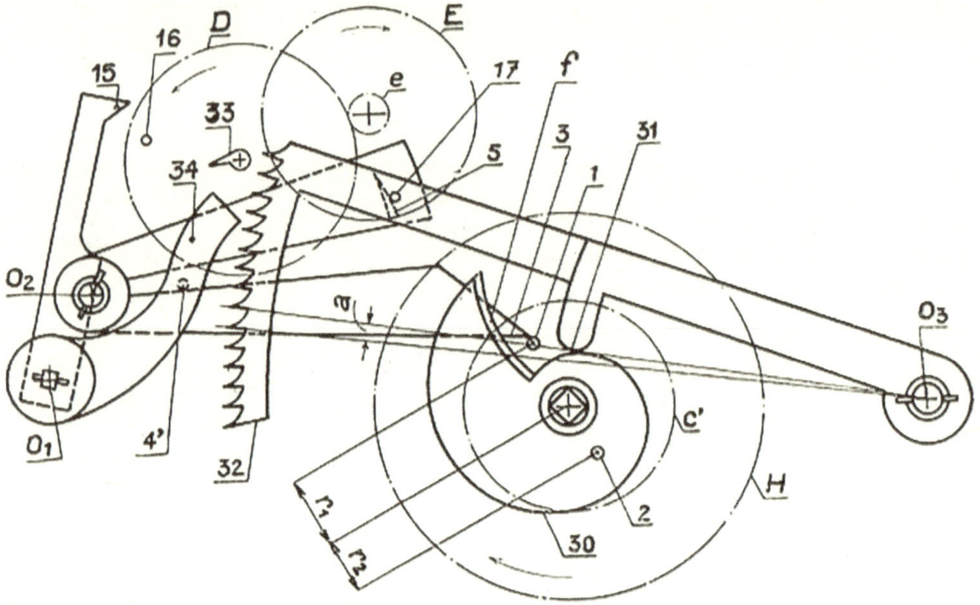

Fig. 25.

Positions occupées, pendant le délai précédant une sonnerie d'heures, par les divers leviers d'une pendule à râteau.

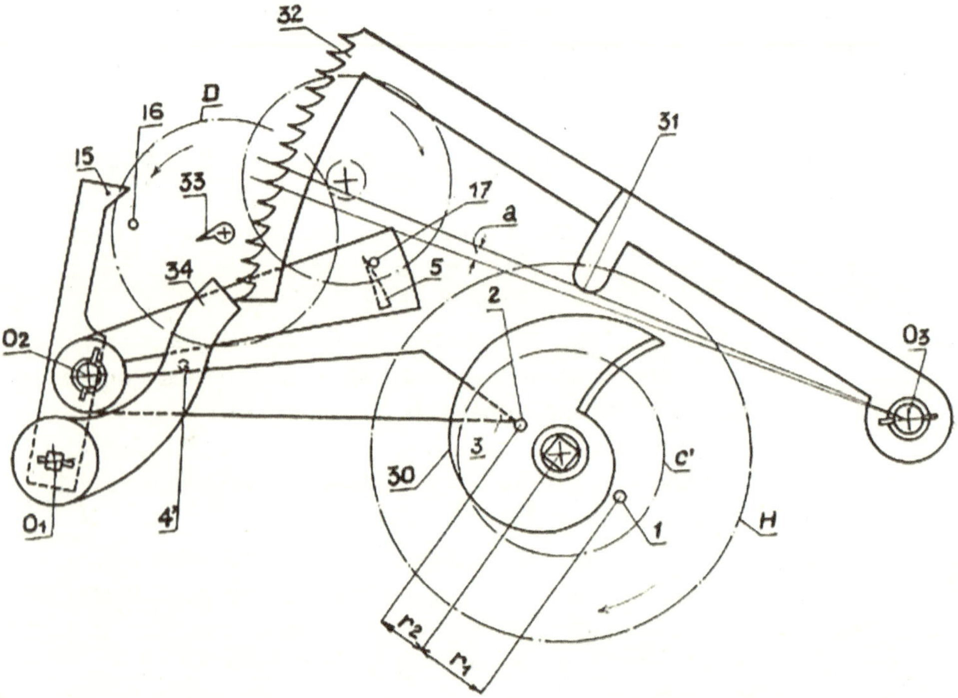

Fig. 26.

Préparation de la sonnerie et de la demie.

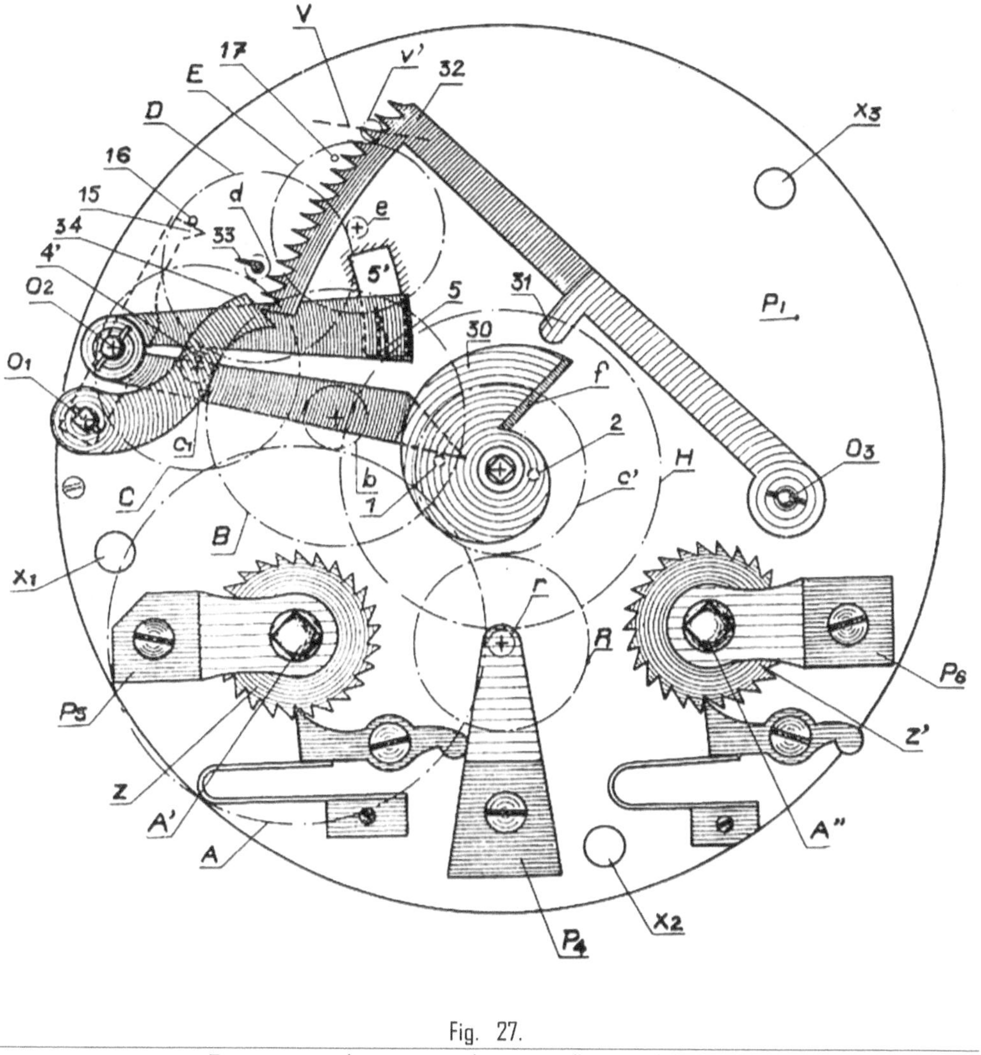

Fig. 27.

Face antérieure du mécanisme de sonnerie d'une pendule à râteau.

À la fin du délai, c'est-à-dire au moment où la goupille (1) de la chaussée abandonne le détentillon, l'S et la détente ne peuvent revenir à leur position de repos, à cause de la rencontre, par le premier, de la denture du râteau. Ainsi, la détente étant restée hors de la trajectoire de la goupille (16), le rouage peut défiler et la roue des chevilles actionner le marteau à la cadence d'un coup par tour de roue D, pendant que, à chaque coup de marteau, la levée (33) remonte le râteau d'une dent.

Si les organes, réglant le nombre de coups à sonner, occupent les positions représentées à la figure 25, la pendule sonne onze heures. La roue D et la levée doivent donc faire onze tours pour ramener le râteau à sa position initiale (fig. 23 et 27).

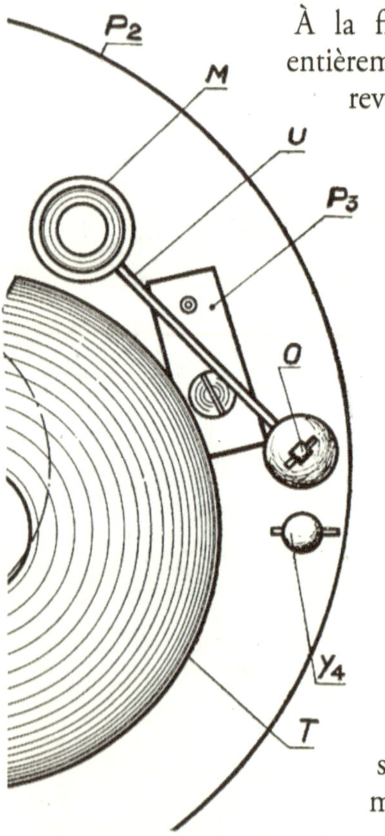

Fig. 28. - Face postérieure.

P3, Pont dans lequel pivote le pivot arrière de la roue des chevilles C. - Y4, une des quatre colonnes reliant les platines P1 et P2

À la fin de la sonnerie, le râteau étant entièrement relevé, l'S et la détente peuvent revenir librement et de leur propre poids, à leur position de repos. Une fraction de seconde plus tard, le mécanisme de sonnerie est immobilisé par la rencontre de la goupille (16) et de la détente (15).

Pour la sonnerie de la demie, le râteau ne doit pas tomber. La goupille (2) de la chaussée *c'*, qui décrit la plus petite trajectoire, ne mène le détentillon (3) que de la quantité nécessaire au dégagement, par la détente (15), de la goupille (16) de la première roue d'arrêt, quantité insuffisante pour que l'S puisse libérer le râteau (fig. 26).

Lorsque la goupille (2) abandonne le détentillon, ce qui se produit à l'instant où l'aiguille des minutes est sur la division 30 du cadran, la roue d'arrêt ne peut faire qu'un tour. Après ce tour, la goupille (16) rencontre la détente (15) qui arrête net le rouage, n'ayant permis qu'un seul coup de marteau sur le timbre.

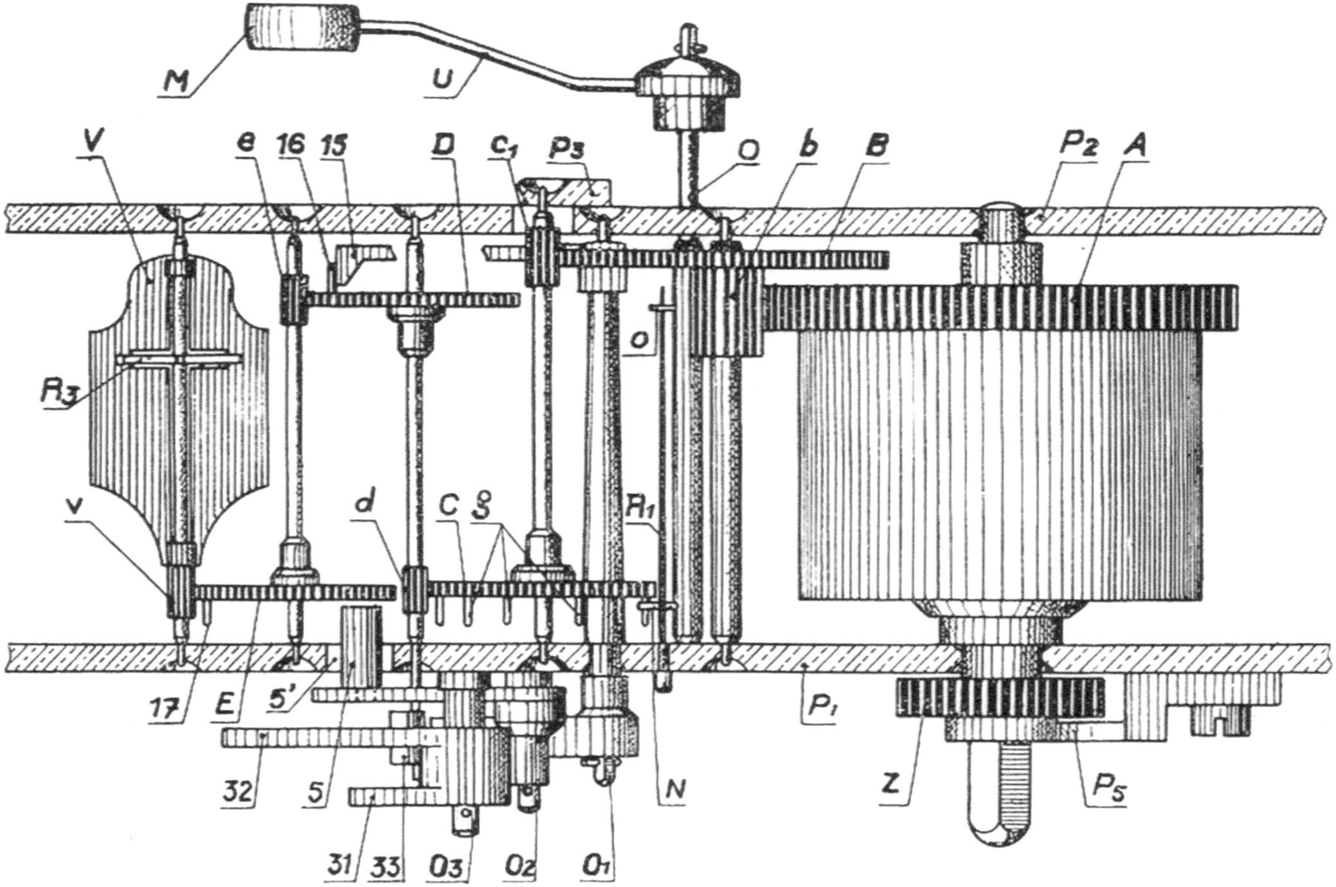

Fig. 29.

Mécanisme de sonnerie d'une pendule à râteau (Élévation développée).

12. Repères. — Mise à l'heure d'une pendule à râteau.

Les deux premiers des cinq repères, ci-après énumérés, sont communs aux deux types de pendules qui viennent d'être décrits.

La première goupille d'arrêt (16) appuyant contre la détente (15), il est nécessaire que :

1° L'une des chevilles *g* de la roue C demeure à une distance de la verge telle qu'il y ait encore, après le délai, un petit jour avec ce bras (fig. 23) ;

2° La goupille (17) de la roue de délai, ou deuxième goupille d'arrêt, reste diamétralement opposée au bras (5) du détentillon ;

3° La levée (33) soit diamétralement opposée à la dent du râteau qui lui fait face ;

4° Le râteau repose sur l'S ;

5° Le limaçon ait une disposition telle qu'il laisse tomber le râteau d'une quantité de dents correspondant au nombre d'heures à sonner.

Pour la mise au point de ce dernier repère, il suffit de modifier d'une ou deux dents, en avant ou en arrière, l'engrenage de la roue des heures avec le pignon de renvoi.

La mise à l'heure d'une pendule à râteau s'effectue plus facilement que celle d'une pendule à roue de compte. En effet, le limaçon, qui est le principal régulateur des coups à sonner, étant solidaire de la roue des heures H, se déplace avec cette roue pendant les mises à l'heure. Par suite, la pendule ne décompte pas lorsqu'on déplace les aiguilles sur le cadran sans attendre que chaque sonnerie soit effectuée.

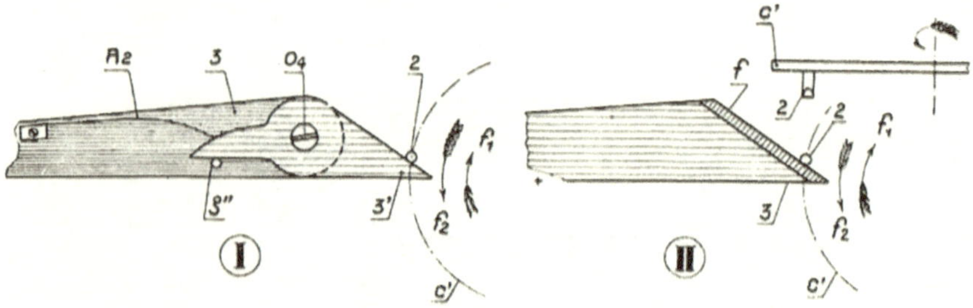

Fig. 30.

Deux dispositifs permettant de remettre à l'heure une pendule à râteau, en faisant rétrograder les aiguilles.

En résumé, on peut faire franchir rapidement par l'aiguille des minutes l'espace qui sépare deux positions extrêmes, sauf pour la sonnerie de douze heures qu'il faut laisser s'effectuer, pour supprimer l'obstacle présenté par le bras (31) du râteau (fig. 25). Encore, peut-on supprimer cet inconvénient en chanfreinant la face *f* du limaçon et en amincissant le bras du râteau, afin que ce bras puisse facilement glisser sur le limaçon.

On peut, de même, faire rétrograder l'aiguille des minutes d'une pendule à râteau. Il suffit, pour cela, de substituer au bras rigide du détentillon, le bras à bascule de la figure 30-(I) ; ou, ce qui est plus simple, de chanfreiner le dos des goupilles de la chaussée, et du bras (3) du détentillon (II). Ce dernier, préalablement aminci, fléchira, normalement à la platine, au passage des goupilles.

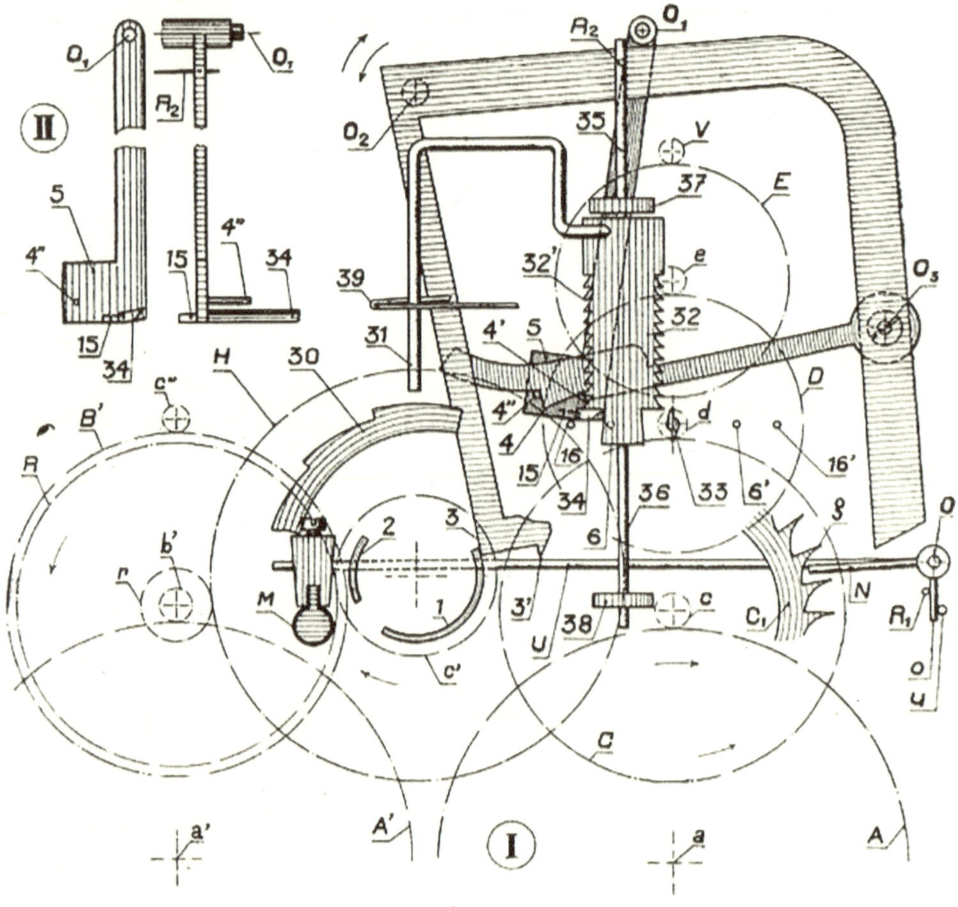

Fig. 31. - Horloge comtoise.

(I) : A-C, Rouage de durée de marche du mécanisme de sonnerie. - A', *b'*, B' ... roue motrice et autres mobiles des compteurs de temps. - D, *c*, E et *v* mobiles dentés servant à multiplier la vitesse du volant. - (II) : Détente vue de profil.

CHAPITRE III

HORLOGES D'APPARTEMENT SONNANT LES HEURES AVEC RÉPÉTITIONS ET LES DEMIES SANS « LE DÉLAI ». RÉVEILS.

Horloge Comtoise répétant la sonnerie de l'heure : Cage. — Timbre. —Marteau et son équipage. — Rouage de durée de marche. — Organes d'arrêt. — Organes réglant le nombre de coups à sonner. — Organes de déclenchement. — Sonnerie de l'heure. — Répétition de l'heure. — Sonnerie de la demie. — Remise à l'heure. — Repères.

Pendule de voyage permettant la répétition de l'heure à volonté et comportant un réveil : Diverses pendules de voyage. — Timbre. — Marteau. — Rouages. — Organes d'arrêt. —Organes réglant le nombre de coups à sonner. — Organes de déclenchement. — Sonnerie de l'heure. — Sonnerie de l'heure à volonté. — Sonnerie de la demie. — Remise à l'heure. —Repères.

Réveils : Organes essentiels d'un réveil. — Réveil ordinaire. — Type de réveil utilisé dans la pendule de voyage. — Réveil américain : Organe sonore. — Rouages. = Organes actionnant le marteau. — Organes d'arrêt et de déclenchement. — Dispositif limitant la durée de la sonnerie. — Arrêt anticipé de la sonnerie.

13. Horloge comtoise répétant la sonnerie de l'heure : Cage. — Timbre. — Marteau et son équipage. Rouage de durée de marche — Organes d'arrêt. — Organes réglant le nombre de coups à sonner. — Organes de déclenchement.

Cette horloge sonne l'heure et la demie et répète la sonnerie de l'heure à deux minutes d'intervalle.

Sa cage n'est pas formée, comme celle des deux pendules précédemment décrites, de platines pleines en laiton, mais d'une cage en fer dont les montants, de section rectangulaire, sont munis de coussinets en laiton pour recevoir les tourillons des mobiles.

Tel était, tout au moins anciennement, le mode de construction des cages d'horloges comtoises.

Ces sortes d'horloges utilisent généralement le timbre-cuvette.

Le marteau M et son équipage ne présentent rien de particulier (fig. 31). Comme dans les pendules à roue de compte et les pendules à râteau, la tige U fait office de contre-marteau. La force auxiliaire du marteau est constituée, également, par une tige-ressort R_1, parallèle à l'axe O, qui, en agissant sur le bras O-*o* pousse le marteau contre le timbre. Ici, c'est le bras O-*o* et non la verge O N, qui par sa rencontre avec le butoir *u*, limite la course du marteau.

Le soulèvement du marteau est provoqué par les dents *g* d'un rochet C_1, solidaire de la roue C (fig. 31 et 32 (I)), dents agissant successivement sur O N.

Le rouage A-C, de durée de marche, ne comporte qu'une seule paire d'engrenages : la roue motrice ou barillet A et le pignon *c* qui supporte les mobiles C et C_1. L'emploi du poids-moteur, auquel on accorde une assez grande hauteur de chute, explique cette faible multiplication.

Dans le type d'horloge comtoise, ici en cause, la roue d'arrêt D ne fait pas, comme dans les deux pendules dont il a été parlé précédemment, un tour par coup de marteau mais un demi-tour seulement ; d'où deux goupilles (16) et (16') qui, à la fin de chaque sonnerie, viennent, l'une ou l'autre, buter contre le talon (15) d'un levier mobile en O_1, qui n'est autre que la détente (fig. 31 (I) et (II)). Une tige-ressort R_2, parallèle à l'axe O_1, pousse la détente dans le sens négatif de façon à maintenir le bras-cliquet (34) contre la denture (32') de la crémaillère. Les trois bras de la détente servent le premier (15) d'arrêt, le second (34) de cliquet de retenue pour la crémaillère et le troisième (4") sert à déclencher la sonnerie[3].

Les deux principales pièces du dispositif réglant le nombre de coups à sonner sont le limaçon (30) supporté par la roue des heures H et la crémaillère (32-32') dont le bras (31) limite la chute sur les crans du limaçon. La crémaillère est prolongée par deux tiges (35) et (36) qui coulissent dans des ponts-guides (37) et (38). Le bras (31) est lui-même limité par le guide (39).

[3] La minuterie de l'horloge comtoise (L'Horloger, Tome I, p. 76) diffère des modèles classiques : le pignon *b'*, qui fait un tour en deux heures, supporte, en porte-à-faux, une roue R qui mène la chaussée *c'*, et un pignon *r* qui mène la roue des heures H ; les rapports des vitesses de ces deux parties d'engrenages sont respectivement : $\frac{2}{1}$ et $\frac{2}{12}$ ou $\frac{1}{6}$.

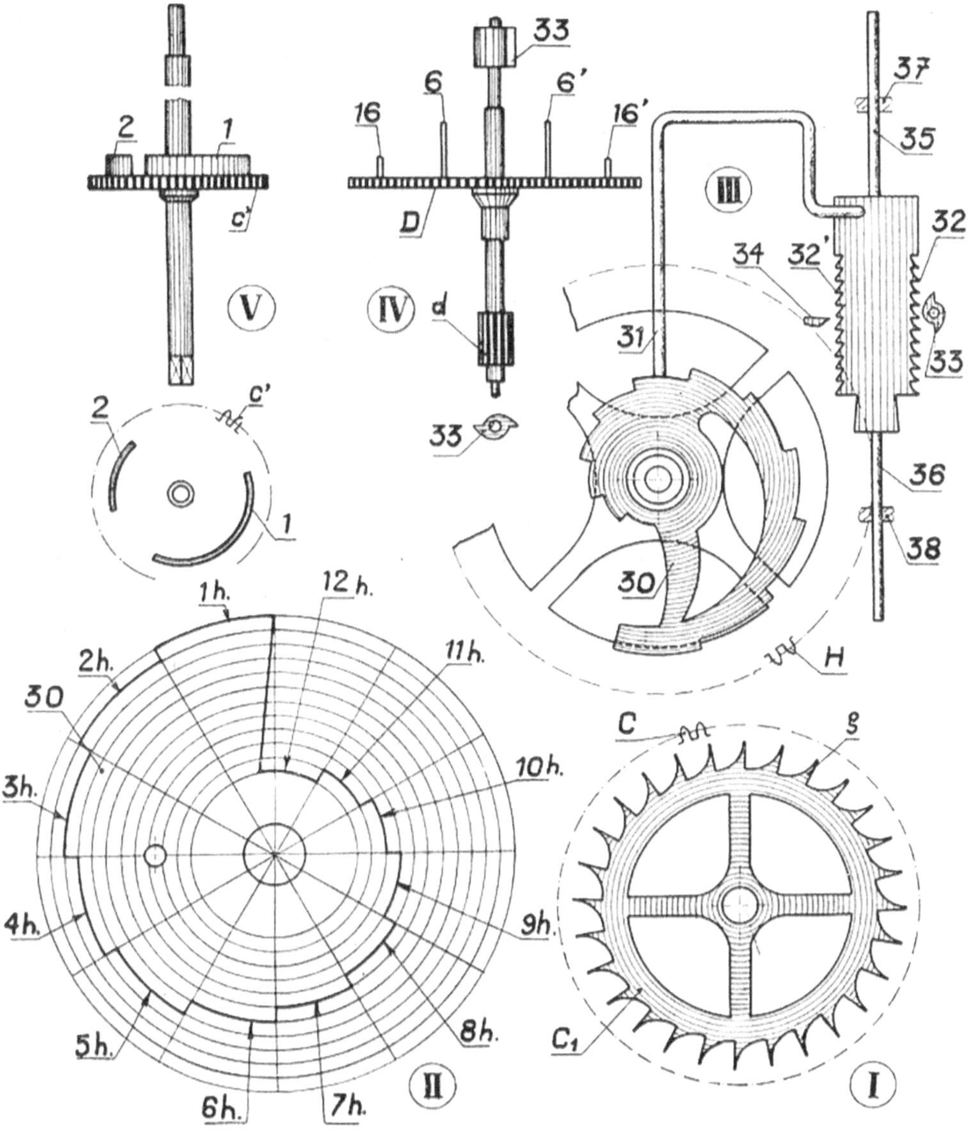

Fig. 32.

(I) C. Rochet. - (II) Tracé d'un limaçon. - (III) Chute de la crémaillère. - (IV) Roue d'arrêt D et les cinq organes qu'elle supporte. - (V) Chaussée *c'*.

Viennent ensuite :

- Un bras-cliquet (34), solidaire de la détente, qui sert à retenir la crémaillère, soit dans la position de repos, soit pendant le fonctionnement de la sonnerie ;

- Un mobile à deux dents (33) dit double-levée, qui est ajusté à frottement semi-dur, pour en permettre le démontage lors des réparations, sur le pivot avant prolongé du côté du cadran, du pignon *d* de la roue d'arrêt D ;

- Deux longues goupilles (6) et (6'), dites *goupilles de dégagement*, également supportées par la roue d'arrêt D, laquelle supporte donc cinq pièces : la double-levée (33) et quatre goupilles (16), (16'), (6) et (6') (fig. 32, (IV)).

Ces diverses pièces diffèrent sensiblement, comme aspect, de celles qui remplissent les mêmes fonctions dans les pendules à roue de compte et à râteau ; mais celles qui appartiennent au dispositif de déclenchement revêtent plus d'originalité encore. Ainsi, la chaussée *c'* (fig. 32, (V)) supporte, au lieu des deux goupilles classiques, deux portions de couronne (1) et (2) dont la principale particularité réside moins dans leur forme que dans leur mode d'action sur les becs du levier de déclenchement (3)-(3'), mobile en O_2.

Le levier de déclenchement, qui porte le nom de *bascule*, a son centre de gravité assez fortement déjeté vers la droite ; on accentue parfois ce déjettement par l'addition d'une ou deux masses.

La bascule tend donc constamment à tourner dans le sens positif ; son mouvement est limité par la rencontre de ses extrémités (3) ou (3') avec l'une des deux portions de couronne (1) ou (2) de la chaussée.

Elle supporte un bras mobile en O_3 muni, à son extrémité libre, de deux dents (4) et (4') (fig. 31 et 33).

Avant le déclenchement de l'heure, ou de la demie, la dent (4) du bras mobile se trouve devant une goupille (4"), solidaire de la détente (fig. 31 et 33, (I)) ; le bec (3) repose alors sur l'une ou l'autre des portions de couronne de la chaussée.

Avant le déclenchement de la répétition de l'heure, c'est la dent (4') qui se trouve devant la goupille (4") (fig. 33, (IV)).

14. Sonnerie de l'heure. — Répétition de l'heure.

Contrairement à ce qui se passe dans les deux premières pendules décrites, la sonnerie ne se déclenche qu'après l'abandon de la bascule par la portion de couronne qui la retenait. Ce qui revient à dire que, dans les pendules à roue de compte et à râteau, le déclenchement est dû

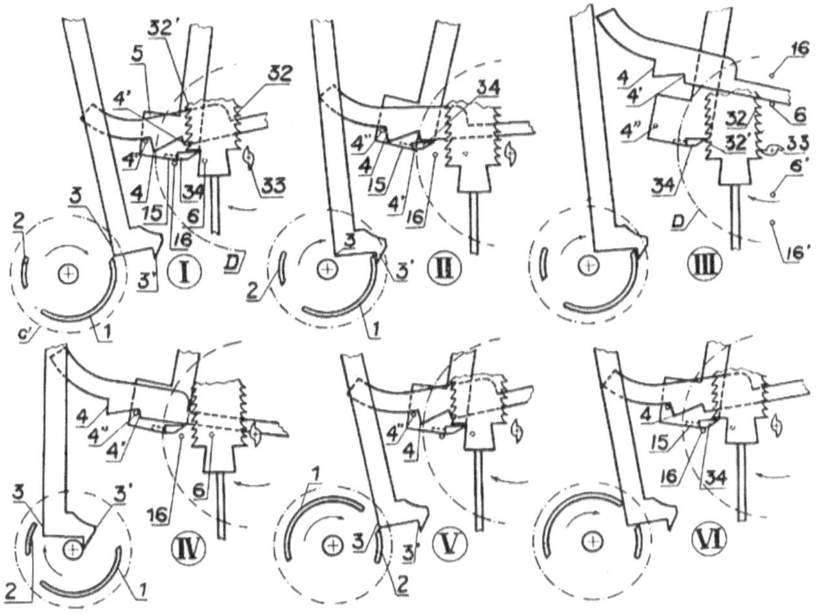

Fig. 33.

Positions diverses occupées par les organes de déclenchement indirect.

à un effet direct ; tandis que dans l'horloge comtoise, il est dû à un *effet indirect. Ce dernier mode de déclenchement a l'avantage de supprimer le délai.*

L'horloge étant en marche, et les divers leviers de son mécanisme de sonnerie occupant les positions représentées par la figure 31, voici ce qui se produit :

À l'instant où l'aiguille des minutes atteint la soixantième division du cadran, la portion de couronne (1) abandonne le bec (3) de la bascule qui tombe jusqu'à la rencontre du bec (3') avec (1) (fig. 33, (II)).

Pendant la chute de la bascule, les fonctions suivantes s'effectuent simultanément :

1°. la dent (4) du bras mobile entraîne la goupille (4") et imprime à la détente un mouvement dans le sens positif ;

2°. le bras-cliquet (34) dégage la denture (32') de la crémaillère qui tombe jusqu'à ce que son bras (31) rencontre le limaçon des heures (30) (fig. 32, (III)) ;

3°. le talon (15) de la détente libère la goupille (16) de la roue d'arrêt et, par suite, la sonnerie qui entre en fonction.

C'est la simultanéité de ces opérations qui permet à la sonnerie de s'effectuer sans délai.

Pendant le fonctionnement de la sonnerie, à chaque demi-tour de la roue d'arrêt D, la double-levée (33) soulève, d'une dent, la crémaillère, cependant qu'une dent du rochet C soulève le marteau qui, en retombant sous la double action de sa masse et du ressort R_1, frappe un coup sur le timbre. Pour la chute représentée figure 32, (III) où le bras (31) est tombé sur le septième cran du limaçon c'est la sonnerie de sept heures qui s'effectuera ; pour la chute représentée figure 33, (III), c'est la sonnerie de deux heures qui aura lieu.

Mais il importe que la goupille (4") de la détente soit dégagée de la dent (4) du bras mobile, afin de permettre au bras-cliquet (34) de reposer contre la denture de la crémaillère et d'empêcher cette dernière de tomber lorsque la levée l'abandonne à elle-même. Ainsi qu'il a été déjà dit, ce sont les goupilles de dégagement (6) et (6') qui remplissent cette fonction.

Un peu avant le moment où la levée libère la crémaillère, la goupille (6), par exemple, vient soulever le bras mobile (fig. 33, (III)).

La goupille (4") étant alors débarrassée de la dent du bras mobile, le bras (34) de la détente peut revenir, contre la denture de la crémaillère, remplir son rôle de cliquet de retenue.

Lorsque la levée a soulevé toutes les dents de la crémaillère, le cliquet pénètre dans l'échancrure profonde qui suit la dernière dent. L'excès de mouvement effectué par la détente, permet à son talon (15) de se présenter devant une goupille d'arrêt (16) et d'immobiliser le mécanisme de sonnerie (fig. 31 et 33, (I)).

C'est par un effet analogue que, dans la pendule à râteau, l'arrêt se produit à la fin de la sonnerie de l'heure (§ 11).

Comme dans toutes les horloges à sonnerie, entièrement mécaniques, la cadence de la sonnerie est régularisée par un volant à résistance d'air, supporté par le pignon *v*, (fig. 31, (I)).

Deux minutes environ après la première sonnerie de l'heure, la portion de couronne (1) de la chaussée libère le bec (3'), d'où une nouvelle chute de la bascule, au cours de laquelle la dent (4') du bras mobile entraîne la goupille (4") de la détente, ce qui provoque tous les mouvements indiqués ci-dessus, et permet ainsi la répétition de la sonnerie de l'heure (fig. 33, (IV)).

Le mode de construction du limaçon des heures (fig. 32, (II),) est justifié par la répétition de l'heure. Il est nécessaire, en effet, que le bras

(31) de la crémaillère rencontre, au cours de deux sonneries identiques, deux rayons du limaçon, ayant la même valeur.

15. Sonnerie de la demie. — Mise à l'heure. — Repères.

Quelques minutes après la répétition de l'heure, c'est au tour de la portion de couronne (2) de faire rétrograder la bascule (mouvement de sens négatif) jusqu'à l'enclenchement de la dent (4) du bras mobile devant la goupille (4") de la détente (fig. 33, (V)). Cette vue représente les divers organes quelques secondes avant la sonnerie de la demie.

À l'instant où l'aiguille des minutes arrive sur la trentième division du cadran, l'organe (2) de la chaussée laisse échapper la bascule dont le bec (3) tombe dans le creux qui sépare les portions de couronne (1) et (2) fig. 33, (VI).

Or, l'étroitesse de ce creux est telle que le mouvement, dans le sens positif, qu'il permet à la détente par la dent (4), est juste suffisant pour que son bras (15) libère la goupille d'arrêt (16), mais il est insuffisant pour que son autre bras (34) libère la crémaillère.

Il s'ensuit qu'après un demi-tour de la roue d'arrêt D, la goupille (16') vient rencontrer le bras (15) de la détente et immobiliser la sonnerie, après un seul coup de marteau frappé sur le timbre.

Ce système de sonnerie ne permet la remise à l'heure des aiguilles que dans le sens positif.

Pour la mise en place des pièces de ce mécanisme, il faut observer les repères suivants :

L'une des goupilles (16) ou (16') de la roue d'arrêt appuyant contre le bras (15) de la détente, une dent du rochet C_1 se situe à une petite distance de la verge ou bras O N du marteau.

Les deux dents de la levée (33) doivent être sur un plan parallèle à la crémaillère (32).

Le limaçon des heures présente au bras (31) de la crémaillère le même cran à la première et à la secondesonnerie de l'heure.

Ce type d'horloge, qui était fort en faveur autrefois, n'avait

Fig. 34.
Pendule de voyage. (Poids 1k 100.).

rien de chronométrique ; mais, il était très robuste ; d'où son succès, diminué aujourd'hui, mais non disparu, dans les maisons de campagne où règnent souvent des fumées et des vapeurs auxquelles ne résisteraient pas si facilement les autres types d'horloges d'appartement.

16. Pendule de voyage permettant la répétition de l'heure à volonté et comportant un réveil. — Diverses pendules de voyage. — Timbre. — Marteau. — Rouages. — Organes d'arrêt. — Organes réglant le nombre de coups à sonner. — Organes de déclenchement.

Il existe des pendules de voyage :

1°. sans sonnerie ;
2°. avec réveil ;
3°. avec réveil, sonnerie de l'heure et de la demie et dispositif permettant la répétition de la sonnerie de l'heure à volonté ;
4°. des pendules à grande sonnerie.

Le premier type comprend les compteurs de temps dont les principes ont été exposés dans l'HORLOGER, *Tome* I.

Le second et le troisième comportent un *réveil* ; la description en est faite plus loin.

Quant au quatrième type, il est décrit au Chapitre IV qui traite des pendules sonnant les quarts.

La figure 34 représente la vue extérieure d'une pendule de voyage, sonnant l'heure et la demie, munie d'un réveil (cadran du bas) et d'un dispositif permettant, pendant les heures d'obscurité, de faire répéter, à volonté, la sonnerie de l'heure en appuyant avec le doigt sur le bouton P.

Le poids et les dimensions d'encombrement de cet appareil, sont indiqués sur la figure et dans la légende.

La poignée dont il est pourvu facilite le transport.

Le timbre, constitué par une tige d'acier en spirale, ne figure pas dans les dessins ; il en est de même du marteau et de son équipage, ainsi que des rouages, sauf en ce qui concerne la minuterie *c'*, R, *r* et H (fig. 35) qui n'ont rien de spécial par rapport à ceux des pendules déjà décrites (Ch. II).

Par contre, d'autres organes présentent une particularité marquante : tel est le mode d'arrêt.

L'arrêt s'effectue par la rencontre du doigt (16) et d'une goupille (15) (fig. 35). Le doigt (16) fait partie d'un monobloc, monté à carré sur le pivot avant *d* prolongé de la roue d'arrêt (non représentée sur la figure), et formé de trois doigts (16), (33) et (6) (fig. 35 et 36).

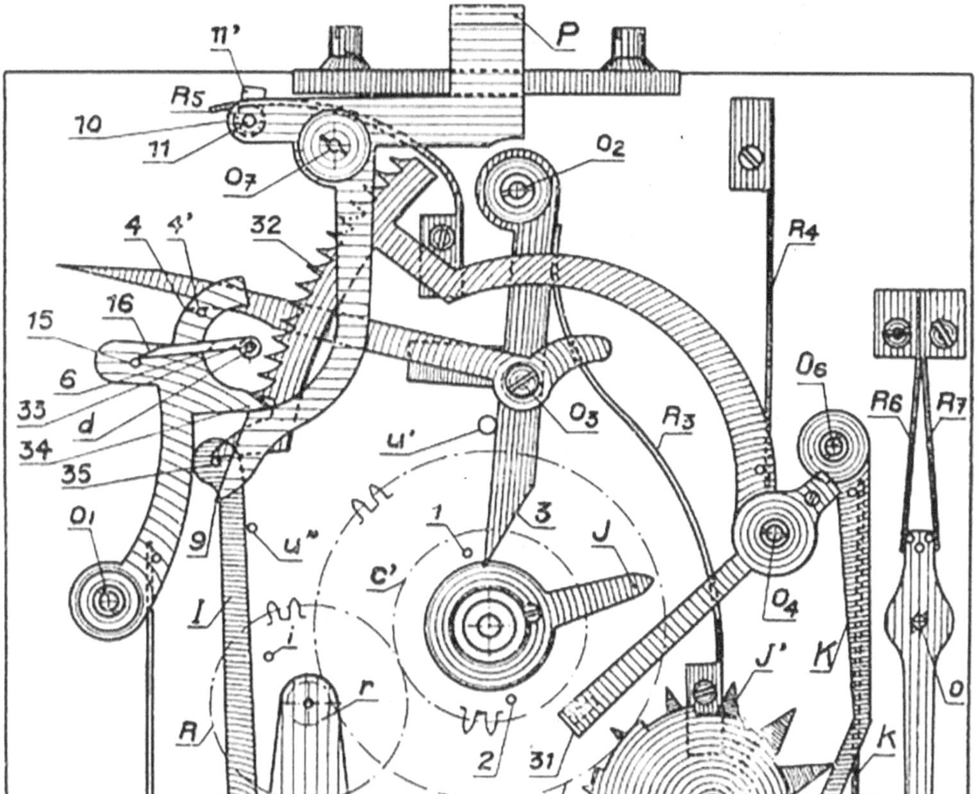

Fig. 35.

Cadrature ou mécanisme de sonnerie situé derrière le cadran et supporté par la face avant de la platine P_1.- Mécanisme du réveil.

La goupille (15) est supportée par un bras, monté à carré et mobile en 0, qui joue un rôle de détente. Ce bras est pourvu d'un bec (34) qui sert de cliquet de retenue au râteau et, aussi, d'une goupille (4'). Cette dernière, sur laquelle repose ordinairement le bras mobile 03-4, remplit le même office que la goupille (4') de l'horloge comtoise.

Un ressort R, pousse la détente dans la direction du râteau.

Les principaux organes réglant le nombre de coups à sonner sont :

Le râteau des heures (32), mobile en 04, son ressort R4 et son bras (31).

Le limaçon (30) supporté, non plus, comme dans les deux horloges déjà décrites par la roue des heures H, mais par une roue J', de douze dents, appelée étoile, qui se meut sur un pied-axe fixé sur la platine Pl.

Les organes accessoires sont :

Un bras J, solidaire de la chaussée c', qui, concurremment avec le levier (31), fait avancer l'étoile d'une dent par heure ;

Un levier-sautoir K, mobile en (4), qu'un ressort k pousse contre l'étoile qui est ainsi maintenue en respect entre deux mouvements du bras J ;

La levée (33) dont le doigt fait monter le râteau d'une dent à chaque tour de la roue d'arrêt dont il est solidaire ;

Le bec (34) de la détente qui a pour fonction de retenir le râteau chaque fois que la levée l'abandonne à lui-même ;

Le doigt (6) qui remplit le rôle des goupilles de dégagement de l'horloge comtoise (§ 14).

Les organes de déclenchement peuvent se grouper en deux classes :

1° ceux qui fonctionnent à la main ;

2° ceux qui fonctionnent automatiquement à l'heure et à la demie.

Les premiers se composent d'un poussoir ou levier à trois bras P-(10)-(9), mobile en O_7, et d'un ressort R_5 qui maintient ce levier dans sa position de repos (fig. 35). La goupille (11) qui pénètre à travers une ouverture (11') à l'intérieur de la cage, est supportée par le bras (10) et vient se mettre dans la trajectoire du volant lorsqu'on appuie sur P.

Les seconds sont :

Les goupilles (1) et (2) de la chaussée *c'* qui, ici, sont plantées à égale distance de l'axe de ce dernier mobile :

Un levier inter-résistant (3), mobile en O_2, qu'un ressort R_3 tend à maintenir contre une goupille *u'* chassée sur la platine ;

Un bras, mobile en O_3 sur le levier O_2-(3), qui comporte vers son extrémité libre, une dent (4) (fig. 35 et 37) ;

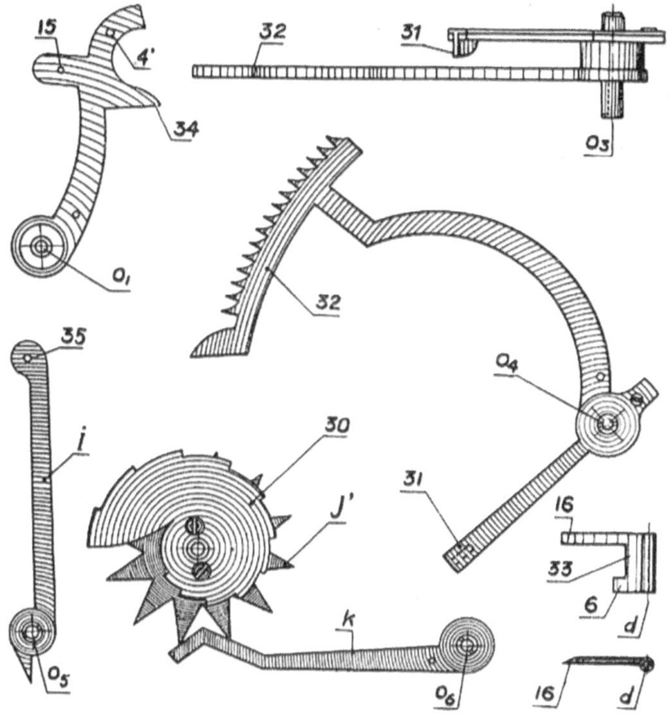

Fig. 36.

Pièces détachées de la pendule de voyage.

Une seconde goupille (4'), dite de déclenchement, supportée par la détente, et qui sert de point d'appui au bras mobile O_3-(4) ; Contre cette goupille, la dent (4) vient agir à un moment donné pour séparer les organes d'arrêt (15) et (16) du rouage de la sonnerie ;

Un levier I, mobile en O_5, qu'un ressort R_2 tend constamment à maintenir contre une goupille-butée fixe *u"* ; la goupille (35) de ce levier concourt, avec le bec (34) de la détente, à maintenir le râteau dans sa position normale ;

Une goupille *i*, supportée par la roue de renvoi R de la minuterie, qui, à chaque tour, vient presser, dans le sens négatif, le levier I ;

Un rapprochement, avec le mécanisme de sonnerie de l'horloge comtoise, suffit à montrer que le déclenchement de la sonnerie de cette pendule de voyage s'effectue indirectement (§ 14). Par suite, celle-ci ne comporte pas de dispositif de délai.

17. Sonnerie de l'heure. — Sonnerie de l'heure à volonté. — Sonnerie de la demie. — Mise à l'heure. — Repères.

Après chaque sonnerie, le mécanisme est immobilisé par la rencontre du doigt (16) de la roue d'arrêt avec la goupille (15) de la détente. La pendule étant en marche, les fonctions suivantes s'effectuent successivement :

1°. Le bras J de la chaussée provoque, concurremment avec le sautoir K le déplacement d'une dent par heure de l'étoile J'.

2°. La goupille *i* de la roue de renvoi R, qui, comme la chaussée, fait un tour par heure, imprime, quelques minutes avant la sonnerie de l'heure, au levier I un mouvement dans le sens négatif qui écarte la goupille (35) du râteau ; celui-ci n'est plus, dès lors, soutenu que par le bec (34) de la détente ;

3°. La goupille (1) de la chaussée entraîne le bec (3) et fait passer la dent (4) du bras mobile devant la goupille (4') de la détente (fig. 37) ;

4°. À l'instant où la goupille de la chaussée abandonne le bras (3) à l'action de son ressort R_3, les effets ci-après se produisent simultanément :

a.) La dent (4) du bras mobile entraîne la détente par sa goupille (4`) ;

b.) Le râteau, qui n'était plus soutenu que par le bec (34) de la détente, se trouve définitivement libéré et tombe, sous le double effet de la gravité et du ressort R_4 jusqu'à la rencontre de son bras (31) et du limaçon (30) ;

c.) Le doigt d'arrêt (16) n'étant plus retenu par la goupille (15) de la détente la sonnerie entre en action et sans délai.

Le fonctionnement de la sonnerie s'opère ainsi :

Après un demi-tour, le doigt (33) rencontre une dent du râteau qu'il n'abandonne que lorsque le doigt (6) a soulevé le bras mobile dont la dent (4) libère la goupille (4'), permettant ainsi, au bec (34) de venir remplir son rôle de cliquet de retenue dans la denture du râteau.

Le limaçon occupant la position représentée dans la figure 35, le râteau tombe de cinq dents. Pour le ramener à sa position de repos, la roue d'arrêt, ou, ce qui revient au même, la levée (33) qui lui est solidaire, doit donc faire cinq tours.

À chaque tour de la levée, une des chevilles, d'une roue des chevilles, identique à celles des deux premières pendules décrites, soulève le marteau et le laisse retomber sur le timbre. La pendule sonnera cinq heures et ses aiguilles devront, naturellement, marquer le même temps.

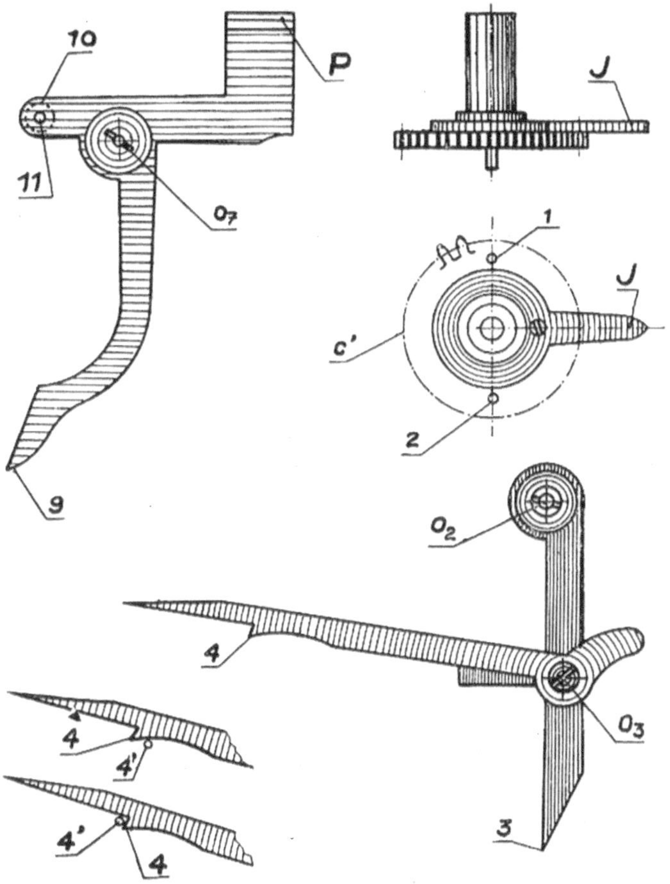

Fig. 37.

Autres pièces détachées de la pendule de voyage.

Tant qu'il reste des heures à sonner, les dents du râteau maintiennent assez la détente vers la gauche pour que le doigt d'arrêt (16) puisse passer librement devant la goupille (15).

Mais, dès que le râteau est entièrement soulevé, c'est-à-dire à la fin de la sonnerie, le bec (34) de la détente, trouvant devant lui un grand creux, peut se déplacer suffisamment vers la droite pour permettre à la goupille (15) de rentrer dans la trajectoire du doigt (16) et d'immobiliser le rouage de la sonnerie.

Une pression sur le bouton P (fig. 34, 35 et 37) provoquant, dès qu'elle cesse, la sonnerie de l'heure, voici les divers stades de l'opération :

1°. Le levier P-O_7-(10)-(9) bascule dans le sens positif ;

2°. Une goupille (11), que supporte le bras (10), vient se placer dans la trajectoire du volant (ni ce dernier, ni son rouage ne figurent dans les dessins), afin d'immobiliser momentanément le mécanisme et d'en permettre un départ franc ;

3°. Le bras P imprime à la goupille (35) un mouvement dans le sens négatif ;

4°. Le bras I supportant cette goupille communique un mouvement de même sens à la détente.

Le râteau, ayant alors perdu ses deux appuis, la goupille (35) et le bec (34), tombe jusqu'à ce que son bras (31) rencontre le limaçon. Dès que l'on cesse d'appuyer sur le bouton P, la goupille (11) libère le volant et la sonnerie fonctionne comme il est dit plus haut.

Pour qu'il soit possible de faire répéter la sonnerie de l'heure à chaque instant, la forme concentrique des crans du limaçon s'impose d'une façon absolue.

Au moment où va sonner la demie, la goupille *i* appartenant à la roue de renvoi R est diamétralement opposée au levier I ; en sorte que le râteau reste soutenu par la goupille (35) alors que détente et râteau se trouvent écartés. Cet éloignement a été provoqué par la deuxième goupille de la chaussée et la dent (4) du bras mobile tout comme la première goupille en avait amené un semblable lors de la sonnerie de l'heure.

Cette fonction a pour résultat de séparer les deux organes d'arrêt (15) et (16), et le rouage de la sonnerie se trouve libéré ; toutefois la roue d'arrêt et son bras (16) ne peuvent faire qu'un tour. En effet, avant que ce tour soit achevé, le doigt (6) a dégagé la goupille (4') de la dent (4) du bras mobile, ce qui a permis à la détente de revenir à sa position de repos, et, à sa goupille (15) de se présenter à nouveau devant le bras d'arrêt (16). Comme la roue des chevilles ne soulève le marteau qu'une fois par tour de la roue d'arrêt, la pendule ne peut sonner que l'unique coup qui marque la sonnerie de la demi-heure.

La mise à l'heure de cette pendule de voyage doit se faire dans le sens positif. Les dispositifs représentés dans la figure 30 ne sont pas applicables ici, car, si le bras du râteau se trouve sur le limaçon, les épaulements qui précèdent les crans s'opposent au mouvement rétrograde de la minuterie.

Par contre, la face du limaçon qui suit le douzième cran, n'empêche pas la rotation complète de l'aiguille des minutes dans le sens normal, et cela, grâce au mode de construction du bras (31) du râteau. La partie essentielle de ce bras est supportée par une lame-ressort (fig. 36) qui cède quand son extrémité libre rencontre le grand flanc du limaçon. Elle revient à sa position normale lorsque le limaçon est franchi.

Lors de la mise en place des pièces de ce mécanisme, les deux repères suivants sont à observer :

- à l'instant où le marteau frappe le timbre, le doigt d'arrêt (16) doit avoir accompli trois quarts de tour ;
- lorsque l'heure va sonner, la goupille *i* de la roue de renvoi R doit avoir suffisamment poussé le levier I pour libérer le râteau de la goupille (35).

18. Réveil. — Organes essentiels d'un réveil. — Réveil ordinaire. — Type de réveil appliqué dans la pendule de voyage.

Le réveil est un mécanisme adjoint à un instrument de mesure du temps, et dont la fonction est de sonner bruyamment à une heure déterminée. En principe, tout réveil comprend :

- Un organe sonore ;
- Un marteau ;
- Une force motrice et un rouage se terminant par un mécanisme actionnant le marteau ;
- Un dispositif d'arrêt ;
- Un autre de liaison avec les compteurs de temps ;
- Un autre enfin de déclenchement.

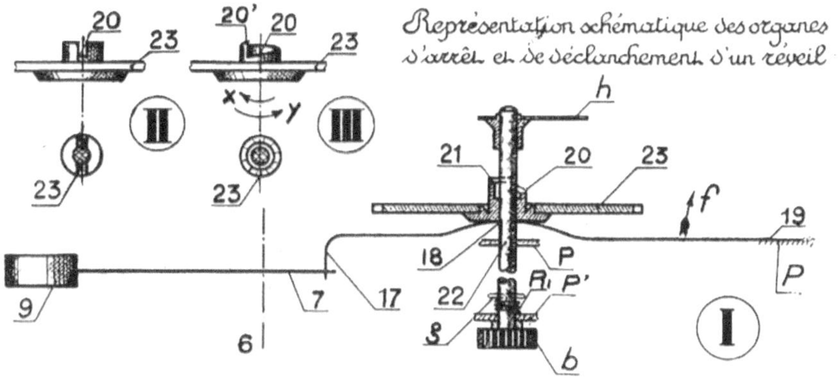

Fig. 38. - Réveil ordinaire.

(I) Vue partielle schématique. — (II) Entaille pratiquée dans l'assiette. — (III). Rampe faisant suite à cette entaille.

Quand il s'agit de réveils ordinaires, le timbre-cuvette est le plus souvent en usage. Même parfois, c'est le carter qui, tout simplement, sert d'organe sonore.

Le marteau (9) (fig. 39) n'est pas seulement soulevé, puis abandonné à lui-même ou à l'action d'un ressort, comme celui des sonneries d'heures mais, il est actionné dans les deux sens. À cet effet, son axe (6) supporte un système de levier (5) appelé *ancre*, dont les deux bras se terminent par des plans inclinés. Sur ces plans viennent agir, successivement, les dents d'une roue appelée *roue d'ancre*. Un ressort-moteur transmet à la roue d'ancre la force convenable, par l'intermédiaire d'une ou deux paires d'engrenages.

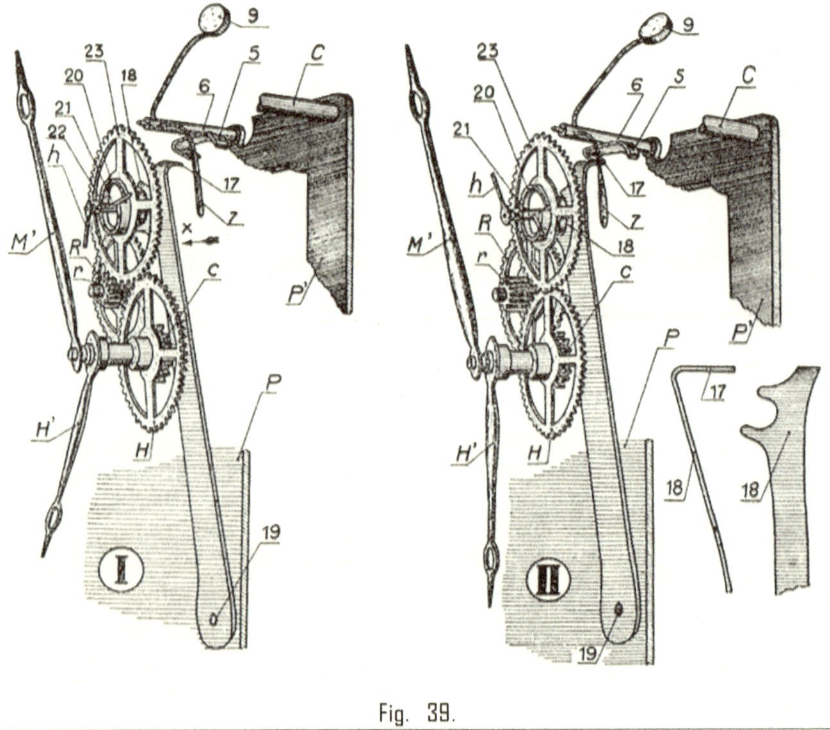

Fig. 39.

Réalisation et disposition pratique des organes essentiels d'un réveil ordinaire.(1) Déclenchement de la sonnerie. — (II) Arrêt de la sonnerie.

Pour la clarté des dessins ces mobiles n'ont pas été représentés. L'axe de l'ancre et du marteau supporte encore un bras d'arrêt (7) qui, entre deux sonneries, bute contre l'extrémité (17) d'une lame-ressort (18), fixée en (19), sur la platine P. C'est le dispositif d'arrêt de la sonnerie (fig. 38 (I) et 39 (II)).

La liaison du mécanisme de réveil avec les compteurs de temps est réalisée par la roue (23), appelée *roue de réveil*, qui est menée par le pignon de renvoi *r* de la minuterie (fig. 39). Elle a le même nombre de dents que la roue des heures H. Elle fait, par conséquent, un tour en douze heures.

La roue de réveil (23) est rivée sur une assiette ajustée librement sur l'axe (22) de l'aiguille *h* du réveil ; son jeu longitudinal est limité, d'une part, par une goupille (21) et, d'autre part, par la partie (18) de la lame flexible (17)-(18)-(19).

À l'extrémité antérieure de l'axe (22), qui, seule est visible dans la figure 39, est ajustée, à frottement semi-dur, l'aiguille *h* du réveil.

L'axe (22), qui pivote dans les deux platines P et P', doit rester ordinairement immobile ; sa fixité est assurée par la friction d'une rondelle-ressort, ou d'un ressort à boudin R (fig. 38) qui est comprimé entre une goupille *g* et la face interne de la platine P'.

Quand on veut modifier la position de l'aiguille *h* sur son petit cadran (fig. 34) et l'amener en regard de l'heure à laquelle on désire être réveillé, on agit sur le bouton *b* (fig. 38 (I)). Celui-ci est vissé à l'extrémité postérieure de l'axe (22), précisément dans le sens positif, de façon à rendre obligatoire la rotation de l'aiguille dans le sens négatif quand on regarde le cadran. En effet, si l'on imprime au bouton un mouvement inverse, on rencontre un obstacle et le bouton se dévisse. La figure 38 (III) montre que si l'on imprime au bouton *b* et, par suite à la goupille (21), un mouvement dans le sens de la flèche *x*, le flanc (20') s'oppose à ce mouvement ;

Voici comment se déclenche la sonnerie :

L'assiette de la roue de réveil (23) est entaillée suivant une génératrice. Tant que cette entaille (20) ne se présente pas devant la goupille (21) qui est chassée sur l'axe (22), la roue et la lame (18) sont maintenues dans la direction de la cage, et le bras (17) immobilise le marteau (9) (fig. 38, (I) et 39, (II)).

Mais, dès que l'entaille se présente devant la goupille, la lame-ressort (18) pousse la roue de réveil du côté du cadran (sens de la flèche *x* fig. 39), jusqu'à ce que le fond de l'entaille (20) rencontre la goupille (21). À cet instant, l'extrémité (17) de la lame-ressort libère la sonnerie ; celle-ci entre immédiatement en action et s'y maintient jusqu'à épuisement de la force motrice.

Si l'entaille (20) était telle que la représente la figure 38, (II), la goupille (21) ne tarderait pas à arrêter la roue de réveil et, par suite, les compteurs de temps. Aussi cette entaille est-elle suivie d'une rampe hélicoïdale qui, tout en permettant la continuité de marche de ces compteurs, prépare la première phase d'une nouvelle sonnerie, en ramenant, concurremment avec la goupille (21), l'extrémité (17) de la lame-ressort dans la trajectoire du bras d'arrêt (7) du marteau (fig. 38, (I) et 39, (II)).

Ce n'est qu'à partir du moment où cette dernière opération a été réalisée qu'un nouvel armage peut être donné au ressort-moteur.

La position où il convient de fixer, sur son axe, l'aiguille *h*, n'est pas arbitraire. Cette aiguille doit marquer la même heure que l'aiguille H' des compteurs de temps, à l'instant où le fond de l'entaille tombe contre la goupille (21), c'est-à-dire à l'instant où se déclenche la sonnerie du réveil.

Le réveil appliqué à la pendule de voyage (fig. 35) est, au fond, le même que le précédent. Les variantes qu'on y relève n'intéressent que les formes et les dispositions des organes.

La roue de réveil (23) n'est pas commandée directement par la roue des heures H. La roue de renvoi (24), en même temps qu'elle fait tourner, dans le sens positif, l'aiguille *h* de réveil, augmente la distance des centres du petit et du grand cadran et permet de séparer nettement ces derniers (fig. 34 et 35). C'est la présence de ce mobile (24) qui fait que la mise à l'heure de l'aiguille *h* s'opère en sens inverse de celle de l'aiguille d'un réveil ordinaire.

Ici, l'entaille (20) n'est pas faite dans l'assiette de la roue de réveil, mais, dans un disque *h'* qui, lui, est solidaire de l'axe (22) de l'aiguille du réveil.

La rampe hélicoïdale, qui suit l'entaille, est pratiquée sur la face postérieure du disque. C'est contre celle-ci que bute une goupille (21) solidaire de la roue de réveil dont la poussée, de l'arrière à l'avant, est commandée par un levier rigide (18)-(17), mobile en O_7 et, lui-même sollicité par un ressort dissimulé sous ce levier du côté de la platine.
En (17) se trouve une goupille qui, entre deux sonneries, entrave le mécanisme par l'intermédiaire d'un bras (8) ajusté à carré sur l'axe O du marteau.

Cette brève description démontre que la sonnerie du réveil se déclenche au moment où la goupille (21) de la roue (23) tombe dans l'entaille (20).

Les ressorts R_6 et R_7 servent à limiter l'amplitude des oscillations du marteau et à augmenter leur fréquence.

Le timbre de la sonnerie de l'heure et de la demie sert également pour la sonnerie du réveil.

19. Réveil américain : Organe sonore. — Rouage. — Organes actionnant le marteau. — Organes d'arrêt et de déclenchement. — Dispositif limitant la durée de la sonnerie. — Arrêt anticipé de la sonnerie.

Les réveils ordinaires fonctionnent jusqu'au désarmage complet du ressort-moteur, ce qui ne laisse pas d'être fastidieux, même lorsqu'il s'agit d'appareils à remontage quotidien.

Ce désagrément s'aggrave encore si le remontage est hebdomadaire.

Il est vrai que si le dormeur, une fois réveillé, veut épargner à ses voisins, comme à lui-même, un bruit devenu inutile, il lui est loisible de le faire cesser, soit en agissant sur le verrou d'arrêt que tout réveil devrait posséder, soit en déplaçant d'un certain angle l'axe de l'aiguille. Mais, s'il veut être réveillé le lendemain, à la même heure, qu'il n'oublie pas, de manœuvrer, en temps voulu, le verrou d'arrêt en sens inverse et de remettre l'aiguille du réveil à son ancienne place.

Le réveil américain n'a pas ces inconvénients.

Un dispositif spécial limite à une minute environ la durée de la sonnerie. Le ressort-moteur R*m* (fig. 40, (I)) conserve, ainsi, l'armage nécessaire aux sonneries de toute une semaine.

D'autre part, lorsque le réveil a rempli son office, on peut arrêter la sonnerie en pressant sur le bouton (16). Enfin un verrou, non représenté sur cette figure permet d'immobiliser la sonnerie aussi longtemps qu'on le désire.

Le timbre est constitué par une cuvette (10) qui épouse la forme de la partie postérieure du carter.

Le marteau est actionné par un barillet B, sans tambour, qui agit sur l'ancre (5) par l'intermédiaire du rouage suivant :

Barillet	60	
Renvoi	48 —	8
Roue d'ancre	20 —	7
		Ancre

Autres renseignements techniques :

Force moyenne à la circonférence de la roue d'ancre	180 gr ;
Diamètre de la roue d'ancre	20 mm ;
Travail mécanique par demi-pas	282 gr. mm ;
Force moyenne du marteau	30 gr ;
Chemin parcouru par cette force	7,3 mm ;

Travail par coup de marteau. 220 gr. mm ;
Pertes dues aux chutes et aux frottements 62 gr. ;
Rendement : 72 p. 100 environ ;
Rouages des compteurs de temps, y compris la roue de réveil :

Barillet 60
50—10
Roue de centre .... 60—10—10
56— 8 8—30
32
56— 7 64 roue de réveil.
Roue d'échappement .... 15— 7

L'examen de la minuterie montre que la roue de réveil (23) (III) ne fait qu'un tour par jour. Sur l'axe (6) sont fixés l'ancre (5), le marteau (9) et un levier à deux bras (8) et (7) qui servent, alternativement, à immobiliser le marteau, le premier (8), lorsqu'il rencontre un bras (13), (I) et, le second (7), un bras (17), (II). Ce dernier appartient à une lame-ressort (18), fixée en (19), du côté du cadran, sur la platine P. Le bras (17), qui est coudé, pénètre à l'intérieur de la cage à travers une ouverture (17') pratiquée dans la platine P.

Quant au bras (13), il appartient à un levier à quatre bras (12)-(13)-(14)-(15) solidaire de l'axe (11) qui, sous l'action d'un ressort à boudin (24), peut-être animé d'un mouvement circulaire, suivant la flèche *f*, et d'un mouvement rectiligne, dans le sens de la flèche f_1.

Le tourillon antérieur de cet axe déborde la platine P et, sur son extrémité, appuie la partie (18) de la lame flexible (19)-(17)-(18), qui tend constamment à lui imprimer un mouvement rectiligne suivant la flèche f_2 (I). Le mouvement circulaire, suivant *f*, est limité par la rencontre du bras (12) avec l'un des piliers C qui solidarisent les deux platines P et P' de la cage, (I) et (II). Le mode de commande de l'arrêt (7)-(17) est commun à tous les réveils : la roue de réveil (23) est rivée sur une assiette ajustée librement sur l'axe (22) ; elle est poussée dans la direction du cadran, par la lame-ressort (18). Le doigt (21) d'une rondelle solidaire de l'axe (22), limite l'action de cette lame (III). L'aiguille *h* est également solidaire de l'axe (22).

Enfin, l'assiette de la roue de réveil comporte, comme dans le réveil ordinaire, une entaille (20) suivie d'une rampe hélicoïdale, permettant la continuité de la menée de cette roue par la minuterie des compteurs de temps.

Tant que le doigt (21) est sur la partie culminante de la rampe, la lame (18) est maintenue contre la platine P' et son bec (17) arrête le bras (7) du marteau.

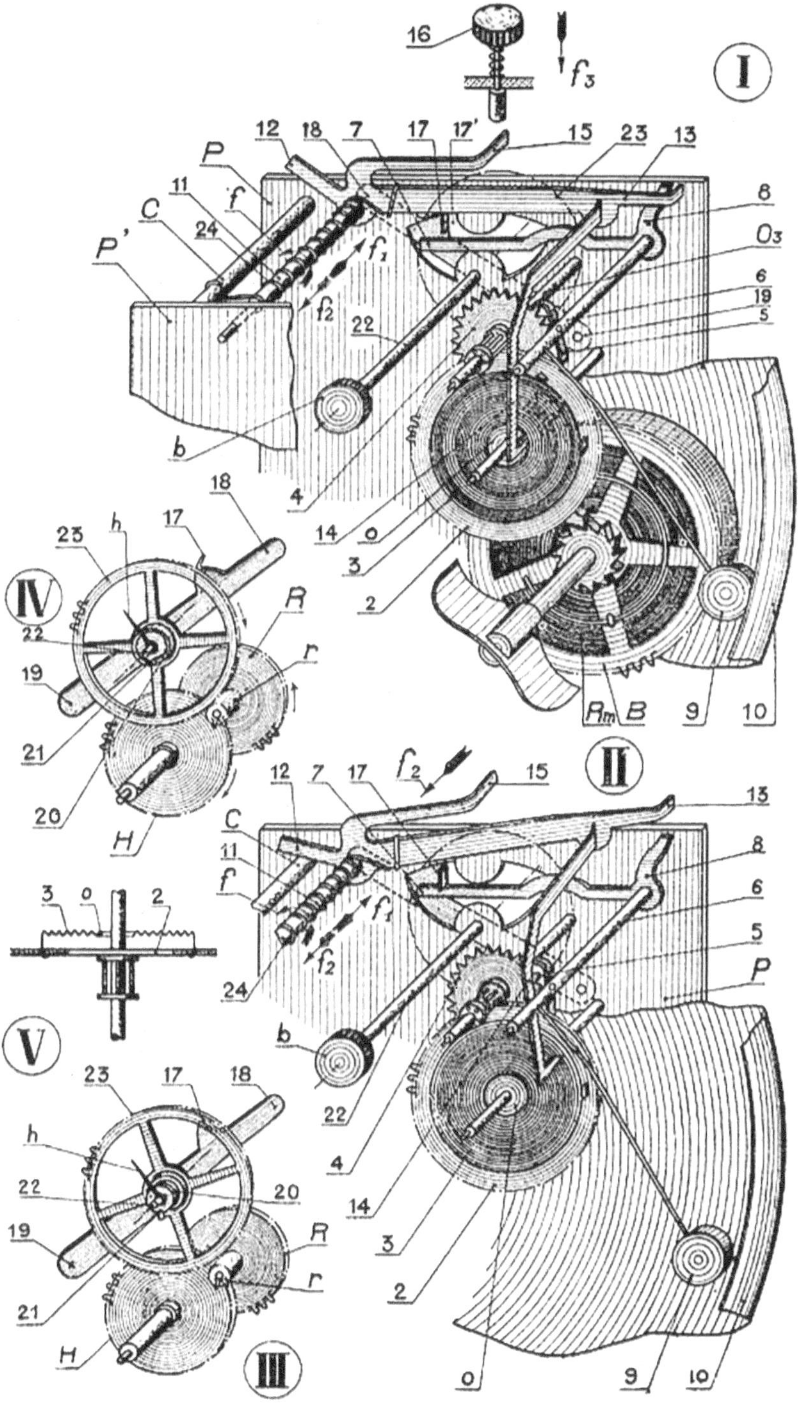

Fig. 40. - Type de réveil américain.

(I). Mécanisme situé entre les deux platines P et P' de la cage. - (II) Le même mécanisme après la chute du doigt (21) dans l'entaille (20). - (III) et (IV) Pièces situées sur la face antérieure de la platine P. - (V) Vue en élévation de la roue (2) et du tambour à rainure en spirale (3).

Dès que le doigt tombe dans l'entaille (20), la lame se déplace avec la roue de réveil dans la direction du cadran ; son bec (17) libère le bras (7) et la sonnerie fonctionne (I) et (IV). Tels sont les organes classiques d'arrêt et de déclenchement. Voici ceux qui règlent la durée de la sonnerie.

Avant la chute du doigt (21) dans l'entaille (20), la lame (18) a poussé l'axe (11) et son équipage de l'avant à l'arrière c'est-à-dire suivant la flèche *f2*.

Après la chute du doigt, la lame (18), se déplaçant vers le cadran, permet à l'axe (11) de se mouvoir, dans le même sens, sous l'action du ressort à boudin (24) (flèche *f2*). Mais, ce dernier mouvement est insuffisant pour amener le bras (13) devant le second bras (8) du marteau, parce que le bras (14) rencontre presque immédiatement l'origine d'une rainure en spirale (3), pratiquée à la surface d'un disque solidaire de la roue (2) (II) et (V).

Le marteau étant délivré de ses deux arrêts (7)-(17) et (8)-(13), la sonnerie fonctionne cependant que le bras (14) suit la spirale jusqu'à l'ouverture centrale *c* où il tombe sous l'action du ressort à boudin (24), (I). Cette chute, qui se traduit par un mouvement rectiligne de l'axe (11) suivant la flèche provoque l'arrêt de la sonnerie au moment où le bras (13) pénètre dans la trajectoire du bras (8) du marteau.

Les compteurs de temps continuent leur marche, la roue de réveil (23) et la lame (18) sont repoussées vers la platine par le jeu de la rampe hélicoïdale contre le doigt fixe (21) (IV), et le bras (17) vient se placer devant le bras (7) du marteau (II). Pendant ce temps, la lame a poussé devant elle (flèche *f2*) l'axe (11), provoquant ainsi la sortie du creux *o* par le bras (14).

Aussitôt ce dernier dégagement opéré, le ressort à boudin (24) imprime à l'axe et à ses quatre bras un mouvement circulaire (flèche *f*) jusqu'à la rencontre du bras (12) avec le pilier C (II). Le bras (13) ayant alors délivré le bras (8) du marteau, la sonnerie est prête pour une nouvelle fonction.

On peut provoquer un arrêt anticipé de la sonnerie en pressant sur le bouton (16) (flèche *f3* (I)).

La tige de ce bouton fait basculer le levier à quatre bras et précipite la chute du bras (14), qui décliquète sur les rainures grâce à l'élasticité du bras (13), dans l'ouverture centrale du disque (3).

On sait que cette chute permet au ressort à boudin (24) de ramener le bras (13) devant le bras (8) du marteau et de réduire la sonnerie au silence.

CHAPITRE IV

HORLOGES D'APPARTEMENT SONNANT LES HEURES ET LES QUARTS

PENDULE DE VOYAGE DITE **À GRANDE SONNERIE**. — PENDULES DITES À **CARILLON DE WESTMINSTER** : CARILLON N° 1. — CARILLON N° 2. — CARILLON N° 3. — CARILLON N° 4.

20. Pendule de voyage à grande sonnerie.

Cette pendule peut sonner :

1°. les heures et les quarts, c'est la *petite sonnerie* ;

2°. les heures et les quarts avec la répétition de l'heure à chaque quart, c'est la *grande sonnerie* ;

3°. la grande sonnerie à volonté.

Un levier LL', mobile en O_9, appelée *non sonne*, (fig. 41 et 42), peut occuper l'une des trois positions, I, II, III, (fig. 42 (VII)).

S'il occupe la première, la pendule est réduite au « silence » ; s'il occupe la seconde, la petite sonnerie fonctionne ; si, enfin, il occupe la troisième, c'est la grande sonnerie qui entre en jeu.

La sonnerie de l'heure s'effectue, comme dans les précédentes pendules, à raison d'un coup par heure ; celle des quarts, à raison de deux coups par quart. Ceux-ci se répètent à un intervalle assez rapproché et leur tonalité est différente.

Timbres. — Marteaux. — Organes de soulèvement des marteaux. — Rouages. — Organes d'arrêt.

La sonnerie des quarts exige donc deux timbres et deux marteaux. Le marteau des timbres dont le son est le plus grave sert à la sonnerie de l'heure. Sauf les marteaux qui sont représentés schématiquement (fig.

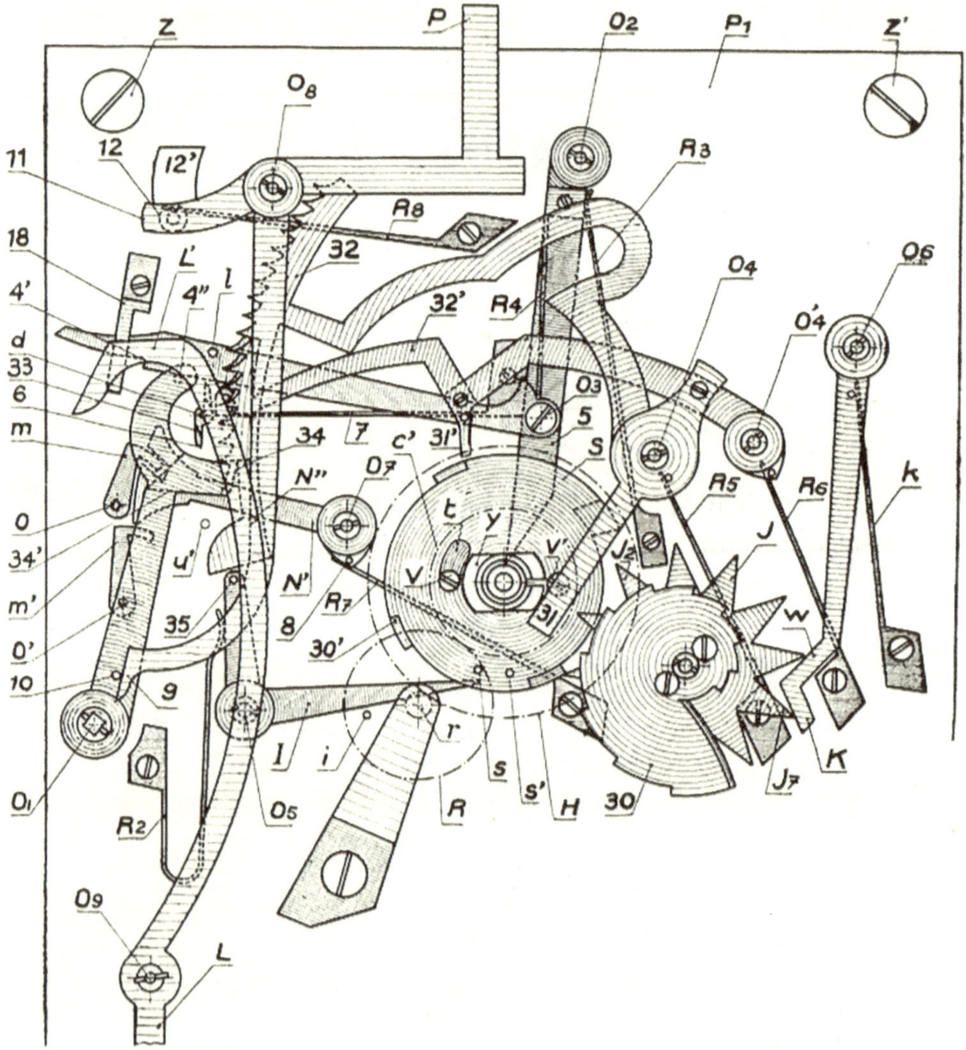

Fig. 41.

Pendule de voyage à « grande sonnerie ». - Cadrature.

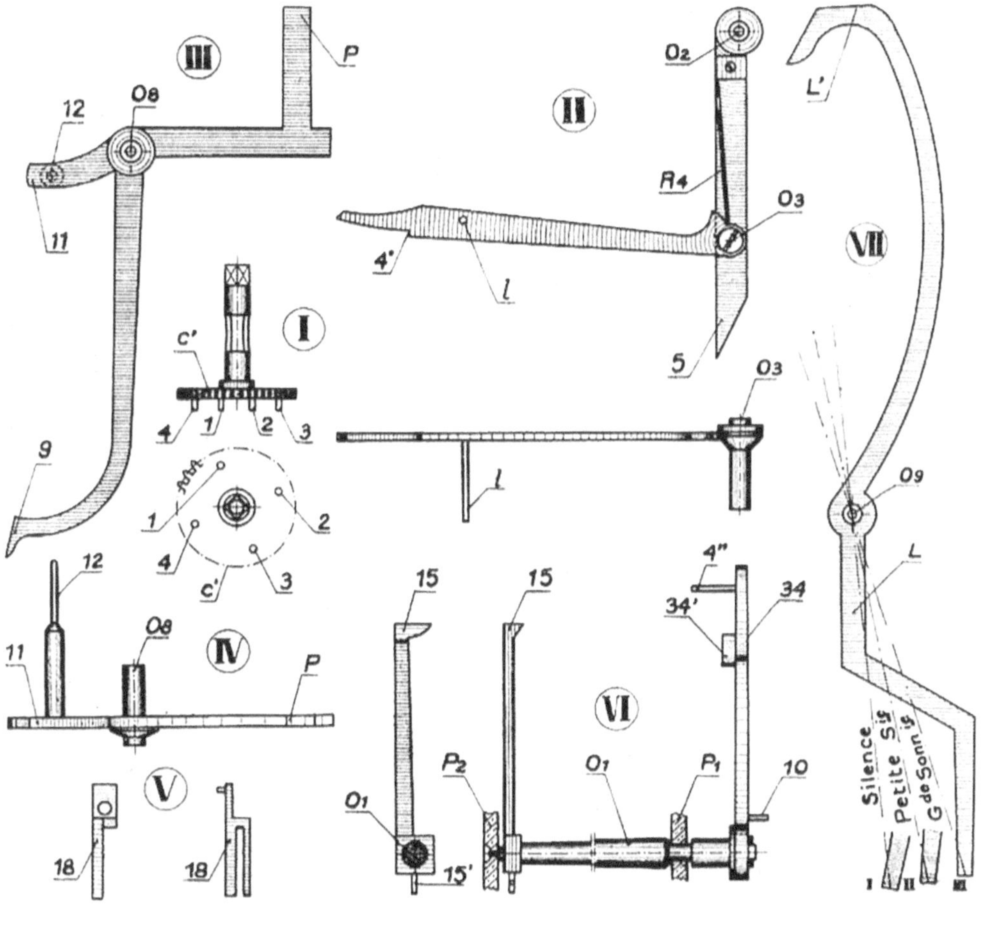

Fig. 42.

Pendule de voyage à grande sonnerie. Pièces détachées : (1) Chaussée. — (II) Leviers de déclenchement. — (III et IV) Levier à trois bras pour déclenchement à main de la grande sonnerie et goupille (12) d'arrêt. — (V) Guide du bras mobile (4' — O_3). — (VI) Détente et bras-cliquets. — (VII) Levier mobile « non sonne ».

43), les timbres, les organes de soulèvement des marteaux et le rouage de la sonnerie ne sont pas représentés aux dessins. Pour comprendre, il suffit de retenir :

1°. que la roue des chevilles a deux marteaux à soulever ;
2°. que l'arrêt du rouage de la sonnerie s'effectue à l'intérieur de la cage sur une détente (15) identique à celles des pendules à roue de compte et à râteau ordinaires (fig. 42) ;
3°. que la roue d'arrêt ne fait qu'une demi-révolution dans une seconde ; elle supporte donc deux goupilles d'arrêt, comme dans l'horloge comtoise.

Lors de la sonnerie de l'heure, grâce à un dispositif spécial, l'un des marteaux est maintenu en l'air, afin que chaque heure ne soit marquée que par un seul coup (fig. 43, (III)).

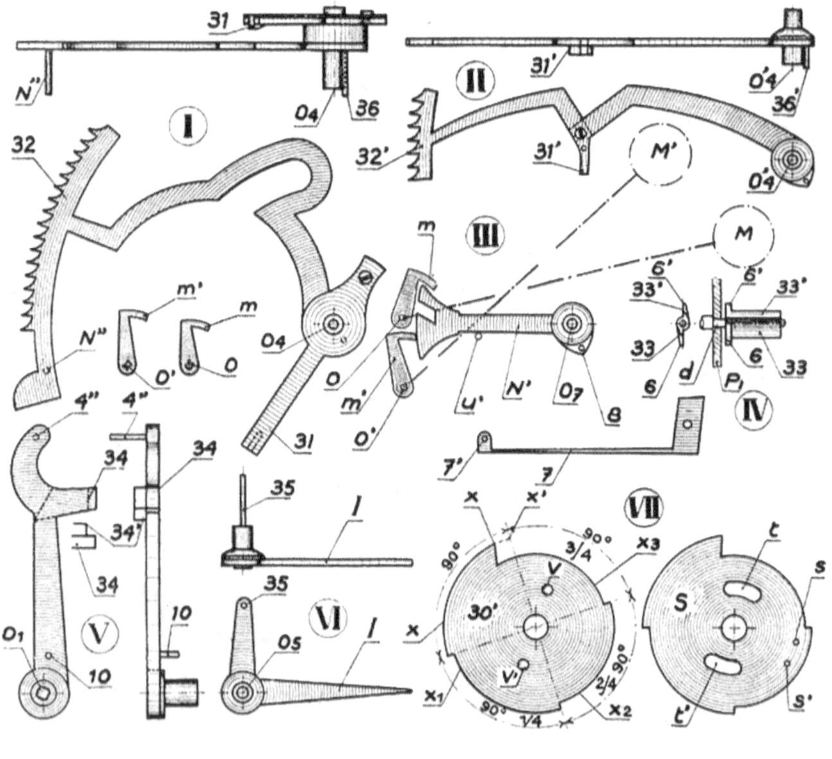

Fig. 43. - Pendule de voyage à grande sonnerie. - Pièces détachées.

(I) Râteau des heures. - (II) Râteau des quarts. - (III) Levier de retenue N' ; m, valet des heures ; m', valet des quarts, (position correspondant à la sonnerie des heures). - (IV) Pièce monobloc à quatre dents. - (V et VI) Cliquets de retenue du râteau des heures (34) et du râteau des quarts (34'). - (VII) Limaçon des quarts (30') ; surprise S.

Organes réglant le nombre de coups à sonner.

Ces organes sont :

Le *râteau des heures* (32), mobile en O_4 et dont le bras (31) possède le même dispositif élastique que celui de la première pendule de voyage (fig. 41 et 43, (I)) ;

Le *râteau des quarts* (32'), mobile en O'_4 et son bras (31') ; (36) et (36') chevilles sur lesquelles agissent dans le sens négatif les ressorts R_5 et R_6 des râteaux, (fig. 41 et 43, (II)) ;

Le *limaçon des heures* (30), mobile sur un pied-axe fixé sur la platine P_1, et l'étoile J qui lui est solidaire, (fig. 41) ;

Le *limaçon des quarts* (30'), solidaire de la chaussée *c'* dont le rôle, par rapport au râteau des quarts, est le même que celui des heures par rapport au râteau des heures, (fig. 41) ;

Une *pièce monobloc à quatre dents*, ajustée à frottement semi-dur sur le prolongement du pivot antérieur *d* (fig. 43, (IV)), de la roue d'arrêt, et dont les petites dents (33) et (33') servent à relever les râteaux, et, les grandes, (6) et (6'), à soulever, au moment opportun, un bras mobile identique, comme forme et comme fonction, au bras de la première pendule de voyage ; ce soulèvement s'effectue par l'intermédiaire de la goupille (7') du ressort (7) ;

Un *bras-cliquet* (O_1-34-34') ajusté à carré sur l'axe prolongé O_1 de la détente (15) (fig. 41, 42 et 43), et comportant, avec la goupille de déclenchement 4", les becs (34) et (34') qui encliquètent, respectivement, avec les dents des râteaux (32) et (32') des heures et des quarts ;

Deux organes m et m', dénommés, le premier, *valet des heures*, et, le second, *valet des quarts* ; tous deux sont respectivement ajustés à carré sur les tourillons antérieurs des axes O et O' des marteaux M et M' (fig. 43, (III)) ;

Un *levier de retenue* N' qui, lorsqu'il n'y a que des heures à sonner, se présente devant le valet des quarts et empêche son marteau de tomber sur le timbre ;

Une pièce S appelée *surprise* qui est partiellement solidaire au limaçon des quarts (30') auquel elle ressemble ; elle porte deux goupilles *s* et *s'*.

Le limaçon des quarts et la surprise méritent une mention spéciale. Le premier (30') (fig. 43, (VII)) est un disque d'acier dans lequel on a pratiqué quatre secteurs circulaires X, X_1, X_2 et X_3 qui, théoriquement, sont compris dans un angle de 90°.

Encore que cela ne soit obligatoire que pour une partie du secteur X, la surprise S a la même forme que le limaçon ; elle repose sur ce dernier et son jeu en hauteur est limité par une bague élastique *y* (fig. 41 et 44).

Enfin, la surprise peut se déplacer sur le limaçon dans la mesure permise par ses ouvertures oblongues *t* et *t'* dans lesquelles peuvent jouer les têtes de vis V et V' se montant en *v* et *v'* sur le limaçon (30').

Lorsqu'il n'y a pas de quarts à sonner, le secteur X, qu'un petit espace sépare du bras (31') du râteau des quarts (fig. 41), ne permet à celui-ci qu'une chute inférieure à une dent.

Aux premier, deuxième et troisième quarts, les secteurs X_1, X_2 et X_3 laissent tomber ce râteau d'une, de deux et de trois dents.

Pratiquement, le petit secteur X_3 doit être compris dans un angle plus grand que 90°, et cela au détriment du grand secteur X. Voici pourquoi :

Si l'on déclenchait à la main, la sonnerie quelques secondes avant l'heure juste, *le bras du râteau des quarts (32'), en raison de sa largeur, serait retenu par le grand secteur et la sonnerie des trois quarts ne s'effectuerait pas.*

On peut se prémunir contre cet inconvénient en réduisant l'avant du grand secteur d'une quantité au moins égale à la largeur du bras (31').

Mais le remède engendre un autre mal : *on s'expose à voir le bras du râteau des quarts tomber sur le petit secteur, alors que l'aiguille des minutes a déjà atteint la division 60 du cadran ; la pendule sonnerait, donc, les trois quarts à l'heure juste !*

Le rôle de la *surprise* est précisément d'éviter qu'il en soit ainsi : elle remplace automatiquement, à l'instant où l'aiguille des minutes arrive sur la soixantième division du cadran, la partie du grand secteur qui a été supprimé pour permettre la sonnerie des trois quarts.

La pendule est en marche, et la surprise a, par exemple, accompli le maximum de mouvement qu'elle peut accomplir dans le sens positif (fig. 44 (I)). À un moment donné, la goupille *s* rencontre la dent j_1 de l'étoile J ; la résistance que, du fait du sautoir K, lui oppose celle-ci, oblige la surprise à rester immobile, jusqu'à ce que les têtes de vis du limaçon atteignent les extrémités opposées des ouvertures *t* et *t'* (II). Dès cet instant, la surprise devient solidaire du limaçon et sa goupille *s* entraîne la dent j_1 pendant environ un demi-pas ; la menée de l'autre demi-pas s'effectue brusquement sous l'action du plan incliné *w* du sautoir (fig. 41).

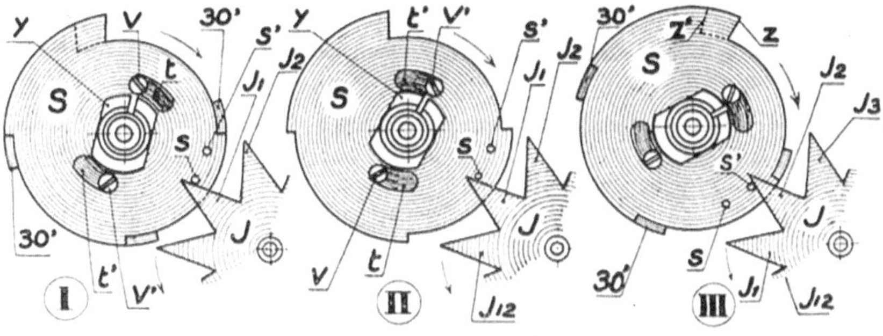

Fig. 44. — Pendule de voyage à grande sonnerie.

Trois positions principales de l'étoile J, de la surprise S et du limaçon des quarts (30').

C'est au cours de ce mouvement rapide que la dent *j*2 frappe une deuxième goupille *s'* et provoque un non moins rapide déplacement en avant de la surprise, dont la partie *x x'* de son grand secteur vient remplacer celle du limaçon qui a été supprimée pour permettre la sonnerie des trois quarts (fig. 43, (VII)).

Au moment où cette fonction s'accomplit, il faut que l'aiguille des minutes soit en regard de la division 60 du cadran.

Organes de déclenchement.

Le déclenchement de la sonnerie s'effectue indirectement comme dans les deux dernières pendules décrites ; il n'y a de pas délai. Les organes qui participent au déclenchement sont :

1° les *quatre goupilles* 1, 2, 3, 4, supportées par la chaussée *c'* (fig. 42, (III)) ;

2° le *bras* (5), mobile en O_2 et le bras (4'), mobile en O_3 sur le précédent ;

3° la *goupille* (4") que supporte le bras, solidaire de l'axe O_1 de la détente (15) (fig. 42, (VI)) la goupille (35) (fig. 43, (VI)), qui est supportée par un levier (I-35), mobile en O_5, et qui soutient le râteau des heures, conjointement avec le bec cliquet (34), lorsque le *non-sonne* est sur *petite sonnerie*, ou *silence* ;

4° la *goupille i* qui est supportée par la roue de renvoi R ;

5° le *levier à trois bras* (P-9-11), mobile en O_8, qui sert à faire déclencher, à la main, la *grande sonnerie.*

Fonctionnement de la « petite sonnerie ». — Sonnerie de l'heure.

Quelques minutes avant l'heure, l'une des quatre goupilles de la chaussée vient entraîner le levier (5) et fait passer la dent (4') du levier mobile à droite de la goupille (4").

Pendant ce temps, les fonctions de la surprise s'effectuent comme il est dit plus haut, cependant que la goupille *i* de la roue de renvoi soulève le bras I et que la goupille (35) s'éloigne de la base du râteau des heures. Peu après, la goupille de la chaussée abandonne, à l'action de son ressort R_3 le levier (5) et les fonctions suivantes se produisent successivement :

a.) la dent (4') du bras mobile entraîne la goupille (4") ;

b.) les becs-cliquets (34) et (34') libèrent les râteaux, mais, celui des quarts étant retenu par le grand secteur du limaçon (30'), seul, le râteau des heures (32) tombe jusqu'à la rencontre de son bras (31) avec le limaçon (30) ; la détente (15), qui est solidaire du bras supportant les cliquets et la goupille de dégagement (4"), libèrent la roue d'arrêt laquelle, on peut le rappeler, ne figure pas aux dessins ;

c.) la roue des chevilles qui, elle aussi, n'est pas représentée, soulève les deux marteaux et leurs *valets m* et *m'* ;

d.) le *levier de retenue* N' tombe jusqu'à une butée *u'* et présente alors sa partie pleine au valet des quarts *m'* (fig. 43). Ainsi, lorsque les marteaux sont abandonnés par leurs organes de soulèvement, seul, le marteau M, qui est solidaire du valet des heures *m* vient frapper le timbre ; l'autre est maintenu en l'air par la rencontre de son valet *m* avec le levier de retenue.

À chaque demi-tour de la roue d'arrêt, l'une des deux petites dents (33)-(33') soulève le râteau des heures de 1 dent, et, à chaque dent relevée correspond un coup de marteau sur le timbre.

Le limaçon des heures occupant la position représentée au dessin d'ensemble, la pendule sonne cinq heures.

L'arrêt de la sonnerie, abstraction faite de la différence des bras d'arrêt, s'opère comme dans la première pendule de voyage décrite au § 17. Lorsque le râteau est complètement relevé, le bec-cliquet (34) pénètre dans la grande entaille du râteau des heures, effectuant ainsi, dans le sens positif, un surcroît de mouvement qui permet à la détente (15) (fig. 42) de venir se placer dans la trajectoire des goupilles de la roue d'arrêt et d'immobiliser les mobiles de la sonnerie.

Au cours du dernier demi-tour de la roue d'arrêt, ou, ce qui revient au même, des dents (33) et (33'), la goupille N" du râteau des heures ramène, pendant que les marteaux sont encore soulevés, le levier de retenue N' à sa position de repos (fig. 41).

Les dents (6) et (6') remplissent le même rôle que les *goupilles de dégagement* de l'horloge comtoise (§14) et que la dent (6) de la première pendule de voyage (§16), c'est-à-dire que ces dents ont pour mission de soulever le bras mobile afin que sa dent (4') dégage la goupille (4") pour permettre aux cliquets (34) et (34') de retomber dans les dentures des râteaux (32) et (32') et maintenir ces derniers dans la position où ils ont été amenés par les dents (33) et (33'). Mais, si l'on observe la position occupée par les dents (6) et (6') lorsque la sonnerie est au repos, on se rend compte que le bras mobile ne peut tomber (fig. 41). Puisque la dent (4') ne vient plus s'enclencher avec la goupille (4"), le rouage de la sonnerie n'est pas libéré à la fin de la menée du bras (5) par l'une des goupilles de la chaussée. On tourne la difficulté en utilisant un ressort (7), muni d'une goupille (7'), dont l'extrémité supérieure est sur le même plan que le bras mobile, tandis que les dents (6) et (6') et le ressort sont plus proches de la platine P_1. Ces dents viennent, successivement, aux instants convenables, soulever le ressort dont la goupille (7') soulève à son tour le bras mobile. Ainsi est évité, par un moyen assez simple, l'écueil ci-dessus.

Sonnerie des quarts.

Un peu après la sonnerie de l'heure, la goupille *i* de la roue de renvoi R abandonne, à l'action de son ressort R_2, le levier (*i*-35) dont la goupille (35) revient se placer au-dessous du râteau des heures (fig. 41).

Quelques minutes avant le premier quart, la deuxième goupille de la chaussée entraîne le levier (5) et provoque un déclenchement identique à celui qui a précédé la sonnerie de l'heure.

Mais cette fois, le râteau des heures, étant retenu par la goupille (35), ne bouge pas ; seul, le râteau des quarts tombe jusqu'à la rencontre de son bras (31') avec le secteur X_1, du limaçon (30'). La valeur angulaire de cette chute correspond donc à un pas, soit à une dent du râteau.

Le *levier de retenue* N' qui repose sur la goupille N" du râteau des heures, ne présentant que des vides devant les valets *m* et *m'* (fig. 41), les deux marteaux pourront venir frapper chacun un coup sur leur timbre respectif.

Après ces deux coups de tonalité différente, marquant la sonnerie du premier quart, le bec-cliquet (34') (fig. 42 et 43) n'étant plus retenu par la denture du râteau des quarts, le bec (34) revient se loger dans la grande entaille du râteau des heures et l'arrêt du mécanisme se produit comme après la sonnerie de l'heure.

Lorsque l'aiguille des minutes arrive sur la trentième division du cadran, c'est au tour de la troisième goupille de la chaussée de provoquer le déclenchement en abandonnant à lui-même le bras (5). Le bras du râteau des quarts, tombant alors, sur le secteur X_2, deux de ses dents ont passé au-dessous de l'axe *d* de la roue d'arrêt, laquelle doit donc faire un tour entier pour permettre à la double-levée (33) et (33') de ramener le râteau des quarts à sa position de repos. Pendant ce temps, les marteaux frappent chacun deux coups sur leurs timbres. C'est la sonnerie des deux quarts.

Enfin, lorsque l'aiguille des minutes arrive à la quarante-cinquième division du cadran, la quatrième goupille de la chaussée, ayant provoqué le déclenchement, le bras du râteau des quarts tombe sur le secteur X_3 du limaçon. Trois dents du râteau ont défilé devant l'axe de la roue d'arrêt qui, dès lors, doit faire un tour et demi pour que les dents (33) et (33') puissent ramener le râteau à sa position de repos, cependant que les marteaux frappent les trois doubles coups marquant la sonnerie des trois-quarts.

Fonctionnement de la grande sonnerie.

Le bras L du « non-sonne » mobile en O_9 doit occuper la position III, (fig. 42) pour que la grande sonnerie puisse fonctionner. La partie médiane du bras O_9 L' maintient, alors, la goupille (35) éloignée du râteau des heures ; celui-ci n'étant plus soutenu que par le bec-cliquet (34), tombe à chaque déclenchement. Par suite, au premier, au deuxième et au troisième quarts, la pendule sonne les heures, d'abord, et, ensuite le ou les quarts.

Comment la sonnerie des quarts peut-elle s'effectuer après celle de l'heure, puisque les deux râteaux sont simultanément soulevés par la double-levée ? L'explication est la suivante :

Le bec cliquet (34') du râteau des quarts est plus court que le bec-cliquet (34) du râteau des heures (fig. 43) ; en sorte que le bec (34') laisse son râteau retombé jusqu'à ce que le dernier coup de l'heure soit sonné.

À ce moment, le bec (34), ayant pénétré dans la grande entaille du râteau des heures, le bec (34') peut pénétrer dans la denture du râteau des quarts et y remplir son rôle de cliquet de retenue pendant la sonnerie des quarts qui va suivre.

Silence.

Si l'on amène le bras L du « non-sonne » à la position I (fig. 42), l'extrémité de son autre bras L soulève, par la goupille I le bras mobile dont la dent (4') passera, à chaque chute du levier (5-O_2), au-dessus de la goupille (4"). Le déclenchement ne pouvant pas se produire, la pendule restera silencieuse.

Fonctionnement, à volonté, de la grande sonnerie.

Quelle que soit la position occupée par le « non-sonne », serait-il même sur « Silence », une pression sur le bras P provoque la sonnerie de l'heure et du ou des quarts, c'est-à-dire le fonctionnement de la grande sonnerie.

C'est le bras O_8-9 qui, en agissant simultanément sur les goupilles (35) et (10), libère les râteaux de leurs becs-cliquets (34) et (34'), et la roue d'arrêt de la détente (15), permettant, ainsi, ce fonctionnement.

Comme le bras de la première pendule de voyage (voir § 17), le bras (11) supporte une goupille (12) qui, pendant que l'on appuie sur P, pénètre par l'ouverture (12') faite sur la platine P_1 dans la trajectoire des ailes du volant jusqu'à ce que le poussoir ait repris, sous l'action de son ressort R_8, sa position de repos (fig. 41).

Repères.

Sans revenir sur la question des repères, on peut rappeler que, lorsque la sonnerie est arrêtée, les dents du monobloc (6-33-33'-6) doivent être à égale distance des dents des râteaux ; la goupille de la roue de renvoi R doit avoir imprimé au levier I, un peu avant le déclenchement de la sonnerie de l'heure, un mouvement suffisant pour sortir la goupille (35) de la trajectoire des dents du râteau des heures ; l'aiguille des minutes doit être sur la division 60 du cadran lorsqu'une goupille de la chaussée laisse échapper le levier de déclenchement ; à cet instant la menée d'une dent de l'étoile, par les effets conjugués de la surprise et du sautoir, doit être consommée.

RÉVEIL. - Le type de réveil appliqué à cette pendule de voyage étant, à très peu de choses près, semblable à celui de la précédente, une figure représentative n'a pas été jugée nécessaire. La seule particularité intéressante est que l'axe de l'aiguille de réveil est muni d'un encliquetage qui empêche de se tromper de sens lorsqu'on veut modifier la position de l'aiguille.

21. Pendules dites à carillon de Westminster.

Ces pendules comportent trois corps de rouages : l'un (A, B,.. E,) (fig. 47) pour les compteurs de temps, les deux autres pour les sonneries des quarts (A_1, B_1.. V) et des heures (A_2, B_2, . . V').

La sonnerie de l'heure est précédée de la sonnerie de quatre quarts et chaque quart est signalé par quatre coups de tons différents. Le nombre de coups frappés dans soixante minutes est donc de quarante ;

soit quatre pour le premier quart, huit pour le second, douze pour le troisième et seize pour le quatrième quart.

Tout carillon comporte, par conséquent, un minimum de cinq timbres : quatre pour la sonnerie des quarts et un pour la sonnerie des heures.

Carillon n° 1

TRAIN DE ROUAGES DES COMPTEURS DE TEMPS (fig. 47)

A		barillet	66	
B	b		54	9
C	c	roue de centre ou des minutes	70	10
D	d		55	7
E	e	roue d'échappement	38	7
	ancre			ancre

TRAIN DE ROUAGES DE LA SONNERIE DES QUARTS

A_1		barillet	66	
B_1	b_1		72	12
C_1	c_1	mobile dont l'axe supporte les organes de soulèvement des marteaux et faisant 1 tour à l'heure	60	12
D_1	d_1	mobile supportant l'organe d'arrêt et faisant 1 tour par sonnerie de 1 quart	60	6
E_1	e_1	roue de délai	84	6
V	v	volant		7

TRAIN DE ROUAGES DE LA SONNERIE DES HEURES

A_2		barillet	66	
B_2	b_2		63	9
C_2	c_2	mobile supportant l'organe de soulèvement du marteau et faisant 1/10 de tour par coup	60	7
D_2	d_2	mobile supportant l'organe de soulèvement du râteau et une came de dégagement	56	6
E_2	e_2	roue d'arrêt jouant également le rôle de roue de délai	68	7
V'	v'	volant		7

DIMENSIONS ET FORCE DES RESSORTS-MOTEURS

RESSORTS des barillets	Épaisseurs en centièmes de mm	Hauteurs en cm	Longueurs en cm	Nombre de tours d'armage maximum dans le tambour	Forces moyennes en Kg, équilibrées sur un bras de levier de 24,5 mm soit sur le rayon des tambours
Rouage de l'échappem^{t}.	51	18,5	173	5 ½	5
« de la s^{ie} des quarts.	44	25,3	200	9	5
« de la s^{ie} des heures.	52	18,4	171	5 ½	5

Organes sonores.

La figure 45 montre ces organes dans les positions qu'ils occupent au fond du cabinet *Ca* dont on a représenté, seulement, le profil intérieur.

Le timbre en spirale T est celui des heures, et les timbres rectilignes T' sont ceux des quarts.

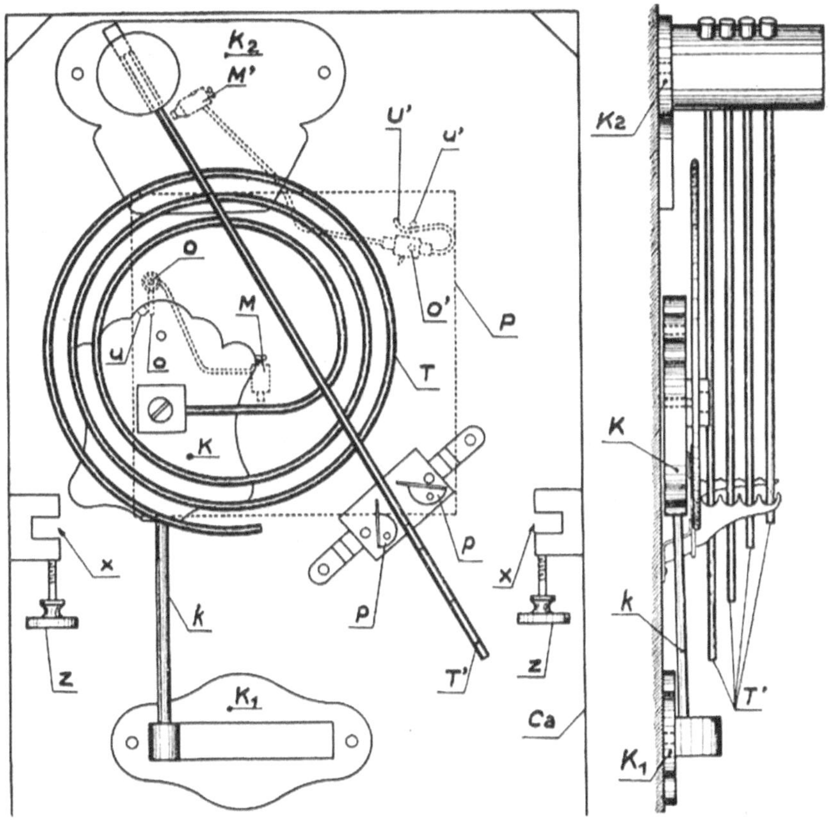

Fig. 45. - Carillon N° 1.

Organes sonores et leur mode de fixation dans le cabinet *Ca*.

Le premier, qui est de beaucoup le plus long, fournit une note grave. Les différentes longueurs données aux quatre autres sont telles que ceux-ci fournissent des notes musicales diverses (fig. 46).

Le timbre des heures comporte un montage particulier à ce carillon : son pont d'attache est fixé sur une platine de fonte K que supporte une tige *k*, elle-même supportée par une masse de fonte K_1 vissée sur le fond du cabinet. Ce mode de montage augmente sensiblement la richesse du son.

Quant au montage des timbres T', il ne présente aucune originalité. Les timbres sont fixés sur une colonne massive, venue de fonte avec une platine K_2, vissée sur le fond du cabinet.

On sait déjà que les pinces *p* servent à immobiliser les timbres T' pendant le transport de la pendule (§ 2).

On peut restituer à un timbre rectiligne, qui a été faussé et redressé, sa tonalité normale, soit par la méthode du recuit (§ 2) ; soit en lui imprimant, par son extrémité libre, à partir d'un angle de flexion au moins égal, sinon supérieur, à celui qui a produit la déformation permanente, une série d'oscillations régulièrement dégressives jusqu'à une amplitude voisine de zéro.

Sur les faces latérales internes du cabinet sont fixées deux coulisses *x* et *x'* dont les rainures sont destinées à recevoir une planchette en bois qui supporte le mouvement de la pendule. Lorsque celui-ci est entièrement enfoncé, les marteaux (représentés en pointillés ainsi que le profil P du mouvement) doivent se trouver sur les mêmes plans que, leurs timbres respectifs. Les boutons moletés Z, servent à la fixation de la planchette. Il suffit de les dévisser pour retirer le mouvement du cabinet C*a*. Ainsi sont rendues aussi faciles que rapides la vérification et la mise au point des marteaux par rapport à leurs timbres.

Marteaux. — Dispositifs de soulèvement des marteaux.

Le marteau des heures, M, n'a rien qui le distingue des marteaux des précédentes pendules. La figure 45 le représente, en pointillé, dans la position qu'il occupe, au repos, lorsque le carillon est dans le cabinet C*a*. On voit, dans la figure 48, son axe O, la verge N et le bras *o* qui repose ordinairement sur la butée *u*.

Le soulèvement de ce marteau s'effectue, comme dans la pendule comtoise (§ 13), par les dents *g* d'une roue de rochet C_3.

Les quatre marteaux des quarts, M', sont représentés à la figure 46 (I) ; ils sont mobiles et indépendants les uns des autres sur un axe commun O'. Les effets des tiges U', en tant que ressorts contre-marteaux, sont encore amplifiés par les tiges recourbées U'' qui, d'ordinaire, reposent contre la butée *u'*.

À leurs extrémités frappantes, ces marteaux sont munis de rondelles en fibre, et le marteau des heures d'une rondelle de liège.

Chaque marteau pèse 6,5 gr. et la corde de l'arc qu'il parcourt est de 44 mm environ. Le soulèvement des marteaux des quarts est réalisé par des chevilles, implantées sur la périphérie d'un tambour T*a*, dont le développement *x y* est représenté figure 46, (II).

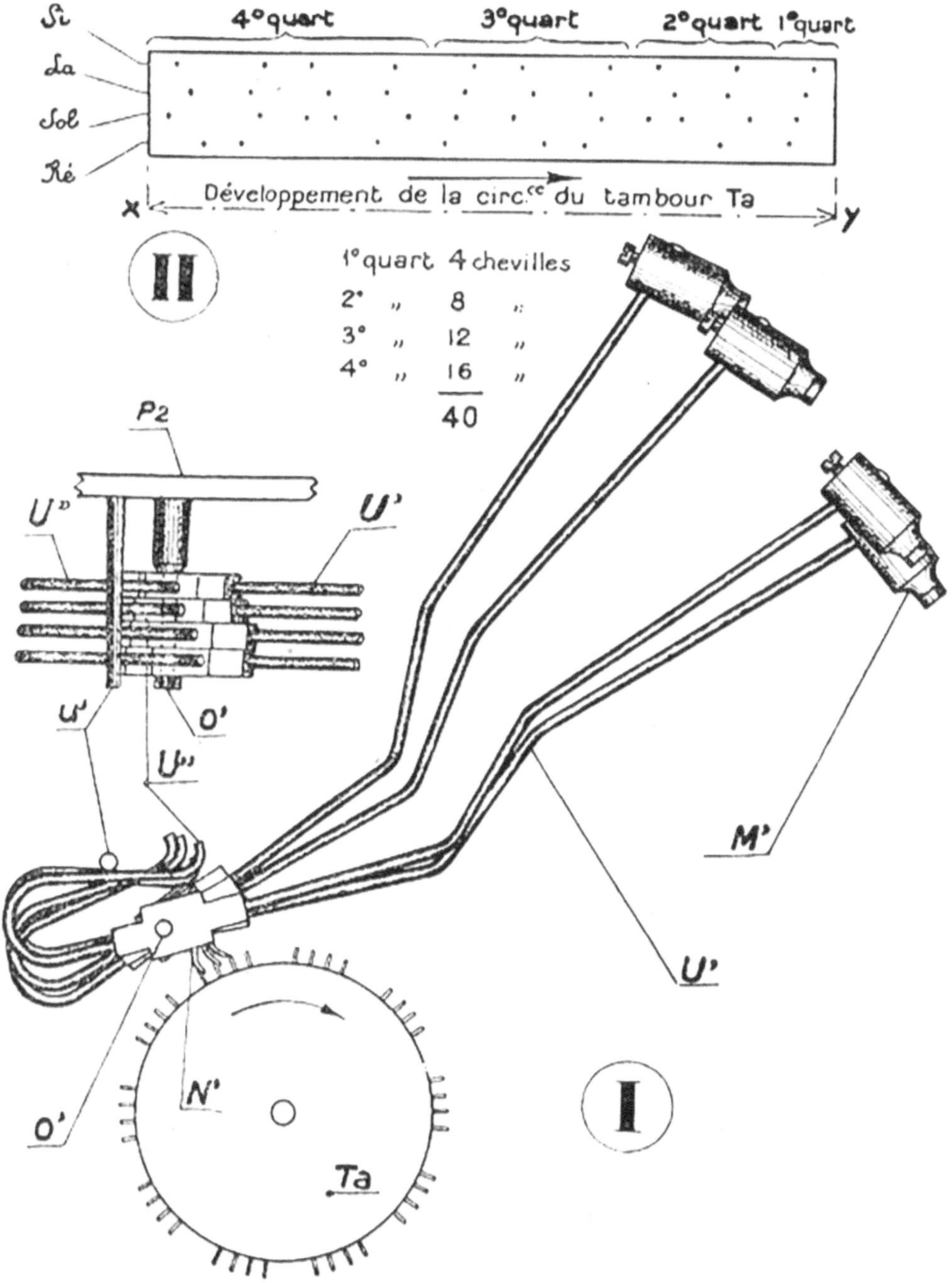

Fig. 46. - Carillon N° 1.

Dispositif de soulèvement des marteaux des quarts.

Le tambour supporte 40 chevilles, c'est-à-dire le nombre correspondant aux quarts à sonner dans une heure ; l'axe des mobiles c_1,-C1 qui le supporte et dont il est solidaire, doit donc faire, dans ce temps, exactement un tour (fig. 47 et 51).

Organes d'arrêt. — Dispositifs de déclenchement. — Organes réglant le nombre de coups à sonner.

Entre deux sonneries, le rouage des quarts est arrêté par un bras (15') dont l'extrémité recourbée pénètre dans une encoche pratiquée sur un disque (18), solidaire de la roue D_1 qui est donc la première roue d'arrêt de la sonnerie des quarts (fig. 48, 50 et 51).

Le rouage des heures est arrêté par la rencontre de la goupille (16), supportée par la roue E_2, qui est la *roue d'arrêt* de la sonnerie des heures, avec un bras (15) de la *détente* (fig. 47) Ce bras plié à angle droit, pénètre, à travers une ouverture (15") pratiquée dans la platine P_1, à l'intérieur de la cage, jusqu'à la trajectoire décrite par la goupille d'arrêt (16).

Les organes de déclenchement comprennent :

1°. un mobile solidaire de la chaussée, comportant quatre dents, 1, 2, 3 et 4, dont la dernière est plus longue que les trois autres (fig. 47) ;

2°. un levier inter-appui (5-6), mobile en O_2 ;

3°. deux bras (8) et (8'), solidaires du même axe O3 (fig. 48, 49 et 51) dont le rôle est de déclencher le premier le rouage des heures, le second le rouage des quarts.

Le bras (8) repose, entre deux menées du bras (5) par l'une des quatre dents de la chaussée, sur le bras (6) et maintient ainsi le levier-(5-O_2-6) dans sa position de repos (fig. 47). Le ressort R_1 qui tend à soulever le bras (8), réduit la résistance que les dents 1, 2, 3, et 4 ont à vaincre.

Les *organes réglant le nombre de coups à sonner* sont :

- *pour la sonnerie des quarts*, une roue de compte (30') et un bras (31') qui, entre deux sonneries, repose dans un creux de la roue de compte (fig. 48, 50 et 51) ;
- *pour la sonnerie des heures*, le limaçon (30), le râteau (32) avec son bras (31), une goupille (33) servant à relever les dents du râteau, et enfin un bras-cliquet (34) solidaire de la détente, qui sert à retenir le râteau pendant son relèvement.

La roue de compte comprend quatre bosses, I, II, III et IV, de longueurs inégales ; la plus petite règle la sonnerie du premier quart ; la seconde, la sonnerie du deuxième quart ; la troisième, la sonnerie du

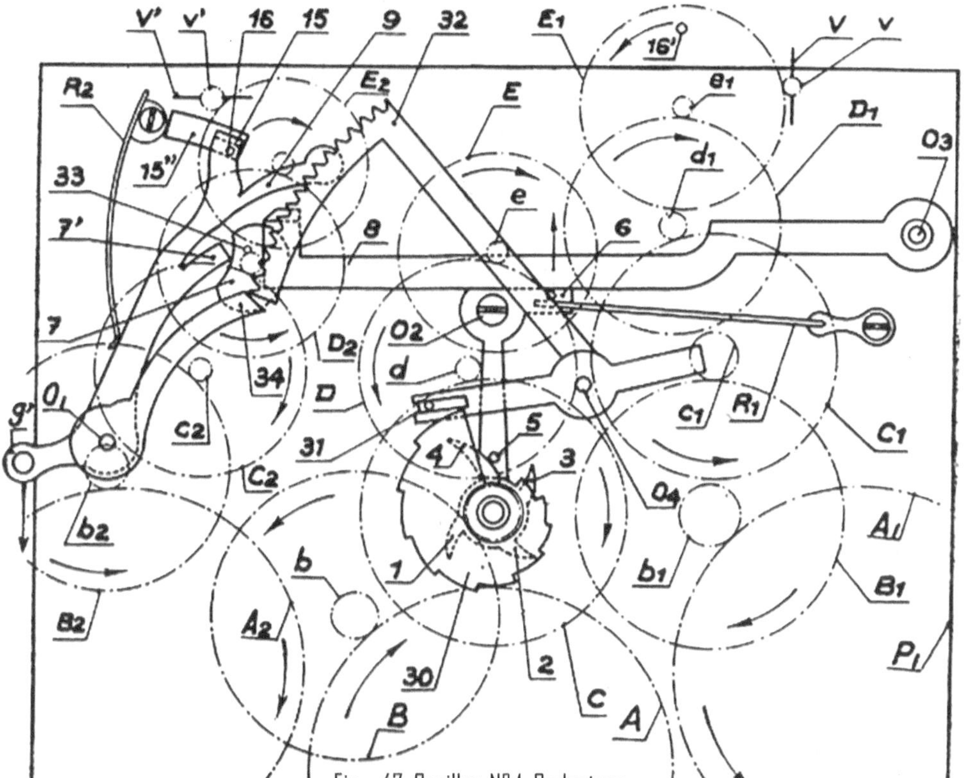

Fig. 47. Carillon N° 1. Cadrature.

Schéma des trois rouages : compteur de temps, sonnerie des quarts et sonnerie des heures.

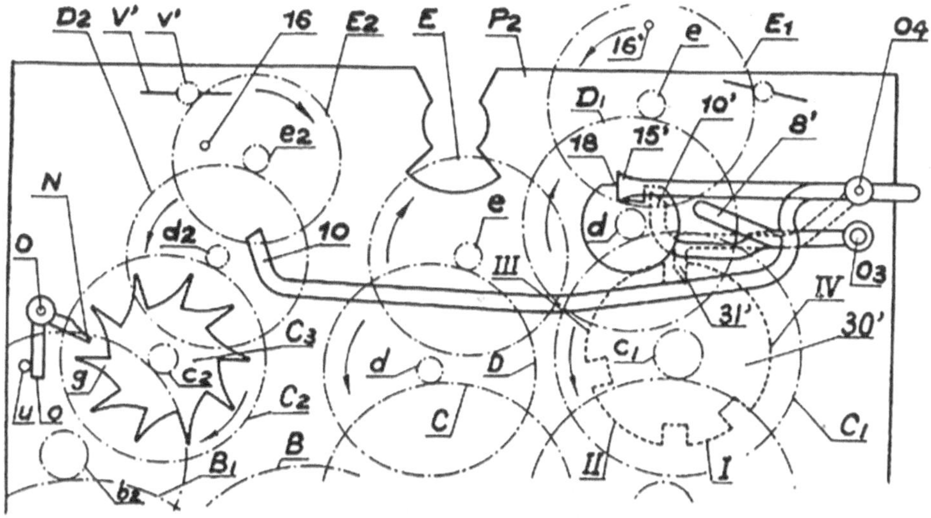

Fig. 48. Carillon N° 1.

Organes situés à l'intérieur de la cage

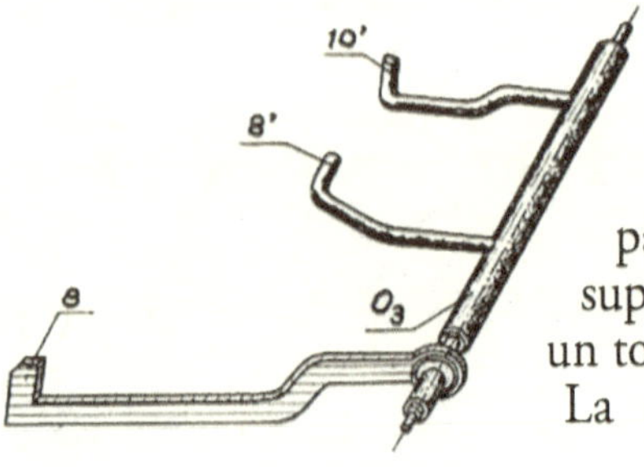

Fig. 49. - Carillon N° 1.

Axe O_3 et ses trois bras.

troisième quart et la plus grande, la sonnerie du quatrième quart (fig. 50, (II)).

Cette roue est donc supportée par l'axe des mobiles C_1-c_1, axe qui supporte déjà le tambour T et qui fait un tour par heure (fig. 51)[4].

La goupille (33) est implantée sur une came (7) de dégagement, solidaire de la roue D_2 qui fait une révolution par coup de marteau.

La came (7) sert, concurremment avec le bras de dégagement (7') de la détente, à libérer la goupille d'arrêt (16) du bras de détente (15), pendant le décliquetage du bras-cliquet (34) sur la denture du râteau. Cette came joue, somme toute, le même rôle que les goupilles ou les « dents de dégagement » que l'on a vues dans les dernières pendules décrites.

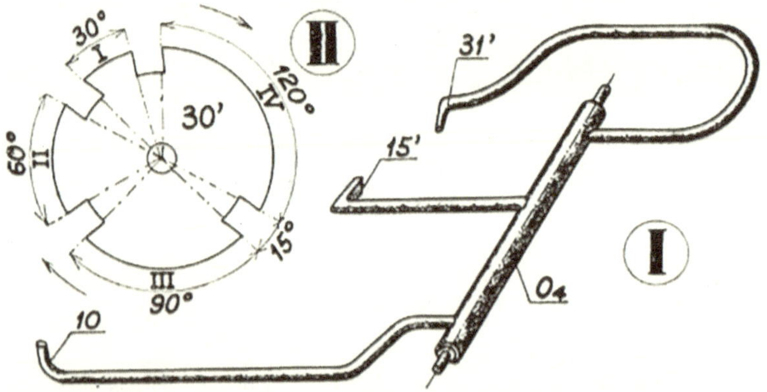

Fig. 50.

(I) Axe O_4 et ses trois bras. - (II) Face postérieure de la roue de compte.

Délais.

Le déclenchement des sonneries s'effectue par effet direct : des délais sont donc nécessaires.

Les organes qui concourent au délai de la sonnerie des quarts sont : la roue de délai E_1, supportant la goupille d'arrêt (16'), et le bras (10'), solidaire de l'axe O_2 (fig. 48, 49 et 51).

[4] Pour ne pas nuire à la clarté du dessin, la roue C_3 située sur la face postérieure de la platine P_2, n'a pas été représentée dans cette dernière figure.

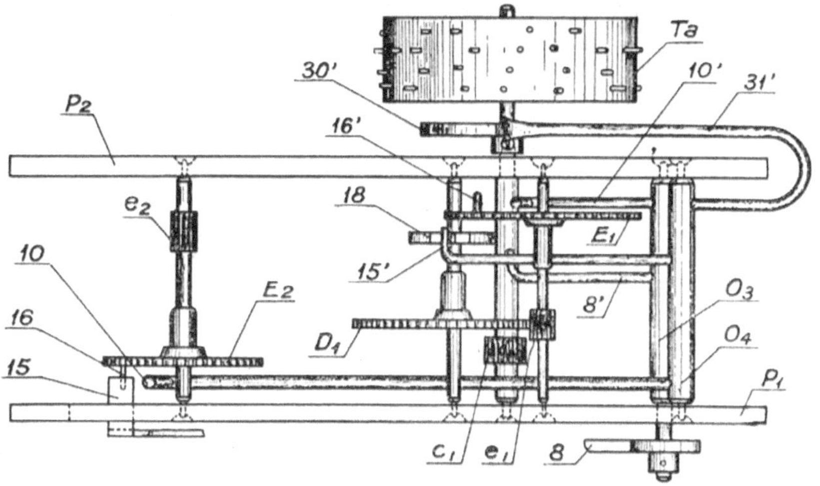

Fig. 51. Carillon N° 1.

Vue en élévation de quelques-uns des principaux mobiles des quarts et des heures. (Pour la clarté du dessin le pignon D_1 et la roue C_1 n'ont pas été représentés).

Les organes qui concourent au délai de la sonnerie des heures sont : le bras (10), solidaire de l'axe O_4, et la roue d'arrêt E qui sert donc également de *roue de délai.*

Fonctionnement de la sonnerie des quatre quarts et de la sonnerie de l'heure.

Les pièces du carillon occupant leurs positions de repos (fig. 47, 48 et 51), si l'on suppose que c'est au tour de la grande dent 4 de venir entraîner le bras (5) du levier (5-O_2-6), les effets suivants se produisent au cours de cet entraînement :

1°. le bras (6) soulève le bras (8) et les bras (8') et (10') qui lui sont solidaires (fig. 49).

2°. le bras (8') soulève, à son tour, le bras d'arrêt (15') et les bras (10) et (31') qui lui sont solidaires (fig. 48 et 50) ;

3°. le bras (15') sort de l'encoche du disque (18) de la roue d'arrêt D_1 et libère le rouage des quarts ;

4°. celui-ci ne défile que le temps correspondant à un demi-tour de la roue de délai E_1, c'est-à-dire le temps que met la goupille (16') pour venir rencontrer le bras d'arrêt (10') (fig. 48 et 49) ; c'est le commencement du *délai* de la sonnerie des quarts ;

5°. pendant le déplacement de la roue de délai, l'origine de la bosse IV de la roue de compte (30') a pénétré dans la trajectoire du bec (31') ;

6°. la menée du bras (5) par la dent (4) se poursuivant, le bras (8) vient imprimer au bras (9) de la détente, un mouvement dans le sens négatif ;

7°. à un moment donné, le bras-cliquet (34) laisse échapper le râteau (32) qui tombe jusqu'à la rencontre de son bras (31) et du limaçon des heures (30) ;

8°. peu après, le bras (15) libère la roue d'arrêt E_2 dont la goupille (16) vient, après un demi-tour, buter contre un second bras d'arrêt du rouage des heures (10) ; c'est le commencement du délai de la sonnerie de l'heure. La roue E_2 sert donc à la fois de *roue d'arrêt* et de *roue de délai* de la sonnerie des heures.

Voici, maintenant, ce qui se passe lorsque la dent (4) abandonne le bras (5) à lui-même : les bras (8), (8') et (10'), ainsi que les bras (10), (15') et (31') tombent, mais d'une quantité inférieure à leur montée, parce que le bras (31') est retenu par la bosse IV de la roue de compte.

Toutefois, cette fraction de chute est insuffisante pour permettre au bras (10) de libérer la goupille d'arrêt (16), en d'autres termes de libérer la sonnerie des heures ; mais elle suffit à délivrer la goupille (16') du second bras d'arrêt (10'), c'est-à-dire à délivrer définitivement le rouage des quarts A_1 B_1, C_1,... La sonnerie des quarts entre alors en action.

Lorsque la roue d'arrêt C_1, de laquelle la roue de compte (30') et le tambour T*a* sont solidaires, a fait $^{16}/_{40}$, ou 0,4 de tour, chacun des quatre marteaux (fig. 46) a été soulevé quatre fois. La sonnerie des quatre quarts étant achevée, les bras (31') et (15') sont tombés, le premier, dans l'encoche qui suit la bosse IV du limaçon, et, le second, dans l'encoche du disque (18) de la roue d'arrêt.

Pendant ce complément de chute, le second bras d'arrêt (10) de la sonnerie de l'heure, libère la goupille (16) et, par suite, le rouage A_2, B_2, C_2, C'est au tour de la sonnerie des heures de fonctionner.

À chaque révolution de la roue D_2, une dent *g* du rochet C_3 actionne la verge O N du marteau des heures M (fig. 45 et 48), cependant que la goupille (33) remonte le râteau d'une dent. Le limaçon (30) occupant la position représentée par la figure 47, la pendule sonnera une heure.

Après chaque sonnerie de l'heure, le râteau étant complètement relevé, la détente obéissant à son ressort R_2, rejoint sa position de repos et la goupille (16) vient s'arrêter contre le bras (15).

La came (7) qui supporte la goupille (33), joue le rôle des goupilles et des bras de dégagement de la pendule comtoise et des deux pendules de voyage précédemment décrites : à chaque tour de la roue D_2, elle *dégage* la goupille (16) du bras d'arrêt (15), en poussant la détente, vers la gauche, par l'intermédiaire du bras (7'), permettant ainsi au cliquet (34) de revenir contre la denture du râteau et de soutenir ce dernier jusqu'à son entier soulèvement.

Fonctionnement des sonneries du premier, du deuxième et du troisième quarts.

Ces sonneries sont respectivement déclenchées par les petites dents 1, 2 et 3 et leur fonctionnement est exactement le même que celui de la sonnerie des quatre quarts. Mais, en raison de leur petite longueur, les dents ci-dessus ne mènent pas suffisamment loin les leviers (5-O_2-6), (O_3-8) et (9-O_1) pour sortir le bras (15) de la trajectoire de la goupille (16). Par suite, la sonnerie des heures reste muette lors des sonneries des trois premiers quarts.

Les longueurs théoriques des bosses I, II, III et IV sont respectivement de 4,40, 8,40, 12,40, 16,40, ou, ce qui revient au même, de 0,1, 0,2, 0,3, 0,4 de la circonférence de la roue de compte. Mais, les creux séparant les bosses doivent avoir une certaine largeur afin que le bras (31') y trouve la liberté voulue ; d'où une réduction de la longueur des bosses (fig. 50, (II)). Il ne faut pas, cependant, que ce bras, lorsqu'il rencontre le creux qui suit la bosse qui le soutenait y « chute » immédiatement, sinon, lors de la sonnerie des quatre quarts, par exemple, le second bras d'arrêt (10) du rouage des heures, libérerait la sonnerie de l'heure avant la fin de celle des quarts.

Cet accident est évité grâce au disque (18) : la périphérie de ce disque retient, momentanément, le bras d'arrêt (15') du rouage des quarts dont est solidaire le second bras d'arrêt (10) du rouage des heures (fig. 48 et 50). Ce n'est que lors de la chute du bras (15') dans l'encoche du disque que ces bras tombent simultanément et que la sonnerie de l'heure peut entrer en action.

On peut obtenir la sonnerie de l'heure à volonté, en soulevant la détente au moyen d'un cordon fixé au bras (9') (fig. 47) et dont l'extrémité libre sort du cabinet. C'est ce qui justifie la concentricité des crans du limaçon des heures.

On a prévu, au contraire, dans certains carillons, l'arrêt de la sonnerie des quarts pendant la nuit. On actionne, au moyen d'un cordon également, un levier spécial qui maintient les marteaux soulevés.

Quand on met cette pendule à l'heure il ne faut pas franchir les quarts avant que chaque sonnerie ne se soit effectuée, sinon la sonnerie des quarts « décompte ».

Repères à observer pendant le montage des pièces. Rouages des heures.

La goupille (16), étant contre le bras (15), il doit exister, entre le bras O N du marteau (fig. 48) et la dent *g* qui va le soulever, un espace tel qu'un petit jour subsiste encore après le demi-tour de la roue de délai.

La came 7 doit présenter son plus petit rayon au bras (7') de la détente (fig. 47).

Rouage des quarts. — Le bras (15') étant dans l'encoche du disque (18), il faut que : '

a) la goupille (16') de la roue de délai soit diamétralement opposée au second bras d'arrêt (10') ;

b) le bras (31') soit dans une entaille de la roue de compte, en laissant un petit jour avec la bosse sur laquelle il tombera après le prochain déclenchement ;

c) le tambour T doit être placé de façon que les chevilles du premier quart correspondent à la bosse I de la roue de compte.

22. – Carillon n° 2.

TRAIN DE ROUAGES DES COMPTEURS DE TEMPS

A		barillet	80	
B	*b*		66	12
C	*c*	roue de centre ou des minutes	84	8
D	*d*		70	7
E	*e*	roue d'échappement	25	7
		ancre		

TRAIN DE ROUAGES DE LA SONNERIE DES QUARTS

A_1		barillet	120	
B_1	b_1		60	20
C_1	c_1	roue dont l'axe supporte la roue de compte	80	12
	d'	roue solidaire du tambour T*a*		40
D_1	d_1	roue d'arrêt	80	8
E_1	e_1		70	7
V	*v*	volant		6

TRAIN DE ROUAGES DE LA SONNERIE DES HEURES

A_2		barillet	80	
B_2	b_2		54	12
C_2	c_2	roue des chevilles	70	10
D_2	d_2	roue d'arrêt	77	7
E_2	e_2	roue de délai	70	7
V'	v'	volant		6

Les marteaux et leurs organes de soulèvement.

Dans ce carillon, la batterie de marteaux M' des quarts et le tambour T*a* sont renfermés dans une petite cage indépendante (fig. 52). L'axe O_1 du tambour supporte, en porte-à-faux, une roue *d'* qui, lorsque la petite platine p_1 repose sur la face postérieure de la cage, pénètre à l'intérieur de cette dernière à travers une ouverture appropriée, et vient engrener avec la roue C_1, laquelle mène déjà le pignon d_1 de la roue d'arrêt C_1 (fig. 53). Ce mode de construction facilite le montage et le démontage de cette partie du mécanisme de sonnerie.

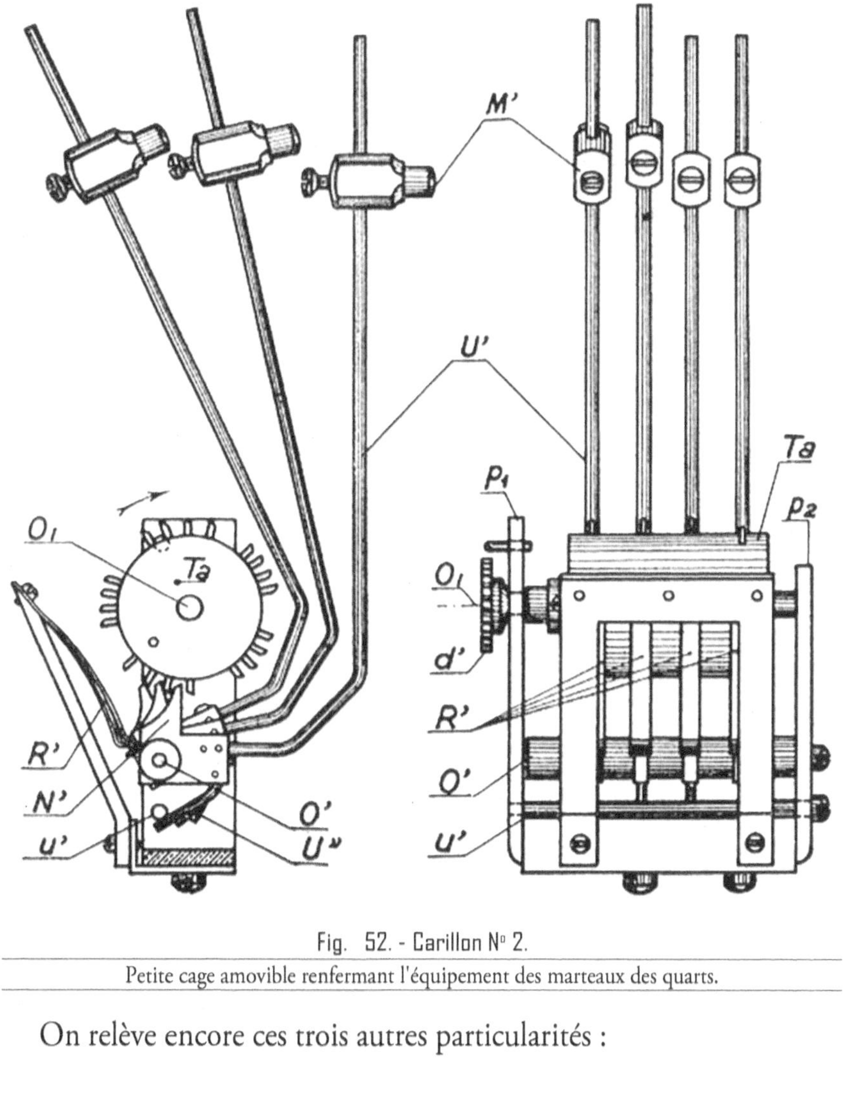

Fig. 52. - Carillon N° 2.

Petite cage amovible renfermant l'équipement des marteaux des quarts.

On relève encore ces trois autres particularités :

1°. le tambour n'a que 20 chevilles et doit donc faire deux tours à l'heure ;

2°. chaque marteau M' est poussé contre son timbre, non par l'effet de son poids, mais par un ressort R' ;

3°. la sonnerie de l'heure s'effectue par deux marteaux (non représentés), solidaires du même axe O (fig. 53) et dont l'unique verge N est soulevée par les chevilles *g* qui sont implantées sur la roue C_2.

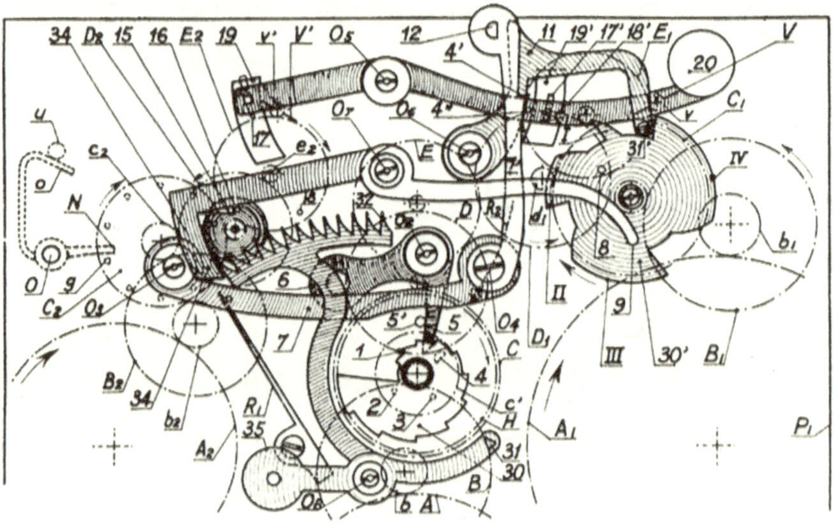

Fig. 53. - Carillon N° 2. Cadrature.

Schéma des trois corps de rouages : A, B, C ... rouage des compteurs de temps ; A_1, B_1, C_1 ... V, rouage et volant des quarts ; A_2, B_2, C_2 ... V' rouage et volant des heures.

Organes d'arrêt. — Délai.

Après chaque sonnerie des quarts, le rouage A_1, B_1, C_1, D_1, E_1 est arrêté par la rencontre de la goupille (18'), implantée sur D_1, et d'un ergot (17') qui pénètre à l'intérieur de la cage par l'ouverture (19') (fig. 53 et 56, (III)). (17') est l'un des deux bras d'un levier mobile en O_5, dont l'autre bras est également constitué par un ergot (17) qui, lui aussi, pénètre à l'intérieur de la cage par une seconde ouverture (19). (17) est le deuxième bras d'arrêt des heures ; (17') est l'unique bras d'arrêt des quarts.

Après chaque sonnerie de l'heure, le rouage des heures A_2, B_2, C_2, D_2, E_2 est arrêté par la rencontre de la goupille (16), implantée sur un disque solidaire du tourillon prolongé de la roue D_2, et l'épaulement

(15) du bras de retenue du râteau (34-9) d'un levier Mobile en O_7 (Fig. 56. (II) et (IV)).

Aussitôt que le rouage des heures est libéré de ce premier arrêt, un second l'immobilise par la rencontre de la goupille (18), implantée sur la roue E_2, et de l'ergot (17) qui, à ce moment, occupe la position représentée à la figure 57.

Le mobile E_2 est la *roue de délai* de la sonnerie des heures. Les mobiles D_1 et D_2 sont, respectivement, les *roues d'arrêt* des quarts et des heures.

Le déclenchement s'effectuant suivant le mode *indirect*, le rouage des quarts, qui est le premier déclenché, se passe de roue de délai.

Organes de déclenchement.

Les organes participant au déclenchement des sonneries sont :

Pour les quarts :

1° les goupilles 1, 2, 3 et 4 de la chaussée *c'* ; la plus grosse (4) est, seule, capable de déclencher les quatre quarts ;

2° un levier (5, O_2, 6), mobile en O_2 ; (premier levier de déclenchement) ;

3° un deuxième levier (7), mobile en O_2 ;

4° un troisième levier (7') (fig. 54), mobile à l'extrémité libre O_4 de 7, comportant une dent (4') et une goupille à méplat (12), faisant saillie du côté de la platine antérieure P_1;

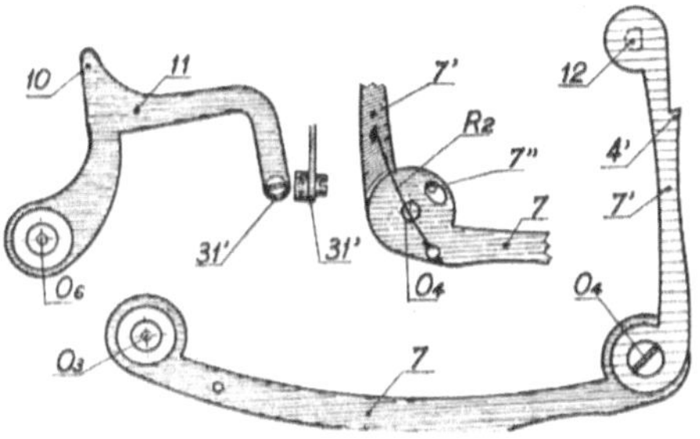

Fig. 54. Carillon n° 2.

Faces antérieures et postérieures des deuxième et troisième bras de déclenchement (7) et (7') et du bras (31') qui repose sur la roue de compte.

5° une goupille (4") implantée sur le bras (O_5, 20), contre laquelle le bras (7') est constamment poussé par une petite lame-ressort R_2 supportée par (7).

Pour les heures :

1° une goupille (8), implantée sur la roue de compte (30'), qui fait saillie du côté du cadran ;

2° le bras (9) d'un levier (9, O_7, 34), mobile en O_7 auquel (8) imprime, pendant la sonnerie des trois-quarts, un mouvement dans le sens positif qui a pour résultat de supprimer le premier arrêt (15-16) du rouage des heures ;

3° la libération du second arrêt, c'est-à-dire de la roue de délai, n'est pas le fait d'un simple organe, mais d'un ensemble de fonctions qui s'effectuent pendant la sonnerie des quatre quarts.

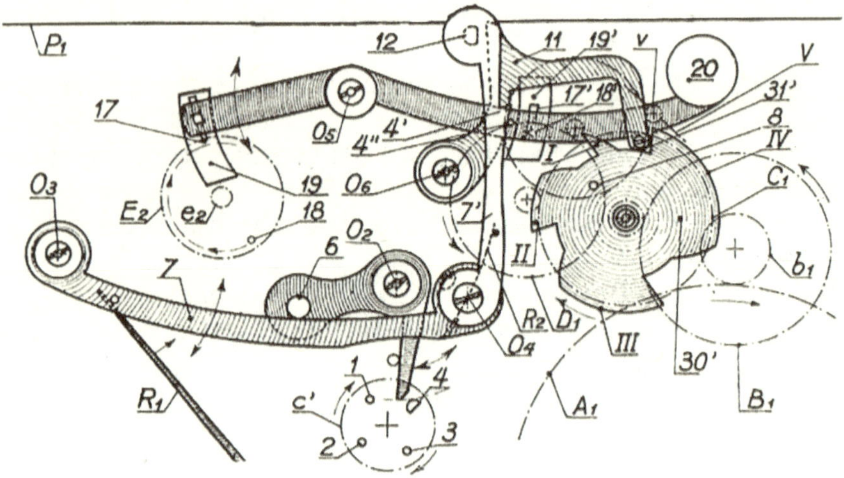

Fig. 55. - Carillon N° 2.

Organes intéressant plus particulièrement la sonnerie des quarts et son déclenchement.

En résumé, la sonnerie des heures n'est définitivement déclenchée qu'à la fin de la sonnerie des quatre quarts.

Organes réglant le nombre de coups à sonner.

Abstraction faite des formes, ces organes sont les mêmes que ceux du carillon n° 1. On retrouve, en effet, pour le « comptage » des coups d'heures à sonner : un râteau (32) et un limaçon (30) ; pour le « comptage » des quarts : une roue de compte (30') qui se caractérise par les particularités suivantes :

1°. les bosses sont précédées de plans inclinés ;

2°. le creux qui sépare les bosses III et IV est plus profond que les trois autres. En outre, la roue de compte est située, non plus à l'arrière de la cage, mais du côté de la cadrature.

Le râteau occupant, au repos, une position voisine de la verticale, on a adapté à son bras (31) un contrepoids (35) qui déplace le centre de gravité dans le sens où le râteau doit tomber.

Le relèvement du râteau, à chaque coup des marteaux, s'effectue par la goupille d'arrêt (16).

Fonctionnement des sonneries des premier, deuxième et troisième quarts.

Les figures 53 et 55 représentent la goupille (4) de la chaussée *c'*, dans la position qu'elle occupe dès que les sonneries des quatre quarts et de l'heure sont achevées.

Quelques minutes après, la goupille (1) vient entraîner le bras (5) dans le sens négatif, tandis que le bras (6) imprime au bras (7) un mouvement dans le sens positif.

Pendant ce temps, le ressort R_2 s'arme et la dent (4'), du bras (7'), vient se placer au-dessous de la goupille (4") du bras (O_5, 17', 20) (fig. 57). Ce mouvement est limité par la goupille (7"), chassée sur (7'), concurremment avec l'ouverture ovale pratiquée dans (7) (fig. 54).

Lorsque le bras (5) échappera la goupille, le ressort R_1 repoussera violemment, de bas en haut, les bras (7) et (7') dont la dent (4') soulèvera, par la goupille (4"), le bras (O_5, 20), provoquant ainsi l'éloignement de l'ergot (17') de la goupille (18') de la roue d'arrêt et la libération du rouage des quarts.

Dès ce moment, qui marque l'entrée en fonction de la sonnerie du premier quart, le rouage A_1, B_1, C_1,... défile, ainsi que la roue de compte qui est solidaire de la roue C_1.

Pendant cette rotation, le plan incliné précédant la bosse I, soulève, par le bras (31'), le levier (11), mobile en O_6 dont le dos (10) pousse, par la goupille (12), le bras (7') vers la gauche. Ce dernier déplacement a pour effet de dégager la dent (4') de la goupille (4") ; toutefois, le bras (O_5,17', 20) n'obéit pas encore à l'action de son contrepoids (20) ; il est maintenu en l'air par la saillie qui se trouve sur la face postérieure du bras (31') (fig. 54), jusqu'à ce que ce dernier abandonne la bosse de la roue de compte, qui le maintient lui-même relevé, et tombe dans le creux séparant les bosses I et II.

Mais, avant que (31') n'échappe la bosse I, la roue C_1 a entraîné la roue *d'* et, par suite, le tambour T*a* dont quatre chevilles ont soulevé, par leurs verges N', les marteaux M' qui, en retombant successivement sur leurs timbres, ont frappé les quatre coups marquant la sonnerie du premier quart.

Au quatrième coup, le bras (31') est tombé dans le creux de la roue de compte qui suit la bosse I et, comme il est dit plus haut, le bras (O_5, 20) l'ayant accompagné dans sa chute, l'ergot (17') a pénétré par l'ouverture (19') dans la trajectoire de la goupille d'arrêt (18') et a immobilisé le rouage.

Les sonneries du deuxième et du troisième quarts s'effectuent comme celle du premier, sauf que les bosses II et III permettent, respectivement, d'actionner les marteaux avec huit et douze chevilles du tambour T*a*.

Fonctionnement des sonneries des quatre quarts et des heures.

Le fonctionnement de la sonnerie des quatre quarts ne diffère de celui des trois autres quarts que par une simple particularité de son déclenchement : quand le bras (31') tombe dans le creux le plus profond, soit le creux qui sépare les bosses III et IV, le bras (O_5, 20), qui repose sur sa saillie postérieure, l'accompagne et sa goupille (4") se trouve alors à son maximum d'éloignement de la dent (4') du bras mobile (7'). Or, les goupilles 1, 2 et 3 de la chaussée, étant trop petites pour faire passer la dent (4') au-dessous de la goupille (4"), laissent échapper le bras (5) sans avoir pu provoquer le déclenchement de la sonnerie des quatre quarts.

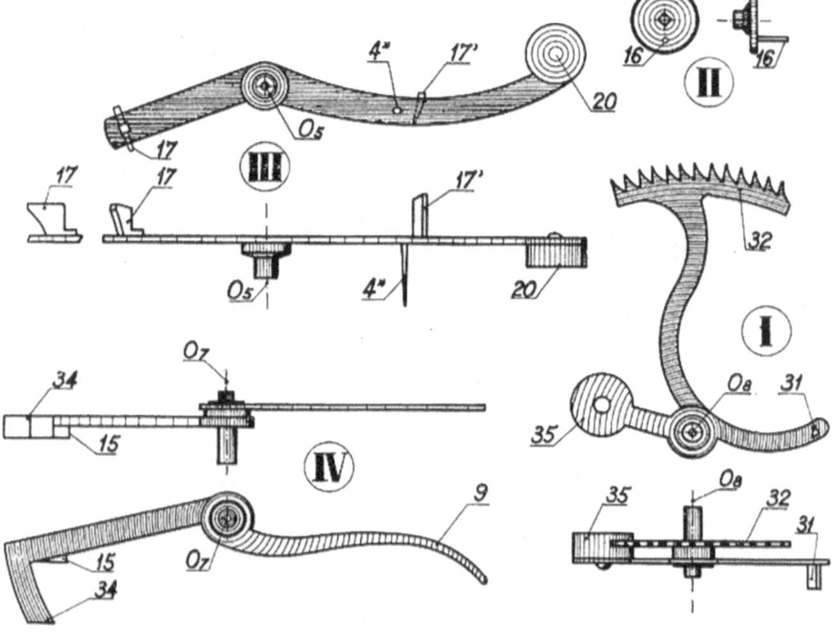

Fig. 56. - Carillon N° 2.

(I) Râteau. —(II) Disque solidaire de la première roue d'arrêt des heures D_2 et sa goupille (16). — (III) Levier (17, O_5, 17', 20). — (IV) Levier (34, O_7, 9).

La quatrième goupille étant, au contraire, en mesure à cause de son grand diamètre, de mener assez loin, par le bras (5), les leviers (5, O_2, 6) et (O_3, 7), (O_4, 7'), la dent (4') passe au-dessous de (4") et le déclenchement de la sonnerie des quatre quarts se fait, comme celui des sonneries des premier, deuxième et troisième quarts, dès que la goupille 4 laisse échapper le bras (5).

Pendant que fonctionne la sonnerie des quatre quarts, une goupille (8), implantée sur la roue de compte, rencontre le bras (9) du levier (34, O_7, 9) auquel elle imprime, dans le sens positif, un mouvement qui provoque les effets suivants :

1° l'épaulement 15 s'éloigne de la première goupille d'arrêt (16) ;

2° le rouage des heures n'est libéré de son premier arrêt que pendant le temps très court mis par la deuxième roue d'arrêt, ou roue de délai E_2, pour accomplir un demi-tour, après lequel la goupille (18) vient buter contre l'ergot (17) qui, pendant la sonnerie des quatre quarts, occupe la position représentée à la figure 57 ; l'ergot 17 pénètre à l'intérieur de la cage par l'ouverture (19) ;

3° le bras-cliquet (34) laisse tomber le râteau jusqu'à la rencontre du bras (31) avec le limaçon (30) ;

4° avant la fin de la sonnerie des quatre quarts, la goupille (8) abandonne le bras (9) ; le cliquet (34), dont le poids excède celui du bras (9), vient alors reposer sur la denture du râteau et, au quatrième quart, les leviers (O_6, 11, 31') et (17, O_5, 17', 20) se retrouvent à leurs positions de repos (fig. 53).

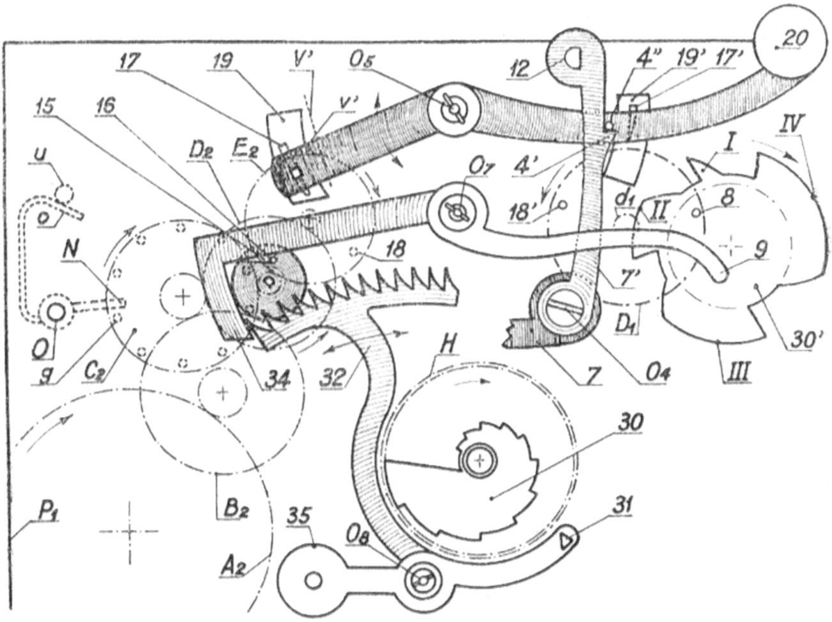

Fig. 57. - Carillon N° 2.

Organes intéressant plus particulièrement la sonnerie des heures.

À ce moment, l'ergot (17') s'est présenté devant la goupille (18') pour immobiliser le rouage des quarts, l'ergot (17) a abandonné la goupille (18) de la roue de délai et a libéré le rouage des heures.

Le limaçon, occupant la position représentée à la figure 53, le bras du râteau repose sur le cinquième cran ; la roue d'arrêt D_2 doit donc faire cinq tours pour permettre à la goupille (16) de ramener, dent par dent, le râteau à sa position de repos.

À chaque tour de la roue d'arrêt, l'une des goupilles *g* de la roue C_2 soulève par la verge N et laisse retomber sur leurs timbres les deux marteaux solidaires du même axe. La pendule sonne donc cinq heures.

Au cinquième coup, le râteau et le cliquet (34) ayant réintégré leur position ordinaire, la rencontre de la goupille (16) avec l'épaulement (15) immobilise le rouage jusqu'à l'heure suivante.

Le mode de déclenchement du carillon précédent étant à effet indirect, on peut se demander pourquoi on y trouve une roue de délai, contrairement à ce qui a été dit au § 14 Ch. III.

Cette contradiction n'est qu'apparente. En effet, le rouage des quarts est, seul, déclenché indirectement par la chaussée ; tandis que le rouage des heures est déclenché directement par un organe de la sonnerie des quatre quarts ; d'où la nécessité de la roue de délai pour que la sonnerie des heures n'entre en fonction qu'après l'achèvement des quatre quarts.

On pourrait objecter que la pendule de voyage à grande sonnerie qui utilise, également, le déclenchement indirect, n'a pas de roue de délai bien que sonnant les heures et les quarts. Cela est dû à ce que cette pendule ne comporte qu'un seul corps de rouages pour les deux sonneries. Il a, d'ailleurs, fallu user d'un dispositif relativement compliqué pour permettre aux deux sonneries de se succéder comme il convient et, de plus, pour faire sonner les heures avant les quarts, ce qui est anormal.

Encore qu'extrêmement simples, les moyens mécaniques, employés pour que la sonnerie des heures ne se déclenche qu'après la sonnerie des quatre quarts, ont un grand avantage : ils permettent la correction automatique, en moins d'une heure, du « décomptage » provoqué par un déplacement rapide de l'aiguille des minutes.

Si, par exemple, on amène brusquement l'aiguille des minutes de dix à onze heures, qu'arrive-t-il ?

Au lieu de sonner onze heures, la pendule sonne les quatre coups de ¼ ; quinze minutes après, elle sonne les huit coups de 2/4 ; à la trentième minute, elle sonne les douze coups de ¾ ; à la quarante-cinquième minute, elle reste silencieuse ; enfin, à la soixantième minute, elle sonne les quatre quarts, et ensuite, 12 heures.

Dès cet instant, l'accord est rétabli entre les sonneries et les positions occupées par les aiguilles sur le cadran.

23. – Carillon n° 3.

TRAIN DE ROUAGES DES COMPTEMRS DE TEMPS

A	barillet	80		
B — b		66	12	
C — c — c'	roue de centre et chaussée	84	8 — 18	
R — r	mobiles de renvoi			48 — 8
H	roue des heures			26
D — d		70	7	
E — e	roue d'échappement	23	7	
	ancre			

TRAIN DE ROUAGES DE LA SONNERIE DES QUARTS

A_1	barillet	84	
B_1 — b_1		60	12
C_1 — c_1	roue faisant un tour à l'heure	80	12
d'	mobile solidaire du tambour supportant 20 chevilles soulevant les marteaux		40
D_1 — d_1	roue d'arrêt	80	8
E_1 — e_1		70	7
V — v	volant		6

TRAIN DE ROUAGES DE LA SONNERIE DES HEURES

A_2	barillet	80	
B_2 — b_2		54	12
C_2 — c_2	roue des chevilles (10)	70	10
D_2 — d_2	roue d'arrêt	77	7
E_2 — e_2	roue de délai	70	7
V' — v'	volant		7

Marteaux et organes de soulèvement. - Organe d'arrêt. — Délai.

Ce carillon utilise les mêmes batteries de marteaux et les mêmes organes de soulèvement que le précédent.

Les arrêts des rouages des quarts et des heures s'effectuent, respectivement, par la rencontre des bras (15') et (15) (fig. 58), montés à carrés sur les tourillons, faisant face au cadran, des roues D_1 et D_2, avec les goupilles (16') et (16) supportées par les râteaux (32') et (32).

Lorsque le bras (15), ou ce qui revient au même, la roue D_2 est délivrée de la goupille (16), un second arrêt se produit, après un demi-tour de la roue E_2, hors de la rencontre de la goupille (18) et d'un ergot (17) qui pénètre à l'intérieur de la cage à travers une ouverture (19) pratiquée dans la platine P_1.

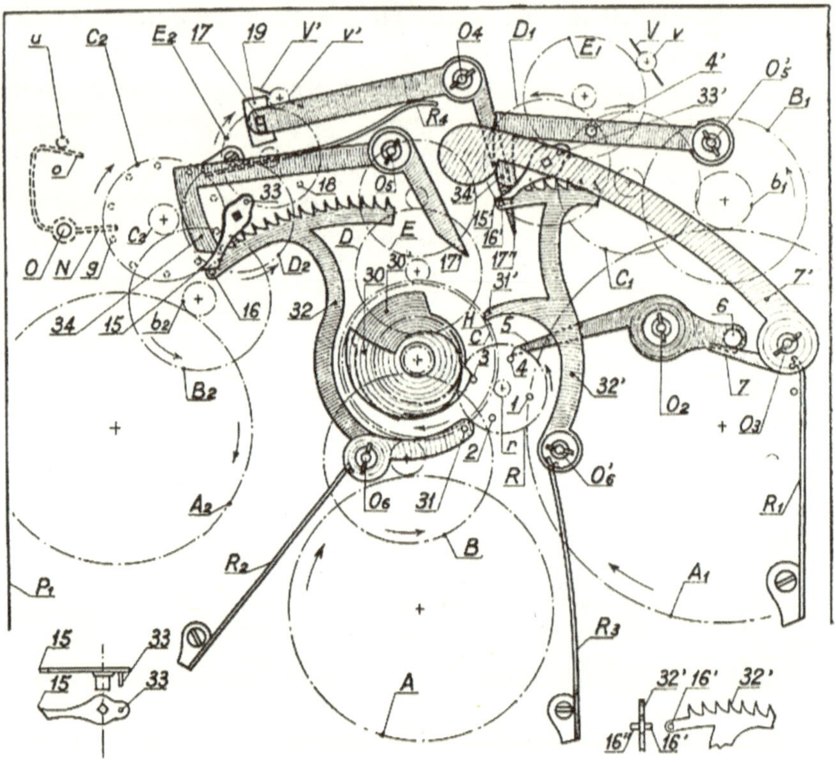

Fig. 58. - Carillon n° 3.

Cadrature. Schéma des trois corps de rouages.

Ce deuxième arrêt est supprimé immédiatement après la sonnerie des quarts.

Les mobiles D_1, D_2 et E_2 sont donc, le premier, la *roue d'arrêt du rouage des quarts*, le second, la *roue d'arrêt du rouage des heures* et, le troisième, la *roue de délai* des heures.

Organes de déclenchement.

Comme dans le précédent carillon, la sonnerie des quarts est déclenchée indirectement et, la sonnerie des heures, directement.

Le premier déclenchement est provoqué par les goupilles 1, 2, 3, et 4, les deux leviers (5, O_2, 6), (7, O_3, 7') et une goupille (4') que supporte le cliquet de retenue (34') du râteau des quarts (32').

Le second est provoqué par l'action, sur le bras (17'), solidaire du cliquet de retenue (34) du râteau des heures (32), de la goupille (16') qui est à double effet, puisqu'elle sert aussi à arrêter le rouage des quarts.

Enfin, la goupille (18) de la roue de délai E_2 qui, lorsque le rouage des heures a été libéré de son premier arrêt, est venue s'immobiliser devant l'ergot (17) ; elle est délivrée de ce dernier, à la fin de la sonnerie des quatre quarts, par le jeu, sur le bras (17"), de la partie (16"), de la goupille (16'), qui fait saillie sur la face postérieure du râteau (32') (fig. 58, en bas et à droite.)

Les quatre goupilles sont implantées, non plus sur la chaussée mais sur la roue de renvoi de minuterie R ; elles ont le même diamètre et elles occupent les extrémités de rayons égaux. La substitution de la chaussée par la roue de renvoi est imposée par le sens dans lequel le bras (5) doit être mené par les goupilles.

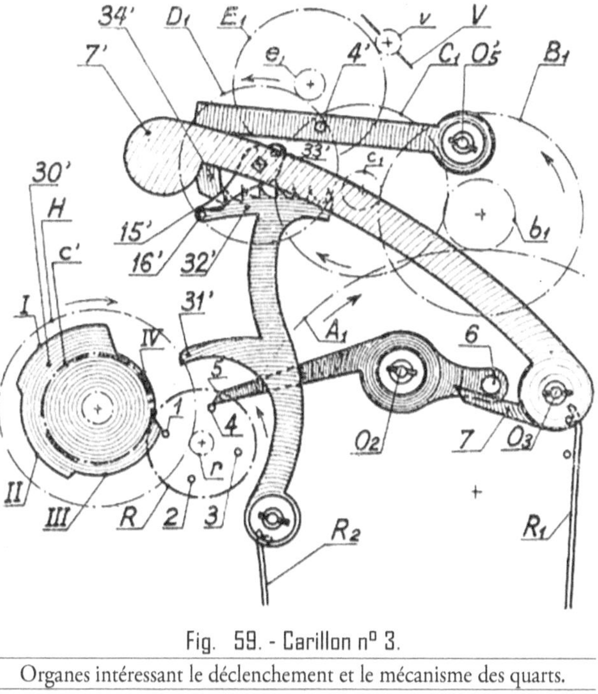

Fig. 59. - Carillon n° 3.

Organes intéressant le déclenchement et le mécanisme des quarts.

Organes réglant le nombre de coups à sonner.

Les organes essentiels sont, pour la sonnerie des quarts : le râteau (32') mobile en (O'_6), le limaçon (30') solidaire de la chaussée *c'* ; et, pour la sonnerie des heures, le râteau (32) mobile en (O_6) et le limaçon (30) solidaire de la roue des heures H. Le râteau des heures est retenu à sa position de repos par le bras-cliquet (34), mobile en O_5 et, le râteau des quarts, par le bras-cliquet (34'), mobile en O'_5.

Pendant le fonctionnement des sonneries, ces râteaux sont relevés, le premier, par une goupille (33) supportée par le bras d'arrêt (15), le second, par une goupille (33') supportée par le bras d'arrêt (15') (fig. 58, en bas et à gauche).

Fonctionnement des sonneries des quatre quarts et des heures.

Les compteurs de temps fonctionnant, la goupille (4), par exemple, communique au levier (5, O_2, 6) un mouvement dans le sens positif, cependant que le bras (6) communique au levier (7, O_3, 7') un mouvement dans le sens négatif et que le ressort R_1, s'arme (fig. 59).

À l'instant où le bras (5) échappe la goupille (la grande aiguille doit être sur la soixantième division du cadran), le ressort R_1 réagissant, imprime un mouvement rapide, dans le sens positif, au levier (7, O_3, 7') qui, par l'effet de sa force vive, vient soulever, par la goupille (4') le bras-cliquet (34').

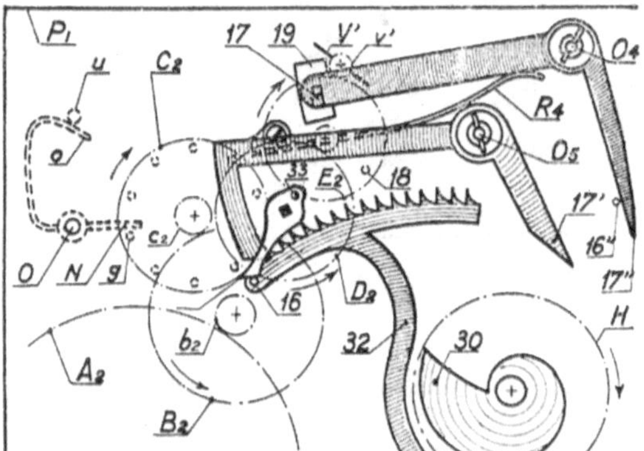

Fig. 60.

Organes intéressant le mécanisme des heures.

Le râteau (32'), ayant perdu son soutien, tombe jusqu'à la rencontre de son bras (31') avec le secteur IV du limaçon (30') et quatre dents de ce râteau ont passé en deçà de l'axe de la roue d'arrêt D_1.

Cette chute provoque les fonctions suivantes :

1° la goupille (16') libère le bras (15') et, par suite, le rouage des quarts ;

2° la partie (16") de cette goupille (fig. 58, en bas et à droite), qui fait saillie sur la face postérieure du râteau (32'), abandonne le bras (17") à l'action du ressort R_4 et l'ergot (17) pénètre dans la trajectoire de la goupille (18) de la roue de délai E_2 ;

3° la goupille (16') rencontre, dans la dernière phase de la chute du râteau (32'), le bras (17') et fait sortir le bras-cliquet (34) de la denture du râteau (32) qui tombe jusqu'à la rencontre de son bras (31) avec le limaçon (30) ;

4° le bras (15) étant débarrassé de la goupille (16), le rouage des heures est momentanément libéré jusqu'à la rencontre de la goupille (18) avec le bras (17) ; c'est le commencement du délai qui sépare la sonnerie des quatre quarts de celle des heures.

Au cours de la sonnerie des quatre quarts, qui fonctionne comme on l'a vu précédemment (§ 22), les effets ci-après se produisent :

a.) la goupille. (33'), implantée sur le bras (15'), relève, à chaque tour de la roue d'arrêt D_1, le râteau (32') d'une dent, cependant que sonnent les quatre coups qui marquent chaque quart ;

b.) vers la fin de la sonnerie des quatre quarts, la goupille (16') abandonne le bras (17') et par son extrémité postérieure (16") ramène le bras (17") à sa position de repos ;

c.) la goupille (16') vient se présenter devant le bras (15') et immobiliser le rouage des quarts.

La fonction *b* a pour résultat de laisser le cliquet (34) revenir dans la denture du râteau (32), et, la suivante *c*, de délivrer la goupille (18), implantée sur la roue de délai E_2, de l'ergot (17).

À ce moment, la sonnerie des quatre quarts est achevée et c'est au tour de la sonnerie des heures d'entrer en action.

À chaque tour de la roue d'arrêt D_2, — tour qui correspond à la sonnerie d'une heure —, la goupille (33) relève le râteau (32) d'une dent et, à la dernière dent, la goupille (16) vient se présenter devant le bras (15) et immobiliser le rouage des heures. Les limaçons (30) et (30') occupant les positions représentées, la pendule sonnera, après les quatre quarts, sept heures.

Fonctionnement des sonneries des trois premiers quarts.

Les mêmes fonctions mécaniques président au déclenchement et au fonctionnement des sonneries du premier, du deuxième et du troisième quarts, sauf cette importante exception : la chute du râteau (32'), même lorsque c'est le secteur III qui la limite, est insuffisante pour permettre à la goupille (16') de venir libérer le rouage des heures de son premier arrêt, en faisant basculer le levier (17'-O_2-34).

En résumé, la sonnerie des heures reste, obligatoirement, silencieuse pendant les sonneries des trois premiers quarts.

Remarques. — Le carillon n° 3, qui, par ailleurs, est aussi robuste que simple, possède l'avantage inhérent aux mécanismes à râteau : ses sonneries concordent toujours avec l'heure et la minute indiquées par les aiguilles, quels que soient les déplacements communiqués à l'aiguille des minutes lors des remises à l'heure.

L'absence d'une surprise et de son équipement (§ 20) ne permettant pas le déclenchement à volonté des sonneries, la construction du limaçon des heures est réduite à sa plus simple expression.

24. – Carillon n° 4.

TRAIN DE ROUAGES DES COMPTEURS DE TEMPS

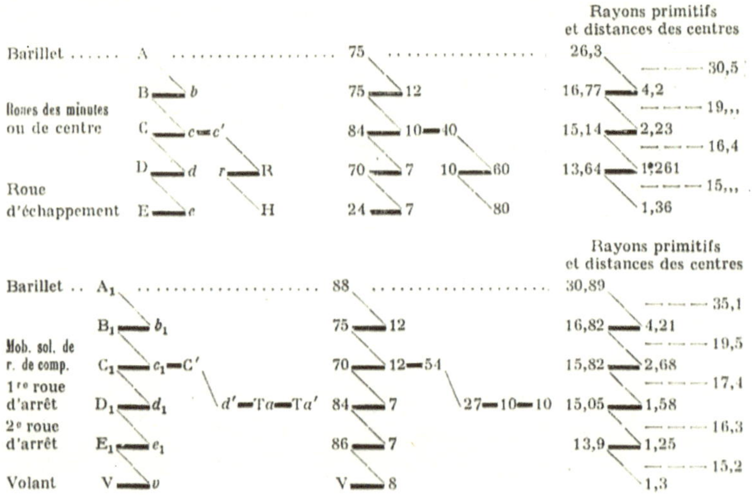

Les mobiles désignés par les lettres *Ta* et *Ta'* sont des disques qui supportent latéralement, chacun dix chevilles, servant à soulever les marteaux des quarts.

TRAIN DE ROUAGES DE LA SONNERIE DES HEURES

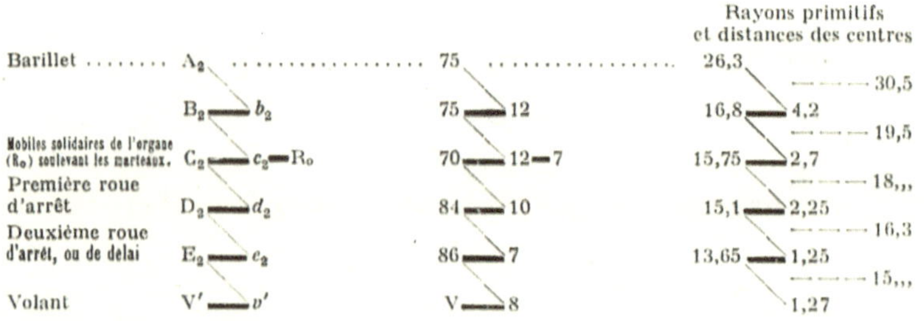

Marteaux. — Organes de soulèvement. — Timbres.

La batterie de marteaux de la sonnerie des quarts est représentée de face et de profil par la figure 61.

Les marteaux et leurs équipements sont montés, comme ceux des deux derniers carillons, dans une petite cage P3 P4 susceptible d'être facilement séparée du mouvement ou de lui être rattachée. Un des trois piliers qui relient les platines P1 et P2, (celui qui est représenté en coupe) sert de butée aux tiges U" prolongeant les tiges U'.

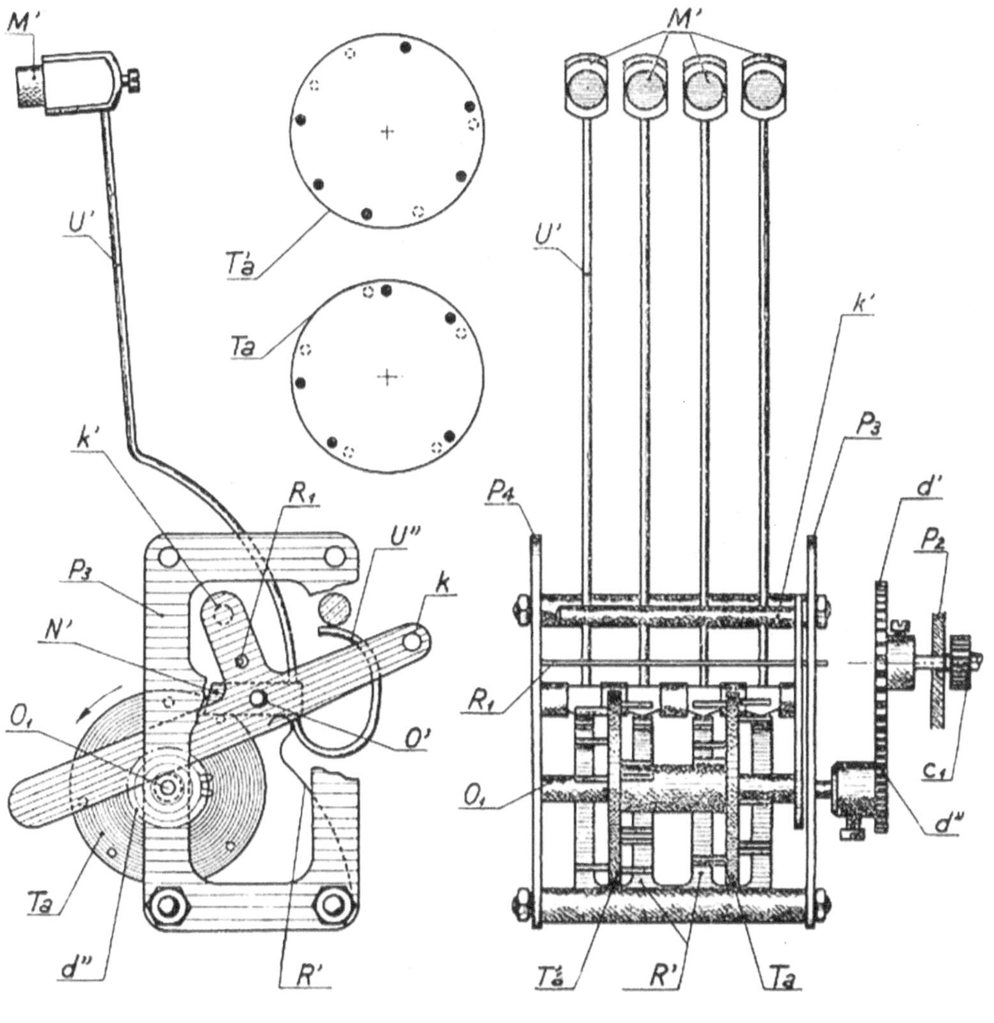

Fig. 61.

Batterie de marteaux des quarts.

Les chevilles soulevant les marteaux sont implantées, non plus sur la périphérie d'un disque unique, mais sur les faces latérales de deux disques T*a* et T*a'*, solidaires de l'axe O.

La répartition des chevilles est ainsi faite : il y en a cinq sur chaque face du disque T*a*, six sur la face interne du disque T'*a* et quatre sur la face externe. Le nombre des chevilles étant de 20, les disques doivent donc faire deux tours par heure.

À cet effet, l'axe O_1 supporte, en porte-à-faux, une roue *d"* de 27 dents que mène une roue *d'* de 54 dents qui est elle-même supportée en porte-à-faux par l'axe d'un mobile *c*, faisant un tour par heure et qui appartient au rouage des quarts.

On peut rendre la sonnerie des quarts silencieuse, en tirant sur l'extrémité libre d'un cordon fixé à un levier *k*, mobile sur l'axe O' des marteaux. Cette traction provoque un mouvement de bascule du levier, dans le sens positif, et amène une colonnette *k'* devant les tiges U", empêchant ainsi les marteaux de tomber sur leurs timbres. Dès qu'on libère le cordon, qui a été accroché à un clou, une tige-ressort R_1 ramène le levier *k* dans le sens négatif et les marteaux reprennent leur liberté.

Dans ce carillon, la sonnerie des heures s'effectue, à l'instar de celle des quarts, avec quatre timbres et autant de marteaux (ces derniers ne seront plus représentés dans les dessins suivants).

Les marteaux sont solidaires du même axe et tombent ensemble sur leurs timbres respectifs, Ils se comportent, par conséquent, comme s'il n'y en avait qu'un seul : d'où une seule verge (O-N), une seule tige ressort R, une seule butée (*o-u*) et un seul mobile de soulèvement C' (fig. 62).

Si les timbres sont judicieusement choisis, on obtient des sons harmoniques fort agréables.

Organes d'arrêts. — Délais.

Le rouage des quarts, A_1, B_1, C_1, D_1, E_1, V, est ordinairement arrêté par la rencontre d'une goupille (16'), chassée sur la roue D_1, et du bras (15') d'un levier, mobile en O_8, qui est à l'intérieur de la cage (fig. 62, 63, 64 et 65).

Lorsque ce premier arrêt est libéré, il s'en produit un second, après un peu plus d'un demi-tour de la roue E_1, lors de la rencontre de la partie coudée (18') d'une petite équerre supportée par E_1 et de l'extrémité coudée (17') d'un levier (8), mobile en O_2, qui, à cet instant, a été relevé par l'action d'une des goupilles de la chaussée sur le premier levier de déclenchement ; le coude (17') pénètre dans l'intérieur de la cage à travers une ouverture X_2 pratiquée dans la platine.

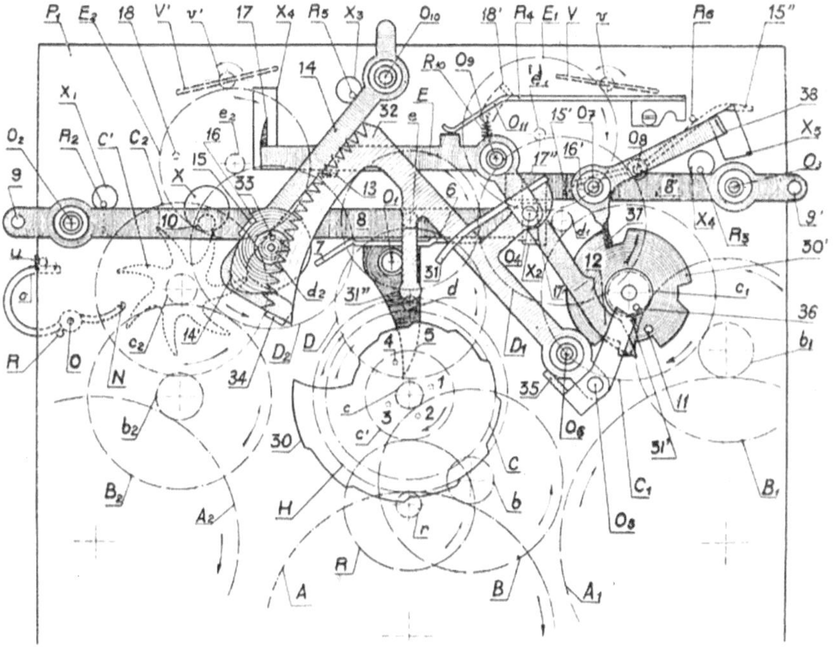

Fig. 62. - Carillon n° 4.

Cadrature. Schéma des trois corps de rouages.

La durée de ce deuxième arrêt représente le délai de la sonnerie des quarts.

Le rouage des heures, A_2, B_2, C_2, D_2, E_2, V', est arrêté par la rencontre de la face latérale (16) d'une entaille pratiquée dans la came (14'), solidaire de l'axe de la roue D_2, et de la partie coudée (15) d'un levier, mobile en O_{10}, qu'une tige-ressort R_5, traversant la platine en X_3, sollicite dans le sens négatif.

Après la libération de ce premier arrêt, il s'en produit un second, après un demi-tour de la roue E_2, lors de la rencontre de la goupille (18), supportée par ce dernier mobile, et de la partie coudée (17), d'un levier mobile en O_9, qui pénètre à l'intérieur de la cage, à travers l'ouverture X_4.

Le temps que dure ce deuxième arrêt représente le délai de la sonnerie des heures.

Organes réglant le nombre de coups à sonner.

On retrouve, ici, les mêmes organes que ceux des deux premiers carillons : une roue de compte (30'), pour les quarts et, pour les heures, un limaçon (30) et un râteau (32). En voici les particularités :

a.) Le rayon de la bosse IV (fig. 63 et 65), qui règle la sonnerie des quatre quarts, est plus grand que celui des autres bosses.

b.) Le bras (37), qui à la fin d'une sonnerie de quarts vient buter contre la face latérale de la bosse suivante, est porté sur la bosse qui suit sa position de repos par l'action d'une des quatre goupilles de la chaussée sur le premier levier de déclenchement.

c.) Le limaçon (30) est relié à la roue des heures H par une rondelle-ressort (fig. 67, (IV) et (V)) qui crée une résistance élastique facilitant la mise au repère du limaçon.

d.) Le râteau comporte, indépendamment du bras (31) mobile en O_4, qui limite sa chute, deux autres bras : (31') mobile en O_5 et (31") monté rigidement. Deux ressorts à boudin R_9 et R_{10} maintiennent les bras (31) et (31') à leurs positions normales (fig. 67, (II)).

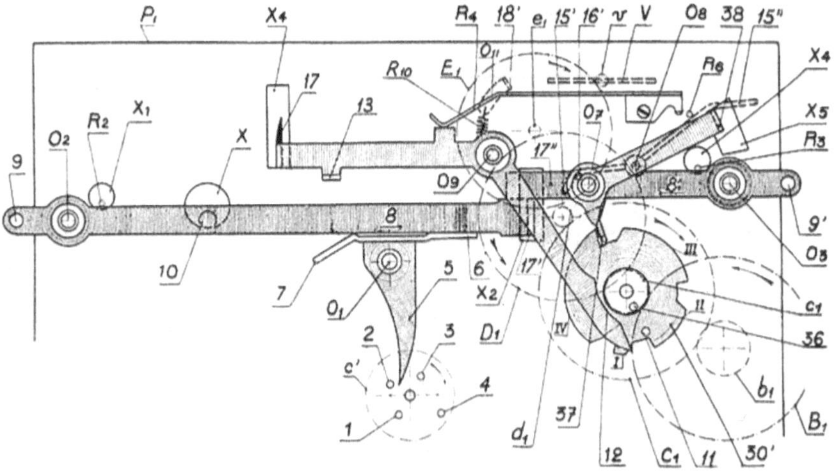

Fig. 63. - Carillon n° 4.

Organes de déclenchement et mécanisme des quarts.

Le bras (31') sert, concurremment avec une goupille (36), supportée par l'assiette de la roue de compte, à modérer la chute du râteau pendant que la sonnerie des quatre quarts fonctionne. Le bras (31') a sa course limitée par sa partie coudée (35).

Quant au troisième bras (31"), son rôle est ordinairement passif.

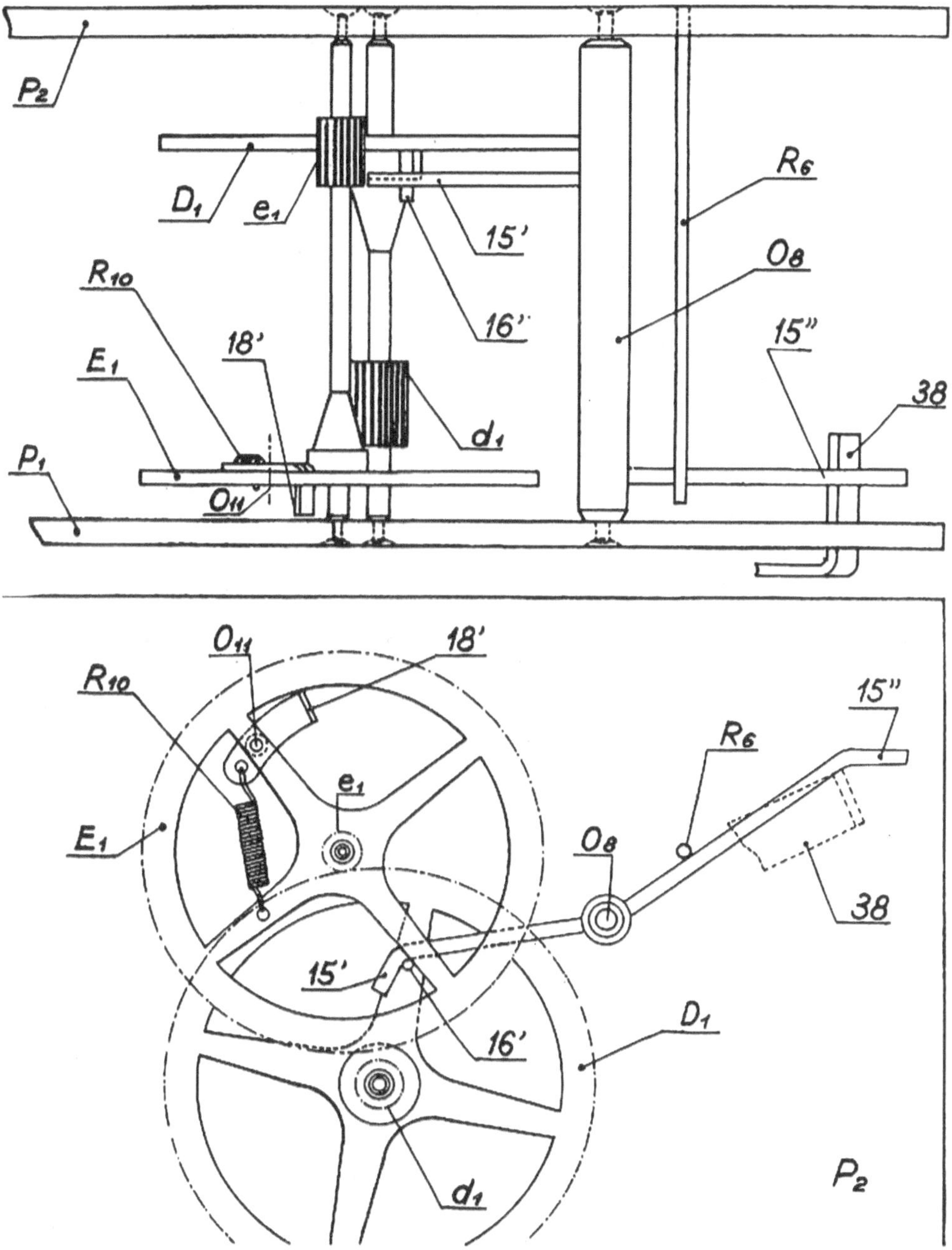

Fig. 64.

Organes d'arrêt du rouage des quarts.

Les autres organes participant au réglage des heures à sonner sont :

1°. la deuxième partie coudée (34) du levier (14-O_{10}), qui sert à retenir le râteau au cours et à la fin de la sonnerie des heures (fig. 66, (III)) ;

2°. la goupille (33), solidaire de la came (14') et, par suite, de la roue D_2, qui sert à relever le râteau pendant la sonnerie des heures (fig. 66, (VIII)) ;

3°. la came (14') qui sert à écarter le bras de retenue (34) de la denture du râteau, supprimant ainsi le mauvais frottement produit par le décliquetage, et, surtout, la difficulté qu'auraient des dents de faible inclinaison à soulever (34).

Cette dernière fonction permet d'adopter, pour les dents, un pas relativement petit ; d'où une réduction de la longueur du secteur denté et de l'angle de chute du râteau.

Déclenchement et fonctionnement de la sonnerie des quarts.

Le fait que le rouage des quarts comporte, comme on l'a vu plus haut, un délai, suffit à prévoir que le déclenchement de ce carillon s'opère directement.

Les goupilles 1, 2 et 3 de la chaussée déclenchent les sonneries des premier, deuxième et troisième quarts ; la goupille 4, qui est plantée à l'extrémité du plus grand rayon, déclenche la sonnerie des quatre quarts (fig. 63).

Toutes les quinze minutes, l'une de ces goupilles vient entraîner le bras (5) du premier levier de déclenchement (5-6-7), mobile en O_1 et provoque les fonctions suivantes :

1°. le bras (6) soulève le second levier d'arrêt (8), mobile en O_2 ;

2°. l'extrémité coudée (17') de ce levier soulève, à son tour, le bras (17") d'un troisième levier de déclenchement (8'), mobile en O_3, qui supporte l'axe O_3 du premier levier d'arrêt (15'-15") et l'axe O_7 du levier (37-38) (fig. 64) ;

3°. les deux leviers (8') et (15'-15") étant donc, simultanément soulevés, à un moment donné le bras (37) échappe la face latérale du creux de la roue de compte contre laquelle il reposait, supprimant ainsi l'obstacle qui empêchait la tige-ressort R_6 de faire basculer, dans le sens positif, les leviers (15'-15") et (37-38) ;

4°. le mouvement de bascule de ces leviers a pour effet d'amener le bras (37) en regard de la bosse de la roue de compte et de délivrer du bras (15') la goupille (16') de la première roue d'arrêt D_1.

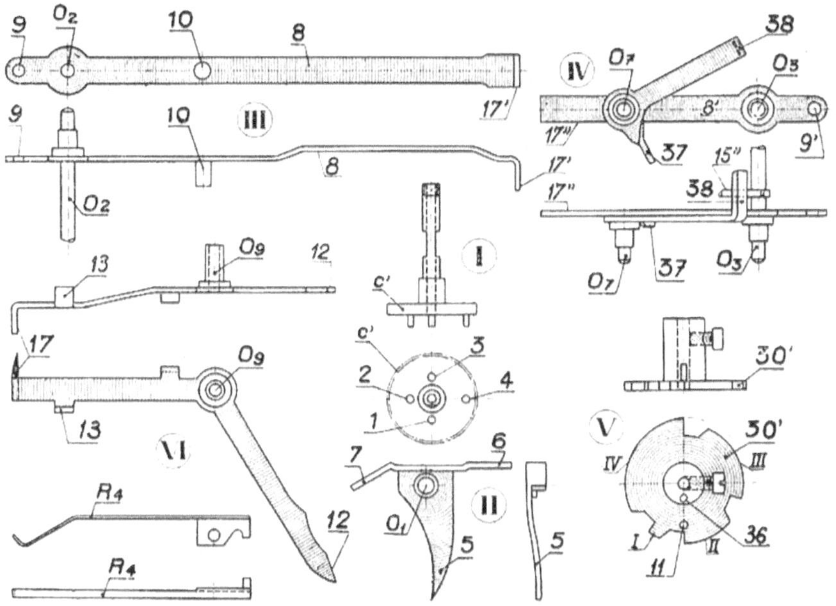

Fig. 65. - Carillon n° 4.

Pièces détachées intéressant, surtout, le fonctionnement de la sonnerie des quarts. (I) Chaussée et ses goupilles. — (H) Premier levier de déclenchement. — (III) Levier de déclenchement à la main. — (IV) Deuxième levier de déclenchement de la sonnerie à la main. — (V) Roue de compte. — (VI) Levier à trois bras.

5°. le rouage des quarts, momentanément libéré, est de nouveau arrêté par la rencontre de l'équerre (18'), de la seconde roue d'arrêt E_1, avec le coude (17') du levier (8), c'est le commencement du délai ;

6°. la fin du délai survient lorsque la goupille de la chaussée abandonne le bras (5) ; à ce moment, les leviers (O_2-8-17') et (O_3-8'-17"), ainsi que le levier (37-38) que ce dernier supporte, obéissent à l'action de leurs ressorts R_3 et R_6 ; toutefois, seul, le levier (8), par le plot (10) appuyant dans une ouverture X de la platine, revient à sa position de repos, les deux autres sont maintenus en l'air par la rencontre, presque immédiate, du bras (37) et de la bosse de la roue de compte (30'). La chute du levier (O_2-8-17') a pour résultat de libérer la seconde roue d'arrêt E_1 ; la première, D_1, étant restée libre grâce à la rencontre ci-dessus, la sonnerie des quarts entre alors en fonction. La pendule sonne le premier ou le deuxième ou le troisième ou le quatrième quart, suivant que le bras (37) repose sur l'une des bosses I, II, III ou IV.

Au dernier coup, le bras (37), qui est tombé dans un creux de la roue de compte, est entraîné par la face latérale de la bosse suivante jusqu'à ce que le coude (38), qui passe à l'intérieur de la cage à travers X_5, ait amené, par le bras (15"), le bras (15') dans la trajectoire de la goupille (16') de la première roue d'arrêt D_1.

À cet instant, le rouage des quarts est immobilisé jusqu'au prochain déclenchement.

La sonnerie des quatre quarts ne peut être déclenchée que par la goupille (4) de la chaussée. Seule, cette goupille peut soulever le bras (37) assez haut pour lui permettre, après le délai, de tomber sur la bosse IV laquelle, on le sait, a un rayon plus grand que celui des autres bosses.

C'est grâce à cette particularité que tout « décomptage », résultant d'un déclenchement à la main, se corrige automatiquement. Si, par exemple, celui-ci est provoqué à la douzième minute, à la quinzième, la pendule sonne deux quarts, à la trentième, elle sonne trois quarts, mais, à la quarante-cinquième, elle reste muette et elle ne reprend sa voix qu'à la soixantième minute pour sonner les quatre quarts et l'heure. Dès cet instant, la sonnerie se retrouve d'accord avec l'heure indiquée par les aiguilles.

Déclenchement et fonctionnement de la sonnerie de l'heure.

Au cours de la sonnerie des quatre quarts, une goupille (11), supportée par la roue de compte, vient imprimer au bras (12) du levier (17-O_9-12), qui est le second levier d'arrêt du rouage de la sonnerie des heures, un mouvement, dans le sens positif, dont le but est d'amener le coude (17) dans la trajectoire de la goupille (18) de la roue de délai E_2 et de permettre au coude (13) d'éloigner le levier (O_{10}-14-15-34) de la came (14') et du râteau.

Dès que le coude (15) est sorti de l'épaulement (16) de la came, le rouage A_2, B_2,............., E_2, est libéré pendant le temps mis par la goupille (18) pour rencontrer le coude (17). C'est le commencement du délai.

Peu après; le coude (34) libère le râteau qui commence une chute lente due aux effets conjugués du bras (31') et de la goupille (36) que supporte l'assiette de la roue de compte.

Avant que la sonnerie des quatre quarts ne soit achevée, la goupille (36) abandonne le bras (31') et le râteau achève sa chute que limite la rencontre de son bras (31) et d'un cran du limaçon (30).

Enfin, après la sonnerie du quatrième quart, c'est au tour de la goupille (11), également solidaire de la roue de compte, d'abandonner le bras (12) du levier (17-O_9-12) qui, en revenant, sous l'action du ressort R_4, à sa position de repos, libère la goupille (18) du coude (17) et la sonnerie des heures commence, alors, à fonctionner. À chaque tour de la roue D_2, la goupille (33) relève le râteau d'une dent, cependant que la came (14') éloigne de celui-ci le levier (34-15-14-O_{10}) et que la batterie de marteaux vient frapper les timbres à la cadence d'un coup par dent du râteau.

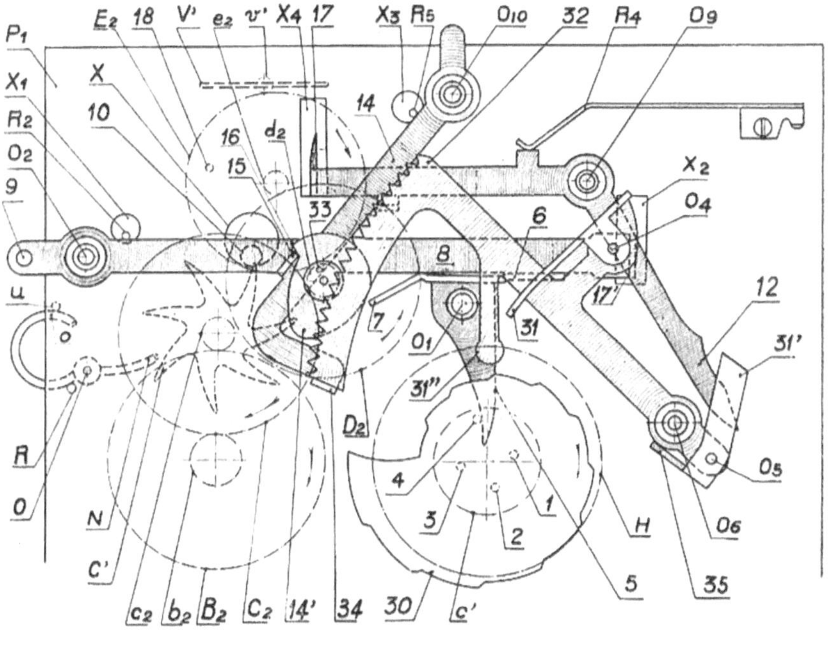

Fig. 66. - Carillon n° 4.

Mécanisme des heures.

Lorsque ce dernier est complètement relevé, le levier (34-15-O_{10}), revenant à sa position de repos par l'effet de la tige-ressort R_5, la face latérale (16) de la came ne tarde pas à rencontrer le coude (15) et le rouage de la sonnerie des heures est alors immobilisé jusqu'à l'heure suivante.

Pourquoi les bras 31 et 31' sont mobiles. — Rôle du bras 31".

Si, par suite de la rupture du ressort-moteur, ou pour toute autre cause, le rouage de la sonnerie des heures reste au repos, le bras (31) du râteau se trouve devant la face du limaçon qui suit le douzième cran, celle-ci peut l'entraîner.

Le rouage de la sonnerie des quarts pourrait l'être également si le bras (31') ne se laissait pas entraîner lui-même par la goupille (36).

Si le bras (31), après avoir été déplacé, n'obéissait pas à son ressort, la chute du râteau serait, alors, telle que sa dent supérieure sortirait de la trajectoire de la goupille (33) et la sonnerie des heures fonctionnerait, sans arrêt, jusqu'à l'épuisement de la force motrice.

C'est précisément le rôle du bras (31") d'éviter cet inconvénient en limitant la chute du râteau par sa rencontre avec le canon de la chaussée.

Dispositif spécial d'arrêt de la roue de délai de la sonnerie des quarts.

Au lieu d'une simple goupille, .la roue de délai E_1 supporte sur un de ses bras un petit pont en équerre (18') (fig. 64), mobile autour d'un axe On, qui est maintenu à sa position ordinaire par un ressort à boudin R_{10}.

Ce dispositif, assez complexe, se justifie dans le cas ci-après : une rupture, ou un décrochement du ressort-moteur, peuvent laisser les mobiles dans une position quelconque. Or, il arrive parfois que l'équerre (18') se trouve devant le coude (17') du levier (8) lors du mouvement ascendant que lui communique, par l'intermédiaire du levier (5-6), l'une des goupilles de la chaussée. Si (18') était rigide, il s'ensuivrait l'arrêt du rouage des compteurs de temps.

Grâce au dispositif dont il s'agit, le levier (8) achève, en faisant basculer l'équerre, le mouvement transmis par la chaussée et la fonction des compteurs de temps n'est pas interrompue.

Sonneries à volonté.

Pour déclencher les sonneries on exerce une traction sur une cordelette fixée soit sur le bras (9), soit sur le bras (9').

Mise à l'heure des aiguilles.

La mise à l'heure peut s'effectuer dans les deux sens. Les dessins montrent que si le bras (5) est déplacé dans le sens positif, il sera ramené à sa position de repos par l'action du levier (8) sur le bras (7). Si, lorsqu'on fait rétrograder les aiguilles, le râteau est tombé sur le limaçon des heures, son bras (31) peut passer d'un secteur à l'autre grâce aux chanfreins qui suivent chacun de ceux-ci.

En résumé, cet appareil se caractérise par les particularités suivantes :

a.) le limaçon peut être facilement déplacé sur la roue des heures pour être mis à la place convenable ;

b.) le râteau comporte trois bras dont deux sont mobiles ;

c.) par le jeu d'un des bras mobiles, le râteau tombe lentement sur le limaçon ;

d.) le bras rigide empêche la sonnerie des heures de fonctionner jusqu'à l'épuisement de la force motrice si le bras normal, ayant été déplacé, venait à ne pas obéir à l'action de son ressort antagoniste ;

e.) le bras qui supporte le râteau ne décliquette pas ;

f.) l'arrêt des rouages des sonneries ne peut provoquer celui du rouage des compteurs de temps ;

g.) on peut, sans inconvénient, faire rétrograder les aiguilles.

Il existe beaucoup d'autres mécanismes de carillons. Mais, il serait fastidieux d'ajouter de nouvelles descriptions à celles qui précèdent. Une exacte compréhension de celles qui viennent d'être données peut suffire pour analyser tous autres mécanismes concourant aux mêmes buts.

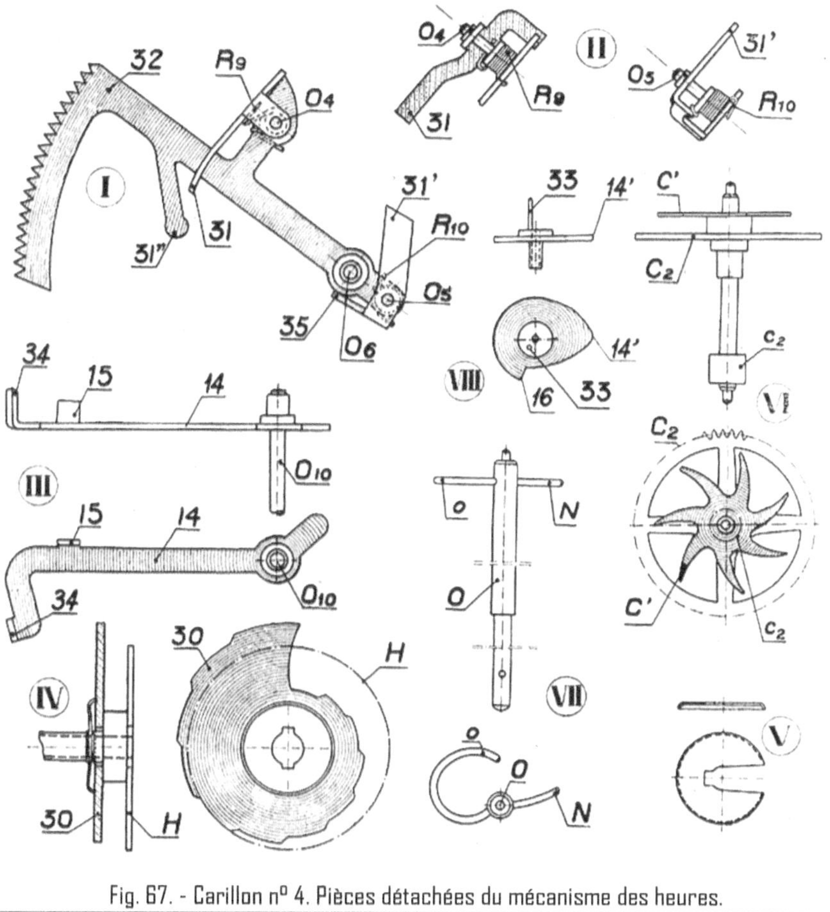

Fig. 67. - Carillon n° 4. Pièces détachées du mécanisme des heures.

(I et II) Râteau et ses bras. — (III) Levier de retenue du râteau. — (IV et V) Roue des heures et limaçon. — (VI) Mobile à sept dents de levée des deux marteaux. — (VII) Axe des marteaux et leur verge. — (VIII) Came solidaire de la première roue d'arrêt.

CHAPITRE V

REMONTAGE AUTOMATIQUE DES TROIS RESSORTS-MOTEURS DES PENDULES À CARILLON (1ER EXEMPLE). — EXPOSÉ SUCCINCT DE LA CONSTRUCTION ET DU FONCTIONNEMENT DU MOTEUR O. K. REMONTOIR ÉLECTRIQUE (2E EXEMPLE). — MOTEUR À CHAMP TOURNANT. — REMONTOIR ÉLECTRIQUE (3E EXEMPLE).

25. Remontage automatique des trois ressorts-moteurs des pendules à carillon (premier exemple).

L'examen des rouages de durée de marche A, *b*, B, *c* — A_1, b_1, B_1, c_1, — A_2, b_2, B_2, c_2, (§ 21, 22, 23 et 24), permet de constater que les barillets A, A_1 et A_2 doivent être remontés une fois par semaine. Il ne peut être question d'augmenter ce laps de temps, car il faudrait augmenter dans les mêmes proportions les forces, déjà si grandes, des ressorts-moteurs. On pourrait, il est vrai, s'en tenir à un remontage bimensuel, par exemple, et conserver les rouages de durée de marche et les forces des ressorts-moteurs du carillon à remontage hebdomadaire, en doublant le nombre de tours faits par les ressorts dans leurs ruches, ou en adoptant un groupement en série de deux barillets (Voir *L'Horloger*, Tome I § 54). Mais l'encombrement du mécanisme et les variations de la force motrice deviendraient considérables, et la durée du remontage se trouverait doublée.

Il existe aujourd'hui un moyen très simple de parer à ces inconvénients. Il consiste à faire remonter, simultanément et à des intervalles relativement rapprochés, les trois barillets par un petit moteur électrique (1)[5].

Les principes fondamentaux des remontoirs électriques sont les suivants.

---

[5] Dès l'arrivée sur le marché français des premières pendules à carillon, l'École de Cluses s'est préoccupée de cette intéressante application. Son premier modèle de carillon à remontage automatique a figuré à l'Exposition universelle de 1914, à Lyon.

CHOIX DE LA SOURCE D'ÉLECTRICITÉ. — On peut utiliser soit le courant d'une pile, soit le courant du secteur.

Le premier n'est pratique que si l'on emploie un moteur de très bon rendement, c'est-à-dire un moteur apte à transformer en majeure partie l'énergie électrique en énergie mécanique. Malheureusement, ce genre de moteur coûte cher. En outre, le remplacement d'une pile est tout une affaire pour les profanes en électricité.

Le second, plus recommandable, permet l'utilisation de moteurs quelconques, pourvu qu'ils soient simples, robustes et qu'ils n'exigent aucun entretien.

Les secteurs distribuent, ou du courant continu, ou du courant alternatif. Il existe des moteurs qui fonctionnent avec ces deux formes de courant, ce sont les *moteurs universels* : ils peuvent être bobinés spécialement pour le voltage du secteur.

Certains constructeurs de carillons à remontage automatique préfèrent utiliser des moteurs à courant continu, fonctionnant sous deux ou trois volts seulement, auxquels ils adjoignent, pour qu'ils puissent être utilisés sur les secteurs distribuant de l'alternatif, un transformateur et un redresseur à oxyde.

Mais, le moteur le plus pratique, pour fonctionner avec le courant alternatif, est le moteur dit *à champ tournant*, dont le *rotor* (partie mobile) est sans relation mécanique avec le *stator* (partie fixe) ; il peut être bobiné, sans grand frais, pour fonctionner sous la tension du secteur.

CHOIX DE LA PUISSANCE D'UN MOTEUR DESTINÉ AU REMONTAGE D'UNE PENDULE À CARILLON. — La marge est grande quant au choix de la puissance du moteur susceptible d'être utilisé pour remonter automatiquement une pendule à carillon.

La *puissance minimum* est celle qui serait égale à la puissance des trois ressorts-moteurs plus l'énergie passive. Le rotor d'un tel moteur tournerait constamment et, par suite, le circuit électrique resterait indéfiniment fermé.

La *puissance maximum* est celle qui est nécessaire pour qu'un seul tour du rotor suffise à ramener les ressorts-moteurs à leur armage initial.

Ni l'une, ni l'autre de ces puissances extrêmes ne sont pratiquement utilisables : la première, parce que les résistances de frottements étant essentiellement variables, la puissance du moteur pourrait, à un moment donné, devenir inférieure aux résistances à vaincre ; la seconde, parce que le rotor n'ayant pas le temps d'atteindre sa vitesse normale, le moteur serait mal utilisé. Au surplus, les prix des moteurs étant fonction de leur puissance, on a tout intérêt à choisir un moteur de moyenne puissance, en observant que :

1°. plus la puissance du moteur se rapproche de la puissance maximum, plus sera simplifié le train de rouages démultiplicateur, constituant le treuil du remontoir, et plus courte sera la durée du remontage ;

2°. plus, au contraire, la puissance du moteur se rapproche de la puissance minimum, plus le treuil comprendra de mobiles et plus longue sera la durée du remontage.

Par contre, à différences de potentiel égales, l'intensité du courant dépensée dans le second moteur sera moindre que dans le premier ; elle peut même rester au-dessous de celle qui est nécessaire pour mettre en marche un compteur d'énergie. De plus, les effets des ruptures de courant sur les contacts des interrupteurs deviennent absolument négligeables.

Premier exemple d'application d'un remontoir électrique à une pendule à carillon.

APPLICATION AU CARILLON N^{0} I (§ 21), UTILISATION DU MOTEUR O. KEENAM (O. K) QUI FONCTIONNE AVEC LE COURANT D'UNE PILE. — On détermine l'énergie mécanique que le moteur O. K. choisi peut fournir par l'expérience suivante : un tambour de 33 mm de longueur de circonférence est assujetti sur l'axe d'une roue de 50 dents menée par une vis sans fin, à un filet, solidaire du rotor ; l'extrémité d'une cordelette est fixée au tambour et, l'autre extrémité, à un poids de 90 g.

Excité par un courant de 0,0225 ampère (débité, sous une différence de potentiel de 1,43 volt, par un élément sec) le moteur se montre capable de soulever le poids de 240 mm en 20 secondes (1)[6].

Nombre de tours faits par le moteur en une seconde :

$$\frac{240 \times 50}{33 \times 20} = 18.$$

Travail mécanique à la seconde :

$$\frac{240 \times 90}{20} = 1080 \text{ g. mm}$$

[6] Pour mesurer la puissance d'un petit moteur par la méthode des freins, le plus simple et le plus sensible des compteurs de tours est fait avec un mouvement de montre dans lequel on ne laisse que la roue de secondes, la roue intermédiaire, la roue de centre, la minuterie et les aiguilles. L'entraînement se fait par le pivot de la trotteuse.

Travail mécanique par tour du rotor :

$$\frac{1080}{18} = 60 \text{ g. mm.}$$

(Pour parer aux malfaçons, il est prudent de tabler sur 50 g. mm, au lieu de 60). Travail électrique à la seconde (intensité portée à 0,024 ampère, pour tenir compte de la dépense au démarrage) :

1,43 x 0,024 = 0,03432 watt ou 3,432 g. mm à la seconde.

Rendement :

$$\frac{1080}{3432} = 30\ \%.$$

En réalité le rendement de ce moteur dépasse 50 p. 100 car, dans les 70 p. 100 de pertes, il faut compter celles qui sont dues aux frottements des pivots de la roue et, surtout, aux frottements de l'engrenage à vis sans fin, qui peuvent être estimés comme équivalents aux frottements de deux paires d'engrenages à axes parallèles.

Travail mécanique correspondant à un tour de chaque barillet.

Le tableau qui figure au § 21, indique que, sur un rayon de 24,5 mm, la force de chaque ressort-moteur est de 5 kg ; d'où un travail en g. mm de :

$$49 \times 3{,}1416 \times 5.000 = 770.000.$$

Les temps mis pour effectuer ce travail sont :

pour le barillet A : $\frac{66 \times 54}{9 \times 10} = 39{,}6$ heures ;

pour le barillet A_1 : $\frac{66 \times 72}{12 \times 12} = 33$ " ;

pour le barillet A_2 : $\frac{66 \times 63}{9 \times 7} = 66.$

Ce dernier quotient ne représente pas des heures. En effet, un tour du dernier mobile c_2, du rouage de durée de marche de la sonnerie des heures, ne correspond qu'à dix soulèvements du marteau ; c_2 ne fait donc que :

$$\frac{78}{10} = 7{,}8 \text{ tours en douze heures (Ch. I § 6)}$$

et, dans une heure, 0,65 de tour seulement.

Par suite, le barillet A_2 met : 0,65 x 66, soit 42,9 heures pour faire un travail de 770.000 g. mm.

Travail par heure :

du barillet A : $\frac{770.000}{39,6} = 19.445$ g. mm ;

du barillet A_1 : $\frac{770.000}{33} = 23.334$ " ;

du barillet A2 : $\frac{770.000}{42,9} = 17.949$ " ;

60.728 " .

Il y a lieu d'augmenter de 40 p. 100 ce travail utile (Tu), afin de tenir compte du travail passif (Tp) des mobiles du remontoir et du travail exigé par l'interrupteur. On trouve ainsi, en chiffre rond :

$Tu + Tp = 85.000$ g. mm. pour une heure de fonctionnement des barillets.

Or, dans le même temps, le moteur choisi fournit un travail de :

50 x 18 x 3.600 = 3.240.000 g. mm. Ce moteur est donc plus que suffisant pour remonter simultanément les trois barillets.

Fréquence des remontages automatiques. — Durée de chaque remontage.

Contrairement à celui du secteur, le courant d'une pile étant, jusqu'à épuisement de la pile, à la disposition du moteur, on a intérêt à l'utiliser souvent et peu longtemps.

Bénéficiant ainsi de ce principe de mécanique : *ce qu'on gagne en vitesse on le perd en force* (*L'Horloger*, Tome I § 29), il est possible de remplacer les trois gros barillets par d'autres qui seront d'autant plus petits que, par rapport à celles des barillets précédents, les vitesses des mobiles choisis pour les supporter seront plus grandes.

Par exemple, si l'on fait supporter les nouveaux barillets par les axes des mobiles C, C_1, C_2 qui tournent, respectivement, 39,6, 33, 66 fois plus vite que les barillets existants, les forces des nouveaux ressorts-moteurs, à l'extrémité du même bras de levier (24,5 mm.), seront :

(ressort du barillet A) $\frac{5000}{39,6} = 127$ g.

(ressort du barillet A_2) $$\frac{5000}{33} = 152 \text{ g.}$$

(» » A_3) $$\frac{5000}{66} = 76 \text{ g.}$$

Si, enfin, on décide que le moteur n'imprimera, à chaque remontage, qu'un seul tour aux barillets A et A_1 et 0,65 de tour au barillet A_2 de la sonnerie des heures, l'intervalle de temps séparant deux remontages successifs, sera d'une heure.

Quant à la durée du remontage en secondes, on l'obtient en divisant le nombre de secondes qu'il y a dans une heure, par le quotient du travail que le moteur pourrait fournir dans ce temps, sur le travail qu'il doit fournir à chaque remontage: Soit :

$$\frac{3.600}{\frac{3.240.000}{85.000}}$$

d'où : $$\frac{3.600 \times 85.000}{3.240.000} = 94{,}44 \text{ sec.}$$

On l'obtient, également, en divisant $T_u + T_p$, soit 85.000, par la puissance T_s du moteur

$$\frac{T_u + T_p}{T_s} = \frac{85.000}{50 \times 18} = 94{,}44 \text{ sec.}$$

La durée du remontage sera donc d'une minute trente-cinq secondes environ.

Calcul du treuil. — Diamètres des ruches. — Forces et dimensions des ressorts-moteurs correspondant aux nouvelles ruches.

Le rapport entre le travail que doit fournir le moteur pendant un remontage et le travail T correspondant à un tour du rotor, représente le nombre de tours que doit faire celui-ci pour en imprimer un à chacun des barillets A et A_1 et 0,65 de tour au barillet A_2 :

$$\frac{Tu + Tp}{T} = \frac{85.000}{50} = 1.700 \text{ tours.}$$

Un tel rapport des vitesses exige trois paires d'engrenages.

En adoptant, comme premier mobile, une vis sans fin à un seul filet d'une inclinaison inférieure à l'angle de frottement ou de glissement, l'irréversibilité du treuil empêchera les ressorts-moteurs de se désarmer et fera rétrograder les mobiles du treuil. De plus, les rapports partiels des deux autres engrenages seront simplifiés.

Toutefois, les facteurs premiers de 1.700 ne se prêtant pas à nombrer convenablement les mobiles du treuil, on peut prendre un nombre approchant — 1.728, par exemple, — qui permette de réaliser le train d'engrenages ci-après, simplification faite du rapport

$$\frac{65}{100}\left(\frac{130}{200}=\frac{13}{20}=\frac{39}{60}\right)$$

exprimant la fraction de tour faite dans une heure par le barillet qui doit commander la sonnerie des heures :

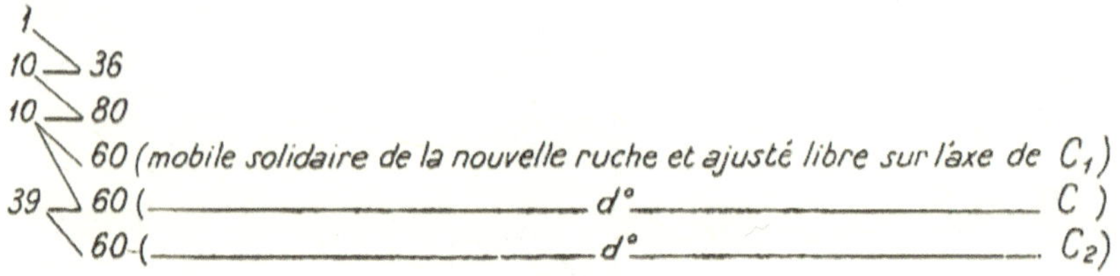

Les trois derniers mobiles menés de ce treuil constituent, avec leurs ruches, ou tambours, les nouveaux barillets du carillon, barillets qui, par leur mode de remontage, se distinguent des anciens (abstraction faite du remontage automatique).

En effet, dans ceux-ci, les ressorts-moteurs sont armés par les axes et se désarment en entraînant leurs tambours ; tandis que dans ceux-là, les ressorts s'arment par les tambours et se désarment en entraînant les axes des mobiles C, C_1, C_2.

Nécessité d'ajouter au treuil des roues de renvois.

Un examen rétrospectif de la figure 47, qui représente la cadrature et les circonférences primitives des divers mobiles du carillon se remontant à la main, montre :

1° qu'il est impossible de faire attaquer les trois derniers mobiles menés par le dernier mobile menant ;

2° que les sens de rotation des mobiles C, C_1, C_2, sont différents ; le premier est négatif et les deux autres, positifs.

Or, d'une part, les ressorts-moteurs doivent être armés dans le sens même des mobiles qu'ils commandent. D'autre part, les points de plantages des mobiles C, C_1 C_2 étant immuables, des roues de renvoi sont indispensables entre le dernier mobile menant du treuil et les trois derniers mobiles menés.

La figure 68 représente le plan schématique du treuil et des roues de renvoi H_1, H_2, H_3, H_4. Seules, sont étrangères au train de rouages du remontoir, les roues C, C_1, C_2, représentées en traits pleins.

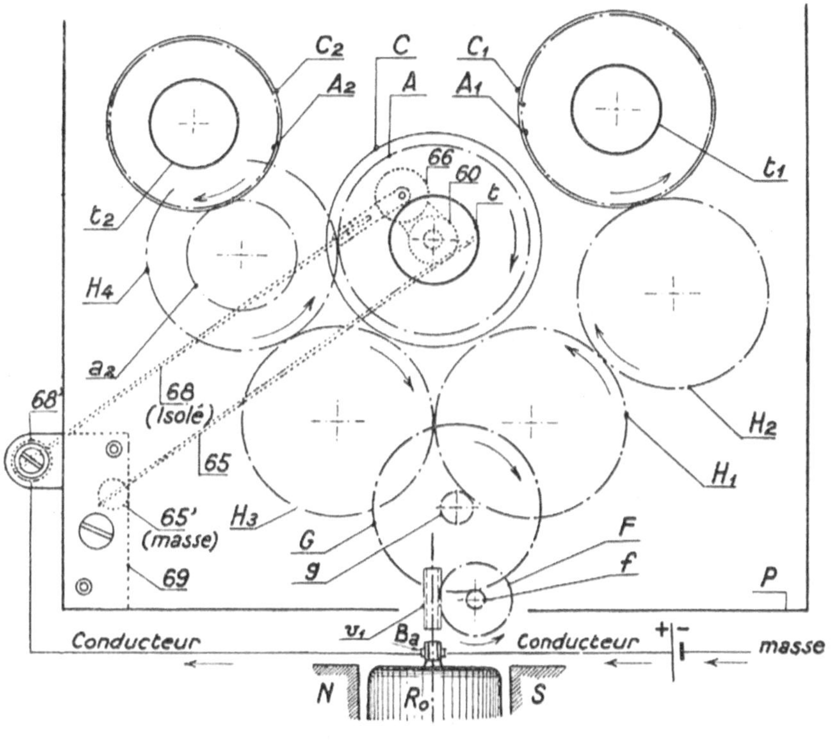

Fig. 68.

Schéma des mobiles du remontoir électrique n° 1.

Désignant par v_1, f, g les trois mobiles menants, par F, G les deux premiers mobiles menés et par A, A_1, A_2, les trois derniers qui sont solidaires des tambours t, t', et t'', contenant les ressorts moteurs, on peut représenter, comme ci-après, le schéma de la disposition des divers mobiles du remontoir automatique et, en plus, les premiers mobiles C, C_1 et C_2 des compteurs de temps,

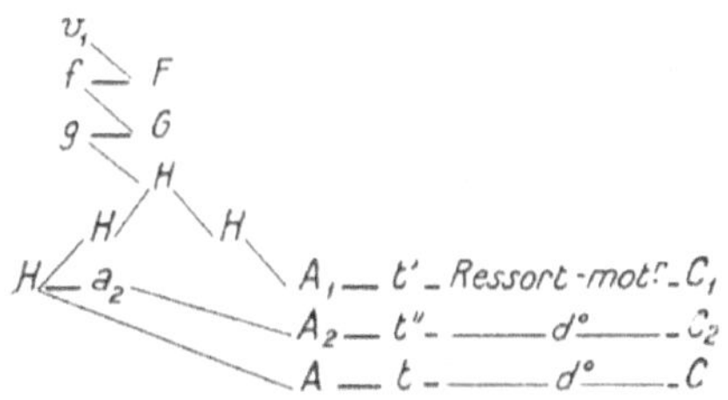

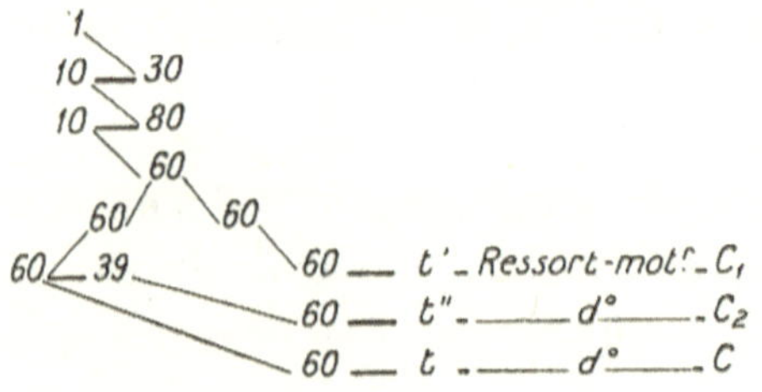

de la sonnerie des quarts et de la sonnerie des heures :

Les modules correspondant aux diamètres primitifs exacts sont, pour l'engrenage *f*/G : 0,4 ; pour l'engrenage *a*2/A2 : 0,54 et, pour tous mes autres engrenages : 0,6.

Bien que les ressorts de barillets soient de forces dissemblables et qu'ils ne travaillent que sur un seul tour, on peut admettre, pratiquement, des ruches identiques. Soit 17 mm. le diamètre extérieur des tambours, ou ruches. Étant en raison inverse des bras de levier, les forces des ressorts-moteurs précédemment calculées pour un bras de levier de 24,5 mm., deviennent, pour un bras de 8,5 mm. :

$$\frac{127 \times 24,5}{8,5} = 367 \text{ gr. pour le ressort du barillet A ;}$$

$$\frac{152 \times 24,5}{8,5} = 139 \text{ gr. } \quad " \quad " \quad " \quad A_1 ;$$

$$\frac{76 \times 24,5}{8,5} = 220 \text{ gr. } \quad " \quad " \quad " \quad A_2.$$

	Hauteur	Épaisseur	Longueur
Dimensions du ressort du barillet A :	2,8	0,19	520 mm.
" " " A1 :	2,8	0,2	485 mm.
" " " A2 :	2,8	0,165	565 mm.

Ces ressorts faisant plus de tours que de besoin, on pourra choisir, sinon la force moyenne, celle qui correspond le mieux au fonctionnement des mécanismes qu'ils ont à actionner (*L'Horloger*, Tome I, § 50 -51-52).

ÉCUEIL À ÉVITER. — On pourrait être tenté, lorsque deux barillets voisins tournent dans le même sens, de faire remonter le second par le premier au moyen d'un mobile intermédiaire. Mais, dès que le remontage est achevé, les réactions des deux ressorts-moteurs, trouvant un point d'appui fixe sur la denture du dernier mobile du remontoir, s'ajoutent pour provoquer un effort latéral, des tourillons du premier axe sur leurs coussinets, capables d'annihiler la force du ressort-moteur du premier barillet.

Réalisation pratique des barillets.

Les trois barillets sont établis et montés comme il est indiqué (fig. 69, (I)) pour le barillet des compteurs de temps.

La concentricité de la ruche est assurée par une « creusure », peu profonde, pratiquée dans la roue A sur laquelle cette ruche est fixée par trois dont une seule, la vis (59), est représentée.

Le jeu longitudinal du barillet (A — *t*) est limité par la bonde (58) qu'une goupille (58') solidarise avec l'axe de centre (50). La partie de cette goupille, qui déborde la périphérie de la bonde, sert d'accrochage à l'extrémité intérieure du ressort-moteur ; quant à l'extrémité extérieure, elle n'est reliée avec la paroi intérieure de la ruche que par une simple friction élastique (*L'Horloger*, Tome I, § 49). Ainsi on pare aux conséquences d'un excès d'armage accidentel.

Interrupteur électrique.

On aurait une image plus exacte des rôles joués par cet instrument, s'il était dénommé *robinet électrique* : en effet, l'interrupteur ne se borne pas à interrompre le courant, il sert, aussi, à le rétablir. Dans le langage des électriciens, ces deux fonctions s'appellent, la première, *ouverture du circuit* et, la seconde, *fermeture du circuit*. Un interrupteur doit fermer et ouvrir brusquement le circuit qu'il commande.

On peut diviser les interrupteurs en deux grandes classes : ceux qui fonctionnent à la main et ceux qui fonctionnent automatiquement. L'interrupteur dont il s'agit ici, appartient à la seconde classe.

Le remontage des barillets du carillon devant se faire une fois par heure, il importe de choisir, pour commander la fermeture du circuit, un mobile faisant un tour à l'heure et, pour en commander l'ouverture, un barillet faisant également un tour dans le même temps. Mais, il convient de donner la préférence au mobile qui est animé d'un mouvement uniforme et au barillet qui lui est adjoint, c'est-à-dire à la roue de centre C des compteurs de temps et à son barillet A.

Dans le cas présent, l'interrupteur (fig. 69) (I), se compose :

1°. d'un excentrique (60), en argent (fig. 68 et 69) (I) et (II) ;
2°. d'un excentrique (61), en matière isolante (fig. 69) (I) et (II) ;
3°. d'une assiette (62), en laiton ;
4°. d'une vis solidarisant les trois pièces précédentes et dont les extrémités, (64) et (64'), servent de tocs ;

5°. d'un « entraînoir » (54), solidaire par friction élastique de l'axe (50) de la roue de centre C ;
6°. d'un « entraînoir « (57), solidaire du barillet *t* — A ;
7°. d'un galet (66) (II) en argent, dont le tourillon (66'), de même métal, est chassé sur une chape (67) faisant corps avec une lame-ressort (68) (IX) et dont l'action élastique a pour but de maintenir le galet en contact avec l'un ou l'autre des excentriques. L'extrémité libre de la lame (68) est fixée sur une colonne (68'), isolée du pont (69) qui la supporte (fig. 68). Ce pont est lui-même fixé sur la platine P.

L'assiette (62) est ajustée, à frottement libre sur l'axe (50). Deux tiges flexibles (65) (fig. 68 et 69) (II)) fixées en (65') exercent, constamment, une légère pression sur l'assiette (62), par les gorges (63), afin d'assurer un bon contact de cette dernière avec la masse (ensemble des pièces métalliques d'un appareil). L'excentrique (60) est lui-même en communication avec la masse par la vis (64 — 64').

Le circuit électrique, qui comprend un élément de pile, le rotor R*o*, la lame (68), le galet (66), l'excentrique (60) et la masse, est fermé lorsque le galet repose dans l'encoche de (60) et avant qu'il n'abandonne cette dernière fig. 69 (VIII) et (IX), il est ouvert quand il repose sur l'excentrique (61) (vues (IV), (V), (VI) et (VII)).

Fonctionnement de l'interrupteur.

Après chaque remontage, les diverses pièces mobiles de l'interrupteur occupent les positions représentées à la vue (IV).

À ce moment, le galet (66) reposant sur l'excentrique (61), le circuit électrique est ouvert. Tous les mobiles du remontoir, y compris le barillet et son « entraînoir » (57), restent immobiles pendant 3.600 secondes, moins le nombre de secondes représentant la durée du remontage.

« L'entraînoir » (55), qui, lui, se meut sans discontinuité, parcourt d'abord, à vide, une portion de la trajectoire *z* égale à celle qui est comprise entre les côtés de trois angles α, moins le trajet négligeable effectué pendant la durée du remontage. Il vient communiquer son mouvement de rotation au toc (64) et au monobloc (60, 61 et 62).

Les vues (V), (VI) et (VII) représentent trois stades de cet entraînement. À la dernière vue (VII), le galet étant au point mort, il suffira d'une avance imperceptible de « l'entraînoir » (55) pour qu'il précipite le mouvement en avant du monobloc et tombe brusquement dans l'encoche de l'excentrique conducteur (60) (VIII).

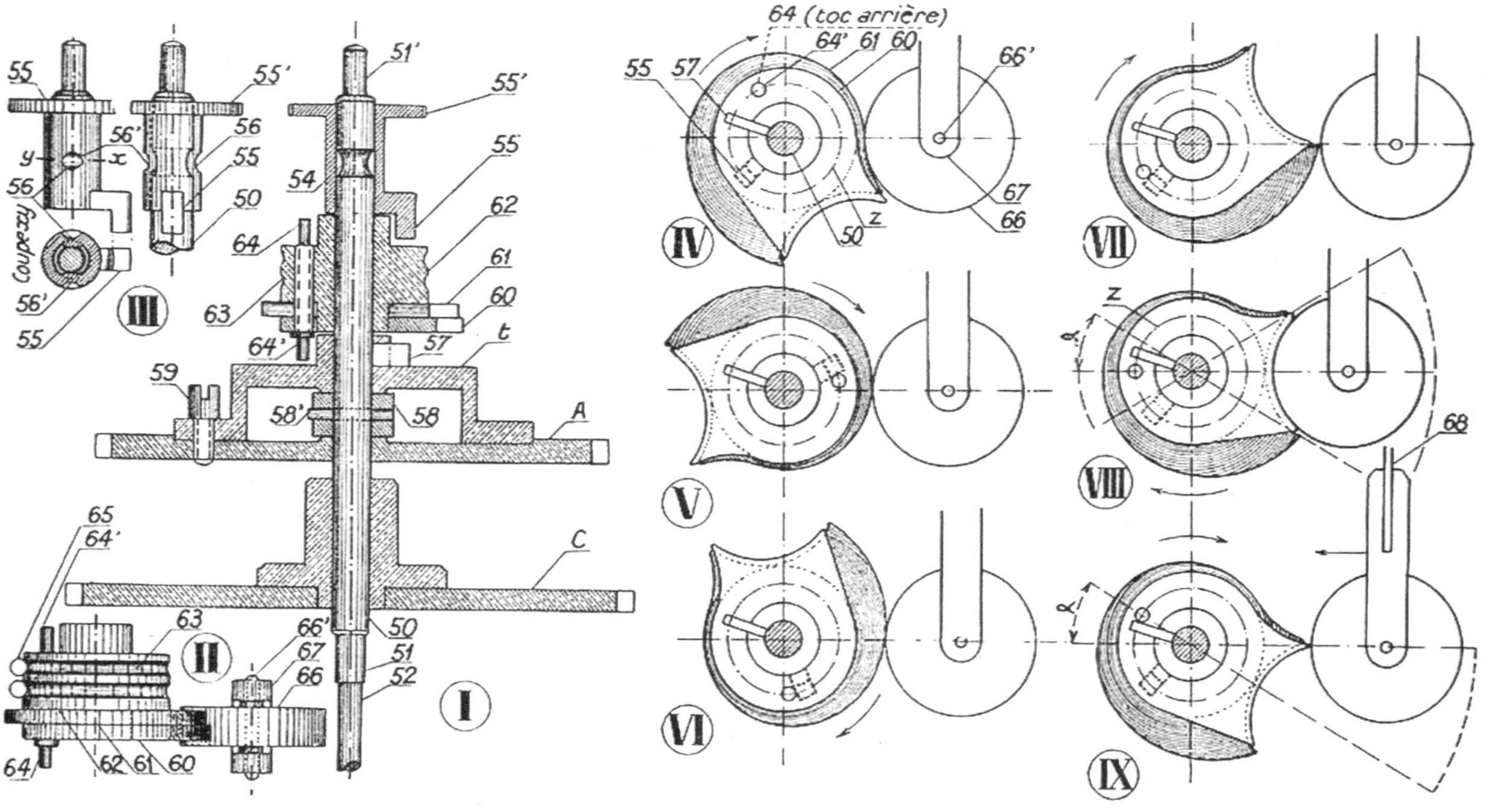

Fig. 69. — Barillet des compteurs de temps. — Interrupteur électrique.

Vues (I), (II) et (III) : Roue de centre et son axe (50). — (51), (51') tourillons avant et arrière. —(52) Ajustement de la chaussée. Vues (IV) (V) (VI) (VII) (VIII) (IX) : diverses positions de l'interrupteur après et pendant le remontage du ressort-moteur du barillet (A - 0).

Le circuit électrique étant alors fermé, le rotor R*o* du moteur entre en action et communique, par l'intermédiaire du treuil, un tour d'armage aux barillets A et A_1 et 0,65, ou 39,60 de tour d'armage au barillet A_2. Pendant ce temps, « l'entraînoir » (57) du barillet A, après avoir parcouru, à vide, la trajectoire *z*, moins la fraction de celle-ci comprise entre les côtés de l'angle α, a rencontré le toc (64') qu'il a mené, ainsi que le monobloc, jusqu'à l'ultime position représentée vue (IX) où le galet est, de nouveau, à un point mort. Mais, cette fois, son point d'appui est et restera conducteur, jusqu'à• ce que le galet ait précipité le mouvement en avant du monobloc et soit revenu à sa position de départ (IV). À partir de cet instant, le galet se retrouvant sur l'excentrique isolant, le circuit est, ouvert et le cycle des fonctions ci-dessus se renouvelle indéfiniment.

1°. L'interrupteur ci-dessus satisfait aux deux conditions qui doivent caractériser un bon instrument de ce genre : fermetures et ouvertures rapides du circuit électrique ; des surfaces de contact relativement grandes par rapport à l'intensité du courant..

2°. Le sens du mouvement du rotor d'un moteur magnéto, change avec le sens du courant. Lors de la mise en circuit des balais Ba (fig. 68), il y aura donc lieu de connecter convenablement ceux-ci avec les pôles de la pile ;

3°. Le travail mécanique nécessaire au fonctionnement de l'interrupteur est proportionnel aux dimensions diamétrales des organes du monobloc. Il ne faut pas, cependant, que cette considération fasse trop réduire ces dimensions, car on risquerait d'être dans l'obligation de diminuer, par trop aussi, les épaisseurs de « l'entrai-noir » (57) et du toc (64'). La somme des épaisseurs de ces deux dernières pièces ne peut, en effet, dépasser la corde de l'arc de la trajectoire z, comprise entre les côtés de l'angle cc.

Il est possible de parer à cet inconvénient par la légère modification suivante : supprimer le canon de la ruche qui supporte « l'entraînoir D (57) et le remplacer par une rondelle, de mêmes forme et dimension, supportant également « l'entraînoir ». Cette rondelle serait entraînée par le barillet, mais avec un temps perdu dont on a un exemple dans le mode de menée de la surprise par le limaçon des quarts de la pendule à grande sonnerie (§ 20). De sorte que si « l'entraînoir » (57) se trouve dans la zone de déplacement du toc (64'), ce dernier le poussera devant lui lorsque le galet, glissant dans l'encoche de (60), imprimera au monobloc un brusque mouvement en avant.

4°. Le corps (54) de « l'entraînoir » (55) est monté sur l'axe (50), tel une chaussée lanternée sur l'axe d'un pignon de centre de montre (L'Horloger, Tome I, § 43). Son bouton molette (55') permet, lors de la mise en fonction du carillon, de déplacer « l'entraînoir » (55) si sa position initiale n'est pas convenable. On peut remplacer la pièce (55-55'), dont la construction est relativement coûteuse, par une simple rondelle supportant une cheville jouant le rôle « d'entraînoir ». En plaçant le monobloc dans la direction de la roue C, l'assiette de ce mobile pourrait remplacer la rondelle porte-« entralnoir » ci-dessus. Et si, lors de la mise en fonction du carillon, l'inconvénient précité se présente, au lieu de bouger à la main « l'entraînoir » (55), on déplace le monobloc (60, 61, 62, 64, 64') en avant ou en arrière, en excitant directement à la main le moteur électrique.

Quantité d'électricité et énergie dépensée dans une année pour le remontage automatique des trois barillets.

On sait que la durée d'un remontage est de 95 secondes et l'intensité du courant de 0,0225 ampère. Si l'on porte celle-ci à 0,025 ampère, pour tenir compte de l'intensité du courant au démarrage, et si l'on applique la formule :

Q coulombs = I ampères x *t* secondes, on a :

Quantité d'électricité dépensée par			remontage	: 0,025 x 95 = 2,375	coulombs ;
"	"	"	jour	: 2,375 x 24 = 57	"
"	"	"	an	: 57 x 365 = 20.805	"

Soit en ampères-heures :

$$\frac{20.805}{3.600} = 5,8$$

En admettant une différence de potentiel moyenne de 1,25 volt, l'énergie électrique dépensée par an est : 1,25 x 5,8 = 7,25 watts-heure.

Un élément de pile, dite *sèche* qui est, en réalité, une pile *humide*, n'ayant qu'une capacité de 60 ampères-heures, durerait donc une dizaine d'années.

Ce qui importe c'est que dans toute application de l'électricité à l'horlogerie, le minimum de durée d'une pile corresponde au temps qui s'écoule entre deux nettoyages des appareils.

26. Exposé succinct de la construction et du fonctionnement du moteur O. K.

On apprend, au début de l'étude de l'Electromagnétisme, que le courant électrique fait naître, autour du fil sur lequel il circule, un

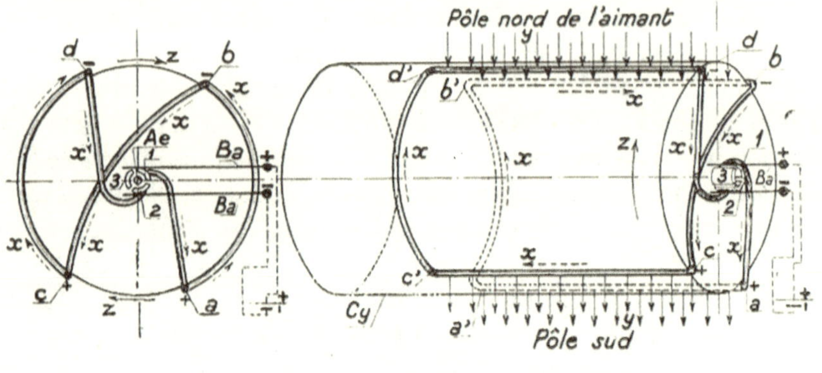

Fig. 70.

Moteur magnéto O. K. Rotor de démonstration ; y, y' lignes de force de l'aimant (aimant non représenté). — z, sens de rotation du rotor.

champ magnétique dont les lignes de force sont circulaires. (Celles-ci sont invisibles, mais, on peut les matérialiser en parsemant de la limaille de fer sur le fil ; cette expérience exige dix ampères, au moins).

Pour les besoins de la théorie, on a admis que ces lignes de force *y* (fig. 71 (V)) ont, comme celles des aimants permanents ou temporaires, un sens qui est celui des aiguilles d'une montre, sens positif, lorsque le courant parcourt un fil *a* de l'avant à l'arrière et qui est négatif, lorsque le courant parcourt un fil *b* de l'arrière à l'avant (VI).

Si les conducteurs *a, b, c, d* des vues (V) et (VI) sont susceptibles de se mouvoir parallèlement à eux-mêmes, on constate, en approchant de chacun d'eux un pôle d'aimant que :

1° le pôle N de l'aimant déplace le fil *a* vers la droite (flèche empennée *z*) ;

2°	"	S	"	"	*c*	"	gauche
3°	"	N	"	"	*b*	"	"
4°	"	S	"	"	*d*	"	droite

On voit, en outre, que les lignes de force des aimants ne vont jamais à la rencontre de celles que le courant produit sur les conducteurs *a, b, c, d.* Elles se déplacent, au contraire, pour suivre la même direction que ces dernières.

Ces phénomènes confirment les deux lois suivantes :

1° les lignes de force de sens contraires se repoussent ;

2° les lignes de forces tendent toujours à se raccourcir.

Dans les expériences précédentes, les lignes de force des aimants auront atteint leurs longueurs minima lorsque les conducteurs auront

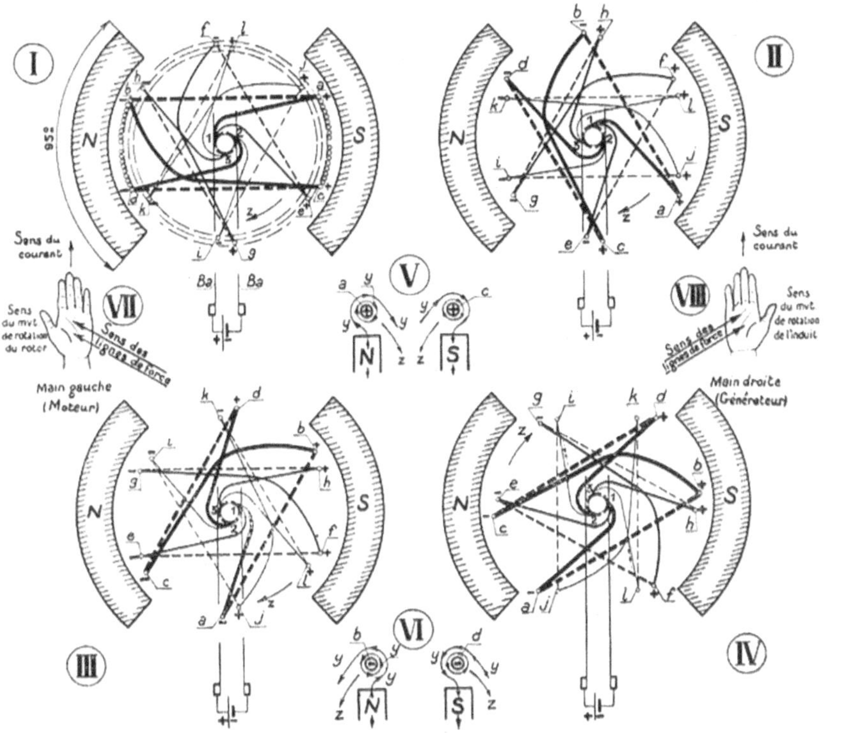

Fig. 71.

Moteur O. K. — Rotor de démonstration dont les trois lames du collecteur sont utilisées par les extrémités de trois conducteurs.

été amenés en regard des zones neutres. Les mouvements communiqués à ceux-ci sont, alors, achevés.

ROTOR ÉLÉMENTAIRE. — Si les quatre conducteurs des vues (V) et (VI) sont montés, comme on le voit (fig. 70), sur un cylindre C*y* creux, mais fermé à l'une de ses extrémités, ils peuvent acquérir un mouvement circulaire continu.

Chacun de ces conducteurs, *aa', bb', cc', dd'*, constitue une fraction d'un seul et même fil de cuivre isolé, dont les extrémités sont soudées aux lames 1 et 2 d'un collecteur (la troisième lame reste, provisoirement, inutilisée). Le cylindre C*y* est introduit entre les pôles N et S d'un aimant A*i* (fig. 72), comportant, entre ses épanouissements polaires, un noyau creux de fer doux F, supporté par des pièces C en métal non magnétique, fixées sur A*i*.

Le noyau de fer, qui sert à concentrer les lignes de force de l'aimant, est percé d'outre en outre pour laisser passer très librement l'axe A*e* du moteur (fig. 73) dont le pivot inférieur sera supporté par C et le pivot supérieur, par un pont qui, ainsi que ce dernier pivot, n'est pas représenté. Ce pont est fixé sur les extrémités des pôles de l'aimant par deux vis qui utilisent les trous taraudés *v* et *v'* ; il sert également, tout en étant isolé, à supporter les axes fixes *p* des balais à quatre contacts B*a* (fig. 68 et 73) amenant le courant de la pile au collecteur et, enfin, aux conducteurs *aa', bb', cc', dd'.* Afin de montrer, avec toute la clarté désirable, le mode d'enroulement de ces conducteurs l'on n'a pas représenté l'axe A*e* dans la vue en élévation du cylindre C*y* (fig. 70).

Le circuit électrique étant fermé et les quatre conducteurs occupant les positions représentées dans la figure 70, on voit que, dans les deux conducteurs *aa'* et *cc'* qui sont en regard du pôle S de l'aimant, le courant va de l'avant à l'arrière et qu'il va de l'arrière à l'avant dans les conducteurs *bb'* et *dd'*, qui sont en regard du pôle N.

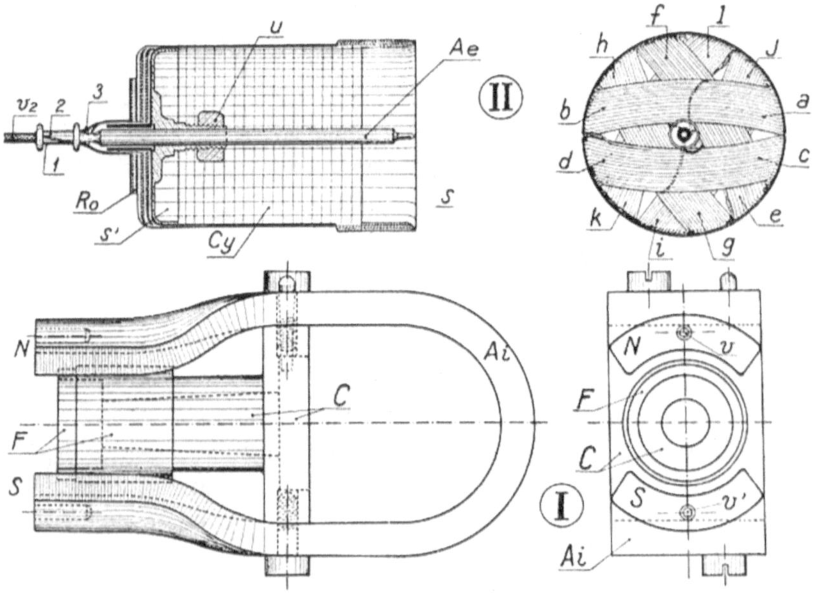

Fig. 72. - Moteur O. K.

(I) Aimant et vue en bout (II) Aspect réel du rotor et coupe longitudinale.

Le peu qui a été dit sur les effets mécaniques des aimants sur les courants permet de prévoir que les quatre conducteurs et leur support seront sollicités à tourner suivant la flèche *z* et que ce mouvement circulaire sera continu, si l'impulsion initiale permet à ce rotor élémentaire de franchir ses points morts, c'est-à-dire les points de sa périphérie qui sont dépourvus de conducteurs.

Les fractions du fil de cuivre bobiné 1 — *a, a'* — *b', b* — *c, c'* — *d'* et *d* — 2 ne jouent aucun rôle électro-mécanique ; ce ne sont que des fils de connexions qui doivent être aussi courts que possible afin de réduire au minimum la chute de potentiel qu'ils créent ; on a donc intérêt à faire ces rotors longs et de petits diamètres.

En répartissant douze conducteurs *a, b, c, d, e, f, g, h, i, j, k* et *l* (fig. 72) sur la périphérie du rotor, non seulement ce dernier pourra plus facilement acquérir un mouvement circulaire continu, mais, quelle que soit sa position initiale, il lui sera plus facile de passer de l'état de repos à l'état de mouvement.

Un examen de la figure 71, vues (I) (II), (III) et (IV) montre que :

1°. les trois lames du collecteur sont utilisées;

2°. les conducteurs qui font face au pôle N sont toujours parcourus par un courant allant de l'arrière à l'avant (-) ;

3°. les conducteurs qui font face au pôle S sont toujours parcourus par un courant allant de l'avant à l'arrière (+) ;

4°. les balais ne touchant qu'une lame du collecteur, les douze conducteurs sont le siège d'un courant ;

5°. si l'un des deux balais court-circuite deux lames du collecteur, les quatre conducteurs, qui occupent une position normale aux lignes de force de l'aimant, sont neutres. C'est le cas, par exemple, des conducteurs *i, j, k, l* de la vue (IV) où le balai + touche simultanément les lames 2 et 3.

Il s'ensuit donc que tantôt huit, tantôt douze conducteurs sont sollicités, par les lignes de force de l'aimant, à tourner dans un sens que les expériences précédentes permettent de déterminer. Ce sens qui est indiqué par la flèche *s*, peut être également déterminé par une règle mnémonique illustrée par la vue (VII), qui découle de la règle dite des trois doigts bien connue des électriciens.

Le moteur magnéto étant réversible, si l'on dépense de l'énergie mécanique à faire tourner le rotor, qui devient alors un *induit*, la pile étant supprimée et remplacée par un conducteur inerte, le moteur devient un générateur qui, à l'intérieur du rotor, débite un courant d'allure alternative et, à l'extérieur, un courant continu grâce au jeu du collecteur.

Si le sens de rotation imprimée au rotor est celui qu'indique la flèche *z*, le sens du courant dans le conducteur extérieur sera (vue (VIII)), l'inverse de celui que débite la pile lorsque le rotor fonctionne comme moteur.

Tout moteur électrique en fonction est le siège d'une force électromotrice qui s'oppose à celle de la source d'excitation. Cette force *contre-électromotrice* étant nulle au démarrage, l'intensité du courant absorbée par le moteur est alors relativement considérable. C'est ainsi que dans l'expérience relatée au §25, pour la détermination de la puissance du moteur O. K. destiné au remontage du carillon n° 1, l'intensité du courant qui n'était que de 0,0225 ampère pendant le mouvement, était de 0,37 ampère au départ. Heureusement cette intensité initiale passe comme un éclair, grâce à la rapidité avec laquelle le rotor, dont la légèreté est la qualité fondamentale, atteint sa vitesse normale.

Réalisation pratique du rotor.

Pratiquement, on ne se borne pas à répartir autour du cylindre quelques conducteurs. Ceux-ci, qui sont recouverts d'une ou deux couches de matière isolante, sont disposés côte à côte et, suivant que leur diamètre est plus ou moins petit, forment un plus ou moins grand nombre de couches.

Industriellement, au lieu du bobinage à la main qui serait long, coûteux et assez difficile à réaliser convenablement, on enroule, séparément, sur des mandrins de forme, six bobines dont les spires sont collées de façon à rendre rigide chaque bobine.

Ces bobines sont appliquées et collées, les unes après les autres, sur un cylindre de toile rendue rigide par un enduit à base de gomme-laque, ou de bakélite.

Ce cylindre est consolidé, d'une part, par une couronne *s* et, d'autre part, par une cuvette *s'* emboutie et renforcée par quelques nervures (fig. 72 (II) coupe longitudinale du rotor). La couronne et la cuvette doivent être faites en métal léger, aussi mince que possible et non magnétique.

La cuvette comporte, en son centre, un manchon conique et fendu longitudinalement, sur lequel est pratiqué un filetage destiné à recevoir un écrou *u* au moyen duquel on solidarise l'axe A*e*, avec le rotor.

La vue (II) représente l'aspect d'un rotor de moteur O. K., lorsqu'on le voit du côté du collecteur. On distingue très nettement les six bobines *ab*, *cd*, *ef*, *gh*, *ij kl*, qui, en réalité, n'en forment que trois : *a-b-c-d*, *e-f-g-h*, et *i-j-k-l*. Ce qui revient à dire que l'on doit relier les bobines se faisant face, de telle façon que le courant en parcourt les spires dans le même sens.

La même vue indique dans quel ordre ont été fixées les six demi-bobines : on a commencé par les bobines *i-j* et *k-l* ; ensuite, le tour est venu des bobines *e-f* et *g-h* et, en dernier lieu, celui des bobines *a-b* et *c-d*.

Après ces opérations, on soude d'abord les fils d'entrée et de sortie des deux demi-bobines situées sur le même plan ; et, ensuite, les extrémités libres des fils des trois bobines aux lames du collecteur, comme le montrent les enroulements schématiques de la figure 71.

Il reste à envelopper la périphérie du rotor avec une toile, qui jouera le double rôle d'isolant mécanique et électrique, et le rotor sera prêt à être mis en service.

La vis sans fin v_1 (fig. 68), premier mobile du remontoir, peut être ajustée et gommée sur le tigeron v_2 (fig. 72 et 73) qui prolonge l'axe du rotor R*o*. Si le moteur et la vis sans fin étaient éloignés l'un de l'autre, ce tigeron supporterait « l'entraînoir » d'un arbre rigide ou flexible, ou, encore, d'un dispositif *à la cardan* reliant le rotor à la vis sans fin.

Le collecteur et les balais.

Le collecteur se compose de trois lames minces en or, 1, 2, et 3 dont on a recourbé les extrémités inférieures pour faciliter leurs liaisons avec les fils des trois bobines (fig. 73).

Ces lames sont assujetties sur un tube isolant *d* par deux bagues *f*, également isolantes, consolidées extérieurement par deux autres bagues *e* en métal. Le tube *d* est ajusté et collé sur le tigeron ; on pourrait aussi fendre le tube suivant une génératrice et assurer, simultanément, sa fixation et celle des lames du collecteur par les bagues ci-dessus.

Le diamètre du collecteur n'atteint même pas 2 millimètres.

Les balais ne manquent pas, non plus, d'originalité. Pour ne pas surcharger le dessin, un seul est représenté. Il touche le collecteur par quatre lames de champ *k, k'*, et *b, b'*. Les deux premières, qui sont en or, exercent leur action en toute indépendance ; tandis que les deux autres, qui sont en argent et rigides, obéissent ensemble à l'action d'un ressort à boudin *r* dont l'extrémité *x* est soudée à la joue *o* et l'autre *y* à une pièce D qui est reliée à la pile. À cet effet, les joues *o* et *o'*, qui sont solidaires des lames *b* et *b'*, sont percées pour recevoir, librement, un tourillon fixe *p* isolé de son support *d*.

Le ressort à boudin sert, non seulement à maintenir les lames du balai contre le collecteur, mais encore à assurer une excellente communication électrique entre le balai et la pile avec laquelle la pièce D est reliée.

L'expérience a montré que la pression totale des quatre lames d'un balai ne doit pas dépasser un gramme. Cette pression se mesure au moyen d'une lame dynamométrique appropriée.

Quel que soit le défaut de parallélisme qui puisse exister entre l'axe porte-balai et l'axe du rotor, les quatre lames *b, b'* et *k, k'* restent en contact avec le collecteur. Il suffit, pour cela, d'exagérer les jeux latéraux des trous de pivotement du balai sur son tourillon fixe.

Grâce à la forme légèrement hélicoïdale des lames du collecteur et, par suite, des rubans d'air qui les séparent, l'effet vibratoire, que peut subir celle des lames du balai qui, la première, franchit l'un de ces espaces vides, ne peut être communiqué à toutes les autres, ne serait-ce qu'à cause de leurs différences d'inertie ; il y aura toujours au moins deux lames en contact avec le collecteur. Ainsi sont évitées les étincelles de rupture, destructives des collecteurs et des balais.

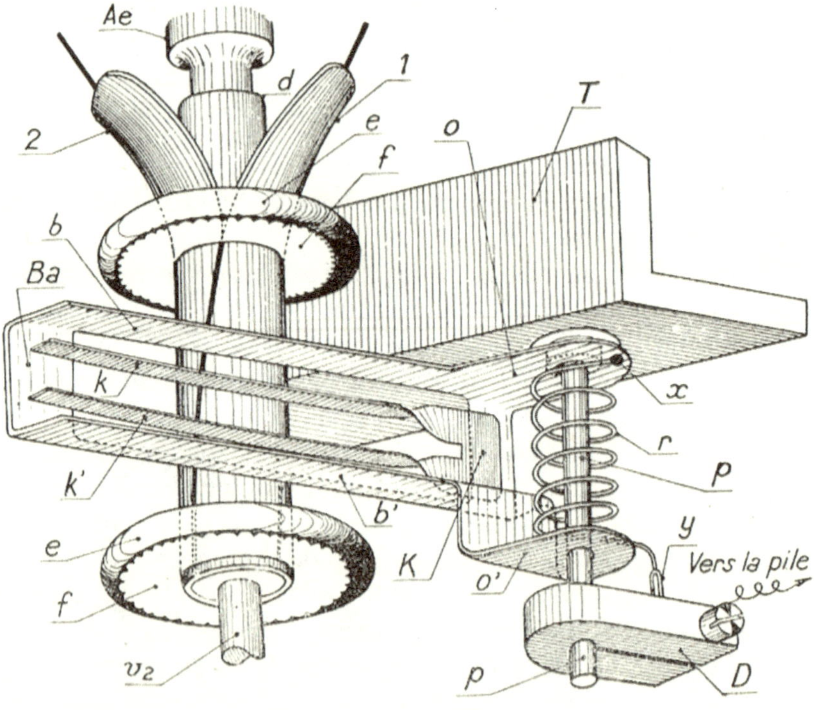

Fig. 73. - Moteur O. K. Collecteur et balais.

T, pont supportant les deux balais (le second n'est pas représenté pour ne pas nuire à la clarté du dessin).

Le moteur O. K. est onéreux à établir et sa manipulation ne peut être confiée à tout le monde. Par contre, il n'est pas de moteur aussi qualifié pour fonctionner avec le courant d'une pile, surtout quand il s'agit du remontage des trois forces motrices nécessaires à une pendule à carillon.

27. Remontoir électrique (deuxième exemple).

Ce nouveau remontoir électrique sera appliqué au carillon n° 2 (§ 22) et on utilisera le courant alternatif du secteur (110-120 volts) pour exciter le moteur.

Le courant industriel étant sujet à des interruptions, on peut porter à 12 heures l'espace de temps qui sépare deux remontages et emmagasiner dans les barillets une réserve de marche de quarante-huit heures environ. Enfin, les barillets seront établis pour en permettre le remontage à la main, en prévision des arrêts pouvant durer plusieurs jours.

Un examen des rouages de durée de marche du carillon n° 2 montre qu'aucun de ceux-ci ne comporte d'engrenages dont le rapport de transmission soit de $^{12}/_{1}$. On conservera les pignons c, c_1 et c_2 dont les deux premiers font un tour à l'heure et, le troisième, $^{65}/_{100}$ de tour (§ 25) et on les fera mener par des mobiles réalisant le rapport de transmission ci-dessus.

Le pignon c, de huit dents, sera mené par une roue B de quatre-vingt-seize dents (fig. 74).

Le pignon c_1, de douze dents, devrait être mené par une roue de 144 dents. Mais cette roue serait trop encombrante. On ajoutera donc à l'engrenage existant, $^{60}\backslash_{12}$, une autre paire d'engrenages ayant pour rapport $^{2,4}/_{1}$, soit, par exemple, $^{48}/_{20}$; d'ou le train d'engrenages suivant :

$$\begin{matrix} K \searrow & & \\ B_1 \rightarrow k & & \\ \searrow c_1 & & \end{matrix} \qquad \begin{matrix} 48 \searrow & \\ 60 \rightarrow 20 & \\ \searrow 12 & \end{matrix} \qquad \frac{48 \times 60}{20 \times 12} = \frac{12}{1}$$

Le pignon c_2, qui porte la roue des chevilles, fait 7,8 tours en douze heures, soit $^{65}/_{100}$ de tour dans une heure. Le produit de cette fraction par 12 représente le rapport de l'engrenage B/c :

$$\frac{65 \times 12}{100} = \frac{780}{100} = \frac{78}{10};$$

la roue B_2 aura soixante-dix-huit dents.

Les roues B, B_1, et B_2 supporteront respectivement les barillets A, A_1 et A_2 (fig. 74 et 75).

Énergie mécanique nécessaire au remontage des anciens barillets.

La force du ressort-moteur de la sonnerie des quarts est de 4,3 kg sur le tambour de 60 mm de diamètre (a).

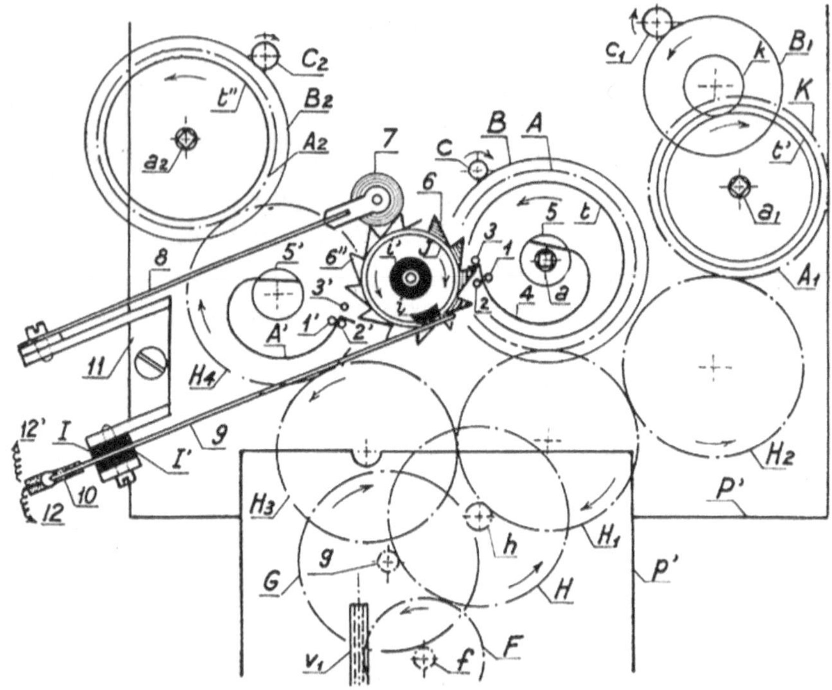

Fig. 74.

Remontoir électrique n° 2. — Schéma du treuil de remontage. Face avant de l'interrupteur. P', Platine arrière. — *p'*, platine arrière de la petite cage renfermant les premiers mobiles du treuil.

La force du ressort-moteur de la sonnerie des heures est de 5,5 kg sur le tambour de 42 mm de diamètre (*b*).

La force du ressort-moteur, commandant les compteurs de temps, est de 4,9 kg sur le tambour de 42 mm de diamètre (*c*).

a) Travail : 4.300 x 60 = 808.400 g.mm ;
b) Travail : 5.500 x 42 = 725.175 g.rnm ;
c) Travail : 4.900 x 42 = 666.065 g.mm.

Ces travaux mécaniques s'effectuent dans les temps suivants :

a) $$\frac{120 \times 60}{20 \times 12} = 30 \text{ heures ;}$$

b) $$\frac{80 \times 54}{12 \times 10} = 36 \text{ ; } 36 \times 0{,}65 = 23{,}4 \text{ heures ;}$$

c) $$\frac{80 \times 66}{12 \times 8} = 55 \text{ heures.}$$

Dans douze heures, ces travaux se réduisent à :

$$\frac{808.400}{30} \times 12 = 323.364 \text{ g. mm pour } a\,;$$

$$\frac{725.175}{23,4} \times 12 = 371.880 \text{ g. mm pour } b\,;$$

$$\frac{666.065}{55} \times 12 = 145.332 \text{ g. mm pour } c.$$

Total : 840.576 g. mm.

Durée d'un remontage électrique.

Le moteur devant armer, simultanément, les trois nouveaux ressorts de barillets, d'un tour toutes les douze heures, la durée d'un remontage est donnée par le quotient du travail total à effectuer dans ce temps par la puissance du moteur. Si ce dernier fait douze tours à la seconde et qu'un tour du rotor représente 30 g. mm, la durée d'un remontage sera de :

$$\frac{840.576}{30 \times 12} = 2.335 \text{ secondes, ou 38 minutes 55 secondes.}$$

Treuil.

Le treuil, c'est-à-dire le rapport de transmission du train de rouages démultiplicateurs constituant le remontoir est donné par le rapport ci-après :

$$\frac{\text{Travail total que doit effectuer le moteur}}{\text{Travail représenté par un tour du rotor}} = \frac{840.576}{30} = 28.019.$$

Pour tenir compte des pertes on peut majorer ce treuil de 18 p. 100 environ. Cette majoration, eu égard à celle admise dans le premier exemple de remontage automatique, paraîtra faible, mais elle est justifiée par le gain résultant des suppressions de mobiles, notamment des trois gros barillets dont on a fait état des forces totales et non des forces utiles (Tome I, § 52).

Le rotor devra donc faire 33062 tours pour imprimer, toutes les douze heures, un tour à chacune des roues de barillets A, A_1 et A_2 (fig. 74).

Un rapprochement entre le rapport $1/_{33.062}$ et celui du précédent treuil (§ 25), permet de prévoir quatre paires d'engrenages dont un à

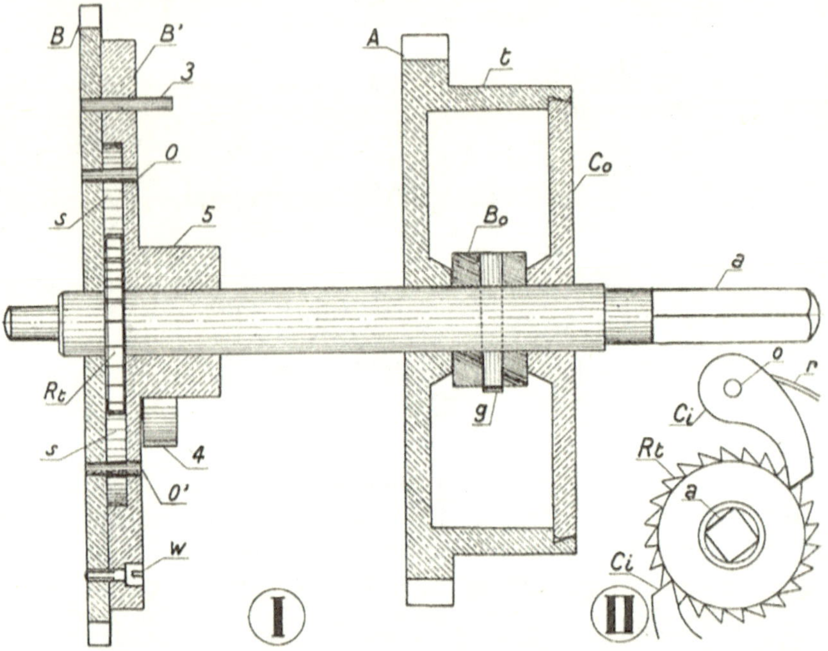

Fig. 75.

Barillet des compteurs de temps.

vis sans fin à un filet. Si l'on désigne les roues par F, G, H et l'un des barillets par A, par exemple, la vis sans fia et les pignons par v_1, *f*, *g* et *h*, on peut écrire :

$$\frac{F.\,g.H.A}{v_1.f.g.h.} = 33.062.$$

Les pignons étant donnés on peut calculer les roues. Soient 7,7 et huit dents. On a :

F.G.H.A = 33.062 x 7 x 7 x 8 = 12.960.304.

Ce nombre ne se prêtant pas à une décomposition en facteurs premiers convenables, on le modifiera légèrement, de façon à pouvoir donner 60 dents à toutes les roues du treuil.

On sait que les points de plantage des pignons *c*, c_1 et c_2 sont immuables et qu'on ne peut se dispenser d'employer des roues intermédiaires. La figure 74 montre que c'est la roue H_1 qui sert d'intermédiaire entre *h* et la roue A du barillet des compteurs de temps ; entre *h* et la roue A_1 du barillet de la sonnerie des quarts, il a fallu interposer une deuxième roue de renvoi H_2 ; entre *h* et la roue A_2 du barillet de la sonnerie des heures deux roues de renvoi supplémentaires H_3 et H_4 sont nécessaires.

Représentation schématique du treuil, des roues de renvoi et des engrenages de durée de marche.

(Ces derniers, ainsi que les diamètres des tambours *t*, *t'*, *t"* sont représentés par des traits pleins, et les ressorts-moteurs, renfermés dans les tambours, sont désignés par R*m*)

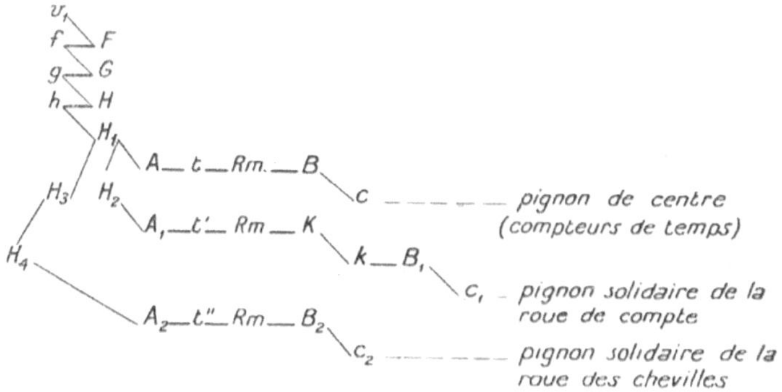

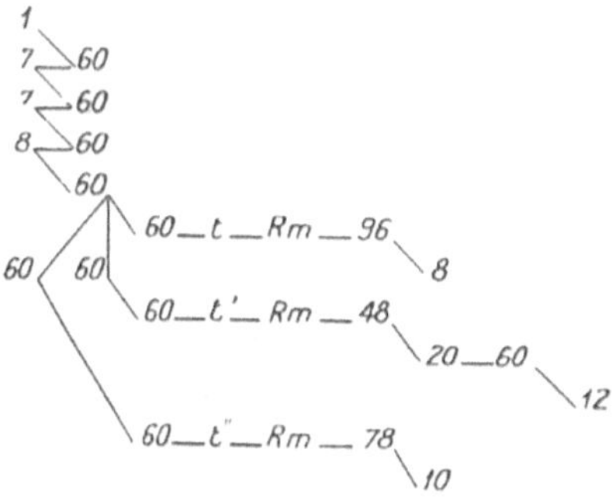

Dimensions des ressorts-moteurs et des tambours.

Soit à calculer les forces des ressorts-moteurs à la circonférence d'un tambour fictif de 30 mm de diamètre :

R*m* du barillet A : $\dfrac{145.332}{30 \times \pi} = 1.542$ grammes ;

R*m* du barillet A_1 : $\dfrac{323.364}{30 \times \pi} = 3.429$ grammes ;

R*m* du barillet A_2 : $\dfrac{371.880}{30 \times \pi} = 3.943$ grammes.

Le tableau suivant indique les dimensions des trois ressorts-moteurs, ainsi que les diamètres des bondes (*L'Horloger*, Tome 1, § 50 et 51) :

	Hauteur (H) en mm.	Épaisseur (E) en mm.	Longueur (L) en mm.	Diamètre des bondes en mm.
R*m* de A	8	0,29	950	8,7
R*m* de A_1	10	0,345	945	10
R*m* de A_2	10	0,36	900	10

Les diamètres intérieurs des tambours doivent être tels que les ressorts-moteurs communiquent à leurs barillets le maximum de tours. Cette condition, qui ne s'impose pas lorsque le remontoir s'effectue avec le courant d'une pile, doit être au contraire, observée quand on utilise le courant industriel. On la réalise en donnant à la surface du vide du tambour une surface égale à la surface de la bonde, plus le double de la surface du ressort-moteur (longueur x épaisseur).

Soit par exemple, à calculer la surface S du vide du tambour *t* et, ensuite, le diamètre intérieur D de ce tambour. Désignant par S*b* la surface de la bonde, par S*r* la surface du ressort dans le sens de son épaisseur et par *d* le diamètre de la bonde, on a :

$$S = Sb + 2\ Sr$$

$$= \frac{\pi d^2}{4} + L.\ E$$

$$= \frac{\pi \times 8{,}7^2}{4} + 2 \times 950 \times 0{,}29$$

$$= 610{,}45 \text{ mm.}$$

De $$S = \frac{\pi\ D^2}{4} \text{ on tire } D = \sqrt{\frac{4S}{\pi}}$$

$$D = \sqrt{\frac{4 \times 610{,}45}{\pi}}$$

$$= 27{,}8 \text{ mm.}$$

Les lames des ressorts n'étant jamais parfaitement étirées, leur encombrement est plus grand que celui qu'indique le calcul. On peut donc porter à 28,2 mm le diamètre intérieur au tambour du barillet A. Quant au diamètre extérieur, il peut être de 30,7 à 31 mm.

Calculant de la même façon les diamètres intérieurs des tambours *t'* et *t''*, on trouve 31 mm pour chacun d'eux. On peut admettre des diamètres extérieurs de 33,5 à 34 mm.

La figure 75 représente le barillet des compteurs de temps et son équipage. Les barillets commandant les sonneries des quarts et des heures sont identiquement construits, abstraction faite des dimensions qui sont plus grandes et des pièces (3) et (4) qui intéressent l'interrupteur électrique dont il est question plus loin.

Les trois barillets se caractérisent par la possibilité de les remonter à la main s'il survenait un long arrêt du courant industriel.

Pour cela, il a fallu faire usage d'un encliquetage, vues (I) et (II), permettant d'armer le ressort-moteur par l'arbre de barillet, au moyen d'une clef se montant sur le carré *a*.

Le rochet R*t*, qui fait partie de la masse de l'arbre, peut tourner, à frottement gras, entre les deux joues formées par la roue B premier mobile de durée de marche et par le fond d'une « creusure » *s*, pratiquée dans un disque B' fixé sur B par trois vis *w* et un léger emboîtage.

La même « creusure « renferme également les cliquets C*i* et leurs ressorts *r*, vue (II) ; Les axes *o* et *o'* qui, avec le rochet sont les seules pièces de l'encliquetage représentées dans la vue (I), sont fixes.

Comme dans les précédents barillets, les tambours entraînent par simple frottement les extrémités extérieures des ressorts moteurs. Un excès de remontage ne peut que provoquer un glissement du ressort.

Interrupteur électrique.

Le circuit, que commande l'interrupteur du second type de remontoir automatique, n'emploie pas la masse. Cette pratique est à observer quand on utilise le courant industriel.

Les extrémités de ce circuit sont constituées par deux tiges-ressorts (9) et (9'), isolées l'une de l'autre et de la masse (fig. 74, 76 et 77). L'une de ces tiges est reliée avec l'une des lignes de distribution de courant et les deux bornes du moteur sont respectivement reliées à la deuxième tige et à la deuxième ligne de distribution. Aucun court-circuit n'est donc à craindre à l'intérieur du carillon : un contact fortuit entre les tiges-ressorts ne pourrait que provoquer un fonctionnement prématuré du moteur ; (10) et (10') sont les prises de courant montées à friction élastique sur les frotteurs (9) et (9') ; (12) et (12') sont les cordons souples aboutissant aux extrémités du circuit et soudés sur (10) et (10').

Ordinairement, les tiges (9) et (9') reposent sur la partie isolée *i* d'un cylindre de cuivre J, isolé lui-même de la masse par un canon *i'*. Une bague *i"*, en matière isolante, collée sur le milieu du cylindre J, est destinée à empêcher tout contact latéral des tiges.

Tant que les tiges occupent la position ci-dessus, le circuit est ouvert. Pour le fermer, il faut imprimer au cylindre un mouvement circulaire qui amène sa partie métallique en contact avec les deux tiges. À la fin du remontage, un autre mouvement circulaire, mais de sens inverse, ramène la partie isolante *i* en contact avec les tiges et le circuit est de nouveau ouvert.

La première phase de ce mouvement alternatif est commandée par la roue de durée de marche B des compteurs de temps, dont le sens de rotation est négatif ; la seconde phase, par la roue de renvoi H, du remontoir électrique, dont le sens de mouvement est positif.

Ces actions des mobiles B et H, sur le cylindre J, s'exercent, respectivement, sur les rochets (6) et (6') dont les dents ont des directions opposées, par l'intermédiaire des extrémités coudées de deux ressorts (4) et (4') fixés par leurs autres extrémités sur le noyau central des mobiles. Les rochets sont reliés par un cylindre en laiton (13) solidaire de (6) et par un ressort à boudin R (fig. 77)

Les goupilles (1, 2) et (1', 2') servent de guides aux ressorts (4) et (4'). Quant aux goupilles (3) et (3'), voici leur rôle : lorsque le coude de la lame (4), par exemple, rencontre une dent du rochet (6) (fig. 76), celle-ci lui oppose une résistance qui l'oblige à rester stationnaire. Ce n'est que lorsque la goupille (3) vient lui servir de point d'appui (fig. 74) que ce coude entraîne le rochet d'un demi-pas environ ; l'autre demi-pas s'achève, brusquement, sous l'action du sautoir (7-8). Pendant. ce complément de menée, le coude du ressort (4) sort de la trajectoire des dents et reprend sa position de repos contre les goupilles (1) et (2).

C'est précisément dans cette dernière position que les figures 74 et 76 représentent l'autre ressort (4') à la fin d'un remontage.

Le déplacement d'une dent du rochet (6) a pour conséquence d'amener la partie conductrice du cylindre J au contact des frotteurs (9) et (9'). Le circuit étant alors fermé, le rotor du moteur électrique entraîne le train de rouages du remontoir jusqu'à ce que les derniers mobiles A, A_1 et A_2, qui arment les trois ressorts-moteurs, aient fait un tour entier. Un peu avant la fin du remontage, le ressort (4'), de la roue H_4, a fait rétrograder, conjointement avec le sautoir (7-8) le rochet (6') d'une dent, ce qui a provoqué le retour de l'isolant *i* contre les frotteurs (9) et (9'). Le circuit est alors ouvert.

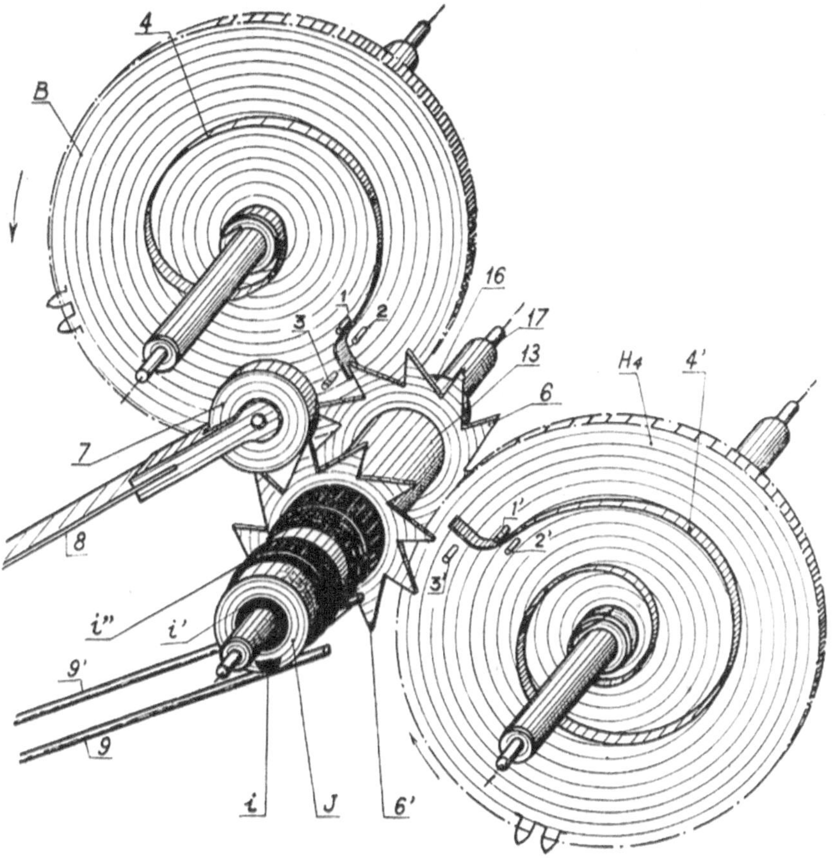

Fig. 76.

Interrupteur et organes de commande.

Ces fonctions se renouvellent toutes les douze heures.

Si l'on admet, maintenant, que le courant du secteur est interrompu au moment où le circuit se ferme à nouveau, que se passera-t-il si cette interruption dure une trentaine d'heures, par exemple ? Grâce à la réserve d'armage des ressorts-moteurs, le carillon se maintiendra en fonction cependant que le ressort (4) fera sauter deux autres dents du rochet (6) et, lorsque le courant sera rétabli, le moteur électrique devra fonctionner jusqu'à ce que le ressort (4') ait fait rétrograder le rochet (6') de trois dents. Le prochain armage s'effectuera six heures plus tôt.

Il peut arriver que le courant se rétablisse à l'instant où le ressort (4) vient de pénétrer dans la trajectoire des dents du rochet (6). Le treuil étant toujours calculé avec un certain excès de force, des accidents pourraient se produire lorsque le ressort (4') viendra attaquer le rochet (6'). Ils peuvent être évités si l'on relie les rochets par un ressort à boudin R (fig. 77) ayant juste la force voulue pour qu'il se comporte, en marche normale, comme si la liaison des deux rochets était rigide. Ainsi, le ressort (4') pourra-t-il déplacer la dent du rochet (6'), qui se trouve devant lui, et venir occuper sa position <le repos (fig. 74 et 76).

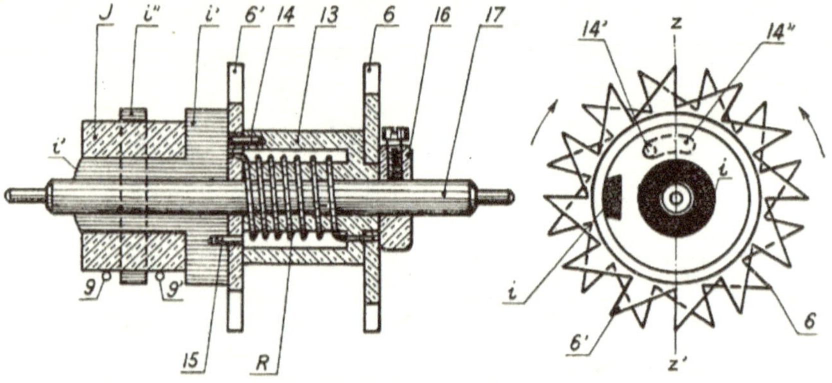

Fig. 77.

Coupe longitudinale de l'interrupteur. (15), goupille solidarisant (6') et un manchon isolant i'. — (16), écrou limitant le jeu longitudinal des pièces (6), (13) et (6') qui sont ajustées librement sur l'axe (17). — (14), goupille chassée sur (13). — (14' et 14") ouverture pratiquée sur 6'.

28. Moteur à champ tournant.

Le moteur employé absorbe 0,012 ampère alternatif sous 120 volts. On pourra le soumettre à une tension plus élevée en intercalant dans le circuit une résistance additionnelle ramenant l'intensité du courant à la valeur ci-dessus.

La durée de tous les remontages d'une année étant de 500 heures environ, la consommation d'énergie annuelle sera donc :

$$120 \times 0{,}012 \times 500 = 720 \text{ watts-heure.}$$

Cette consommation est énorme si on la compare à celle du moteur O. K. (§ 25) qui n'est que de 7,25 w./h. Mais, quand il s'agit de courant industriel qui se vend à un prix relativement bas, la dépense est insignifiante. L'essentiel est que le moteur réalise le maximum de simplicité et de robustesse.

L'appareil de démonstration représenté (fig. 78) montre le principe du fonctionnement du moteur.

Soit la bobine schématique B_3 à l'intérieur de laquelle se trouve un noyau de fer feuilleté E, dont l'une des extrémités a sa moitié *m'* encadrée par une bobine B_4 qui ne comprend qu'une seule spire de cuivre rouge de grosse section.

Devant *m, m'* se trouve un volet métallique (cuivre ou duralumin) V, supposé transparent, qui est suspendu par deux poulies à un fil rigide F*i*.

Si l'on excite la bobine B, par un courant alternatif convenable, on constate que le volet défile rapidement devant *m, m'* et dans la direction de *m'* (flèche *z*).

Cet effet mécanique s'explique de la façon suivante.

À cause de la self-induction, le flux engendré par la force électromotrice alternative est toujours en retard sur celle-ci.

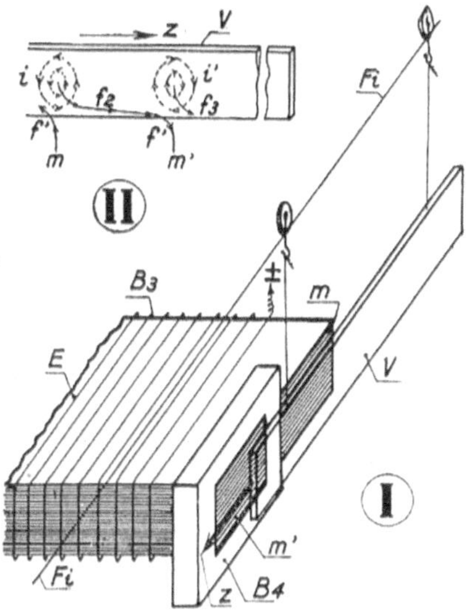

Fig. 78.

Appareil de démonstration intéressant le moteur électrique utilisé pour le remontage du carillon.

Ce flux crée dans la grosse spire B_4 des courants induits, qui, d'après la loi de Lenz, tendent à s'opposer à la cause qui les a produits ; en d'autres termes, ils tendent à annihiler en *m'* l'effet retardateur de la self-induction. Par suite, le flux *f'*, engendré en *m'* par la grosse bobine B_3, change de sens avant le flux *f* engendré par cette même bobine en *m* (vue (II)).

C'est pendant ces périodes d'avances que le volet V défile.

Les flux *f* et *f'* induisent dans le volet des courants de Foucault *i* et *i'* dont les flux induits f_2 et f_3 sont en opposition avec les flux inducteurs *f* et *f'* et qui, pour cette raison, tendent à repousser le volet dans le sens normal à son plan.

Quant au déplacement du volet parallèlement à lui-même, déplacement qui, seul, est intéressant ici, il est dû à l'affinité existant entre les flux *f'* et f_2 dont les lignes de force de même direction, tendent à se souder et à se raccourcir, ainsi qu'on le démontre en Électromagnétisme.

Le sens des courants de Foucault obéissant aux alternances des flux inducteurs, l'attraction réciproque des flux *f'* et f_2 persiste jusqu'à ce que le volet ait entièrement défilé.

Dans le moteur (fig. 79), le volet est remplacé par un cylindre R*o* et, l'électro droit, par un électro en fer à cheval.

Un seul écrou (4) solidarise l'axe (1) ,qui doit comporter la vis sans fin, premier mobile du treuil (§ 27), et le cylindre par l'intermédiaire des couvercles (2) et (3), en métal non magnétique, qui obturent ses ouvertures.

Chaque pôle de l'électro comportant une grosse spire de cuivre B_4 et B_5 et, par conséquent, deux zones *m* et *m'* et m_1 et m_2, lorsque la bobine B_3 est sous tension, le cylindre est soumis à un couple de force qui l'oblige à tourner aussi longtemps que dure l'excitation de la bobine B_3.

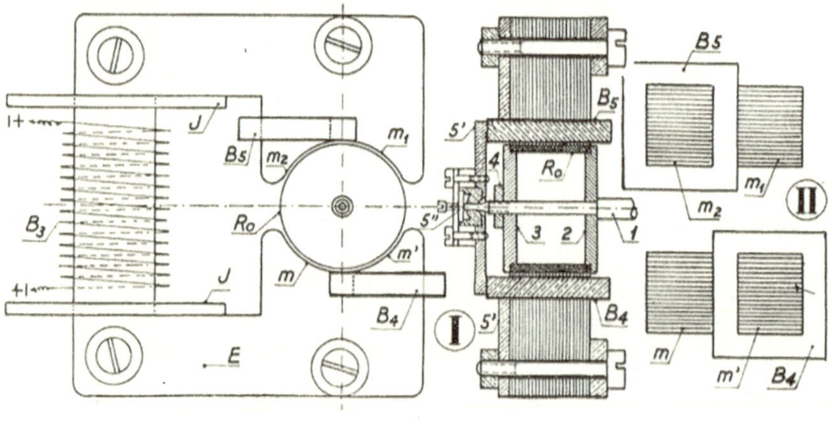

Fig. 79.

Petit moteur à champ tournant.

De nombreuses expériences[7], ont démontré qu'en faisant le rotor R*o* en acier magnétique trempé et en lui donnant une épaisseur de 0,12 mm environ, on améliorait très sensiblement le couple moteur.

Quel que soit, d'ailleurs, le métal du rotor, l'appareil ci-dessus constitue une sorte de moteur à champ tournant d'une simplicité et d'une robustesse exemplaires.

On atténue quelque peu le poids du rotor en le dénivelant de deux ou trois dixièmes de mm au-dessous du plan des épanouissements polaires. Cet effet est dû à ce que les lignes de force se sont incurvées pour passer dans le rotor et qu'elles tendent à soulever ce dernier en voulant se redresser ; d'où une légère réduction des résistances passives qui a son intérêt.

Les résistances passives sont encore amoindries lorsque l'axe du rotor fonctionne dans la position verticale. Le pivot inférieur repose,

[7] Faites à l'École nationale d'Horlogerie de Cluses.

alors, sur une plaque d'acier 5", trempé dur, disposée par un pont 5', à une certaine distance du coussinet, de façon à aménager un espace vide qui sert de réservoir d'huile (vue (I) Élévation-coupe).

Le noyau de fer feuilleté de la bobine B3 peut se séparer des deux branches du fer à cheval afin de faciliter le bobinage du fil de cuivre.

29. Remontoir électrique (troisième exemple).

Les deux premiers exemples de remontoir électrique ont été appliqués à des carillons établis en vue d'un remontage à la main.

Le remontoir décrit ci-dessous a été prévu dès la mise en fabrication des carillons qui l'utilisent.

Les mécanismes de sonneries étant les mêmes, à quelques modifications de détails près dans la disposition des leviers, que ceux du carillon n° 4 (§ 24), on peut se borner à l'étude du remontoir automatique.

Comme dans le deuxième exemple, le remontage a lieu toutes les douze heures par le courant du secteur.

Le moteur électrique est du type dit universel qui a la propriété de fonctionner avec les deux formes de courant : *continu* et *alternatif.* Ce qui le distingue du moteur industriel classique à courant continu, c'est que le fer du stator, au lieu d'être massif, est feuilleté comme le fer du rotor afin de réduire les pertes par courants de Foucault. Ces moteurs ont, notamment, l'inconvénient d'exiger un collecteur.

La puissance du moteur universel employé est telle que la durée d'un remontage n'est que de trois minutes trente secondes environ.

Ce moteur fonctionne, ordinairement, avec 110-120 volts. Une résistance additionnelle, mise en service à volonté, peut lui permettre d'utiliser des tensions doubles. Un régulateur à force centrifuge évite l'emballement du rotor.

L'intensité du courant absorbée est de 0,11 ampère et la durée totale des périodes de remontage d'une année est de 3,5 x 365 x 2 = 2.555 minutes, ou 43 heures environ.

La consommation d'énergie annuelle est donc de :

120 x 6,11 x 43 = 568 watts-heures.

Les principales particularités de ce troisième type de remontoir électrique sont les suivantes :

1°. Le moteur ne remonte que les deux barillets des sonneries ;

2°. Le barillet des compteurs de temps est indirectement remonté par le barillet des quarts ;

3°. Les ressorts-moteurs des barillets des quarts sont armés par les arbres et, celui des compteurs de temps, par la ruche ;

4°. Des engrenages spéciaux actionnent les roues chargées de mettre l'interrupteur dans la position ouvert ou fermé.

TREUILS DE REMONTAGE DES RESSORTS — MOTEURS R*m* COMMANDANT LES SONNERIES DES QUARTS ET DES HEURES.

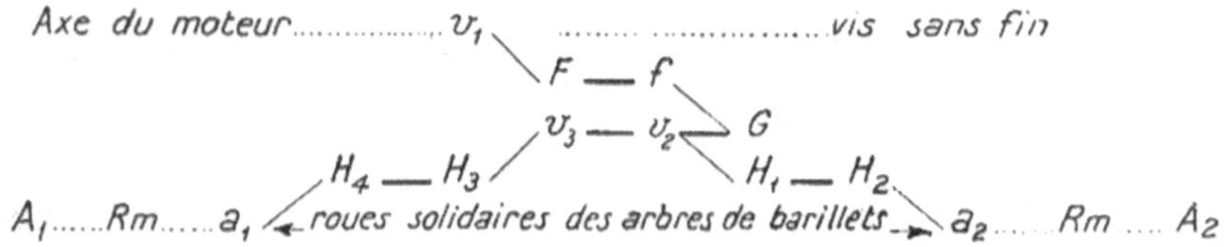

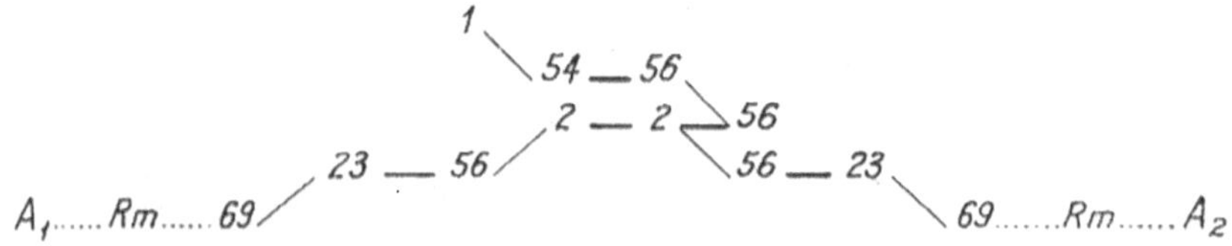

Ces treuils sont représentés schématiquement par la figure 80. Ils comprennent trois vis sans fin v_1, v_2 et v_3 : la première, qui est dans le prolongement de l'axe du moteur électrique, n'a qu'un filet et les autres, qui sont solidaires du même axe, en ont deux.

Les arbres *a* et *a'* des barillets A_1 et A_2 des sonneries des quarts et des heures, sont respectivement solidaires des dernières roues a_1 et a_2 des deux treuils ci-dessus. Le remontage automatique de ces barillets s'effectue donc par leurs arbres comme les remontages à la main.

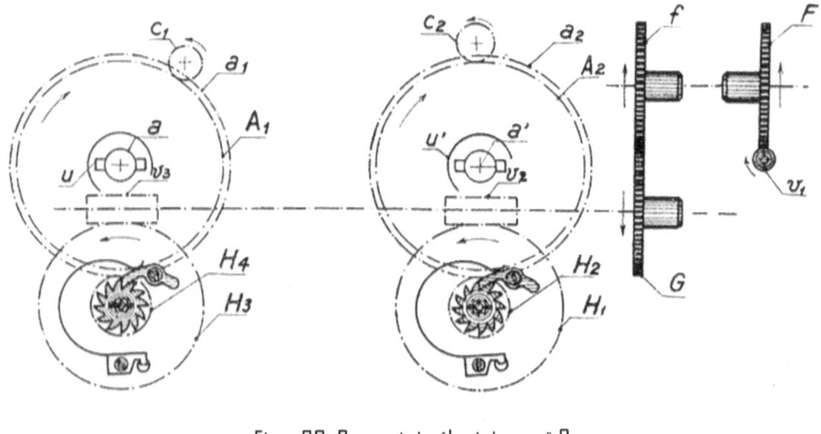

Fig. 80. Remontoir électrique n° 3.

Treuil de remontage des barillets actionnant les sonneries des quarts et des heures.

Les encliquetages, qui solidarisent, dans le sens négatif, les roues H_1, H_2 et H_3, H_4 permettent d'armer ou de désarmer les ressorts-moteurs au moyen d'une clef à trou cylindrique, fendue longitudinalement pour recevoir les goupilles *u* et *u'* chassées sur les prolongements des arbres *a* et *a'*.

Ces prolongements et les mobiles supportant les encliquetages se trouvent sur la face postérieure de la cage ; il faut donc, préalablement, sortir celle-ci du cabinet pour procéder à l'armage ou au désarmage des ressorts-moteurs. C'est assez dire que ces dernières opérations sont réservées aux horlogers-réparateurs et aux horlogers-fabricants qui mettent la dernière main aux carillons.

REMONTAGE AUTOMATIQUE DU BARILLET DES COMPTEURS DE TEMPS. — TRAINS DE ROUAGES INTÉRESSANT DIRECTEMENT OU INDIRECTEMENT CE REMONTAGE.

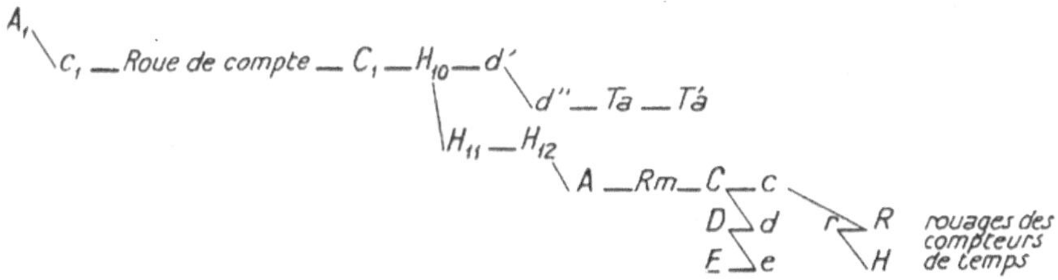

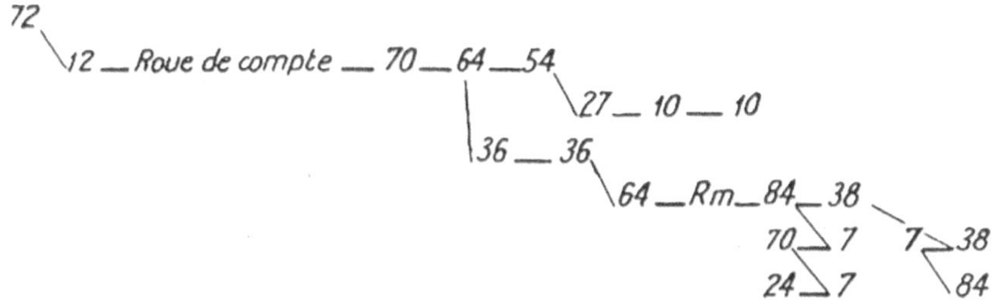

Sur l'axe de la roue de compte qui, on l'a vu (§ 24), fait un tour à l'heure, on a ajouté un cinquième mobile H_{10} qui est relié au barillet A des compteurs de temps par les roues H_{11} et H_{12}.

Le rapport des vitesses est :

$$\frac{H_{10} \times H_{12}}{H_{11} \times A} \qquad \frac{64 \times 36}{36 \times 64} = \frac{1}{1};$$

le barillet A tourne donc à la même vitesse que le pignon *c* ou que la roue de compte. Les mobiles H_{11} et H_{12} ne servent que de roues intermédiaires.

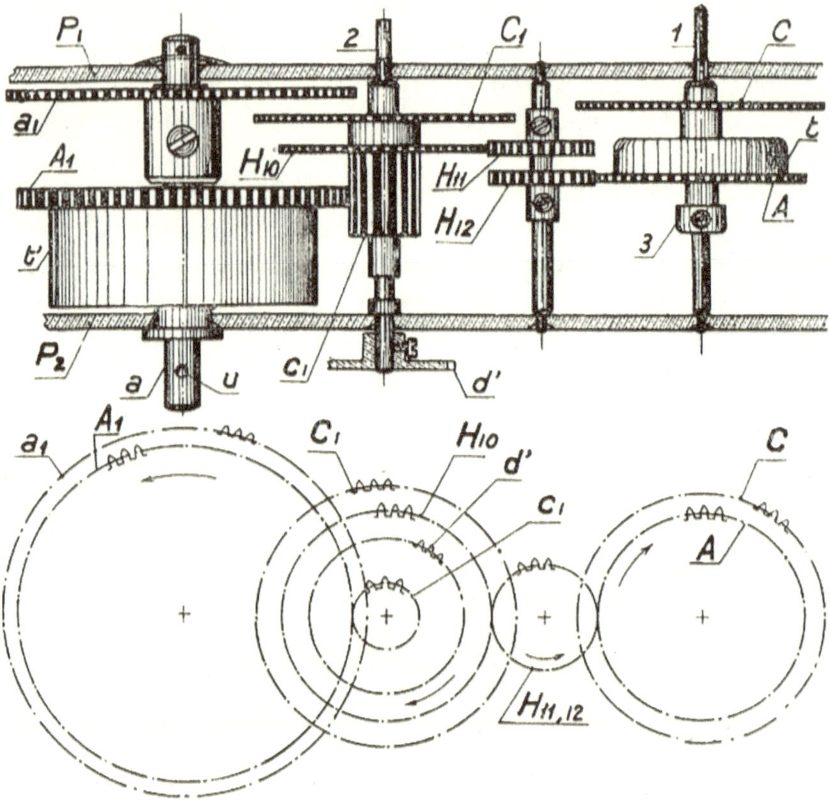

Fig. 81.- Remontage automatique du barillet des compteurs de temps.

P1, Platine antérieure. - P2, Platine postérieure. - (1), Ajustement de la chaussée. - (2), Tourillon avant prolongé pour recevoir la roue de compte. - *d'*, roue menant, avec une multiplication 2/1, le mobile solidaire des organes de soulèvement des marteaux des quarts.

La figure 81 montre les mobiles qui concourent au remontage du barillet A des compteurs de temps, son tambour *t* et la vis (3) qui limite leur jeu, la roue de centre ou des minutes C, la première roue C1 du rouage de la sonnerie des quarts, le barillet A1 de cette sonnerie, son tambour *t'* et la dernière roue *a*1 du treuil de remontage de ce barillet. Ce dernier met six heures pour faire un tour.

L'armage du ressort-moteur du barillet A des compteurs de temps subit les variations indiquées par le diagramme (fig. 82). Après la sonnerie du quatrième quart, l'armage est maximum ; il perd 0,25 de tour pendant les quinze minutes qui suivent et il rattrape 0,1 de tour pendant la sonnerie du premier quart. De la quinzième à la trentième minute, nouvelle perte de 0,25 de tour et nouveau gain de 0,2 de tour pendant la sonnerie des deux quarts. De la trentième à la quarante-cinquième minute, troisième perte de 0,25 de tour et troisième gain de 0,3 de tour pendant la sonnerie des trois-quarts. Enfin de la quarante-cinquième à la soixantième minute, quatrième perte de 0,25 de tour et quatrième gain de 0,4 de tour pendant la sonnerie des quatre quarts. À ce moment, le ressort-moteur est revenu à son armage initial.

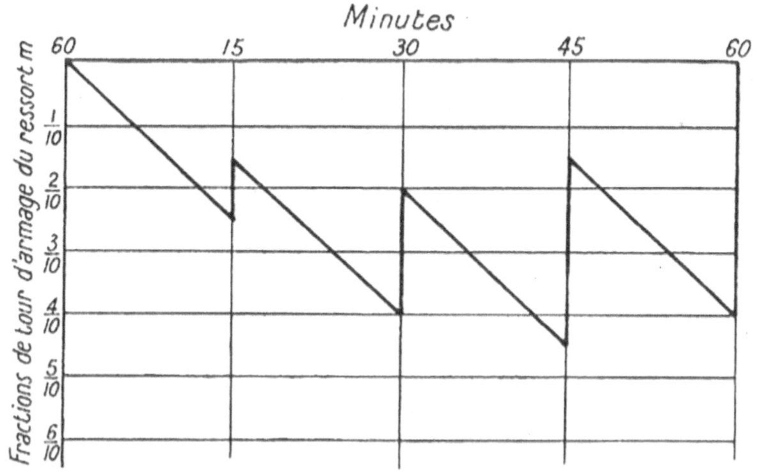

Fig. 82.

Diagramme montrant les variations de l'armage du ressort-moteur du barillet des compteurs de temps

Si les compteurs de temps étaient actionnés par un poids-moteur, supportant une plume en contact avec une feuille de papier enroulée sur un cylindre faisant un tour à l'heure, la plume tracerait le diagramme représenté par la figure 82.

Interrupteur électrique. — Trains d'engrenages intéressant spécialement l'interrupteur.

La figure 83 représente l'interrupteur et, les figures 84 et 85, le dispositif qui l'actionne.

Cet interrupteur, qui repose sur le même principe que l'interrupteur du précédent remontoir, est constitué par un tambour isolant *i* sur lequel est enroulée, de 6/7 de tour, une lame de laiton J.

L'axe du tambour supporte, également, un index *j* qui permet de modifier la position de l'interrupteur et deux mobiles E_3 et E_4 dénommés *étoiles* à cause de la forme de leurs dents (au nombre de 7).

Sur le tambour appuient deux frotteurs (9) et (9') isolés qui constituent les extrémités du circuit électrique. Quand ces frotteurs sont en contact avec la partie isolante *i*, le circuit est ouvert ; quand, au contraire, ils appuient sur la partie conductrice J, le circuit est fermé.

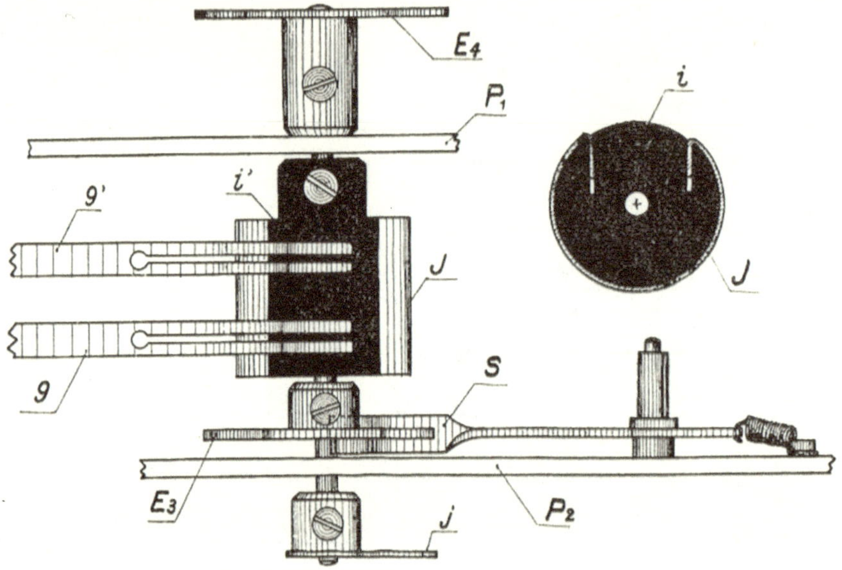

Fig. 83.

Interrupteur électrique.

Un levier-sautoir S agit sur l'étoile E_3 et maintient l'interrupteur dans la position qui lui a été donnée.

Quant à l'étoile E_4, c'est par son intermédiaire qu'est imprimé à l'interrupteur un mouvement dans un sens ou dans l'autre, pour fermer ou ouvrir le circuit. Ce mouvement alternatif est commandé par deux roues I_1 et I_2, situées sur la face avant de la cage, qui sont reliées, la première au barillet des quarts A_1 et, la seconde, au treuil remontant ce dernier, par les engrenages suivants :

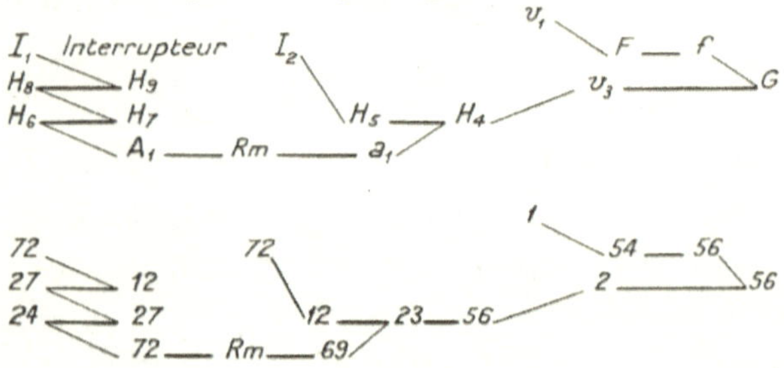

La figure 84 représente, développés en longueur, les engrenages qui actionnent les roues I_1 et I_2 et, par suite, l'interrupteur. Dans la réalité, ces deux dernières roues sont en regard l'une de l'autre (fig. 85).

Le rapport des vitesses entre le barillet des quarts A_1 et la roue I_1 est :

$$\frac{72 \times 27 \times 12}{24 \times 27 \times 72} = \frac{1}{2}$$

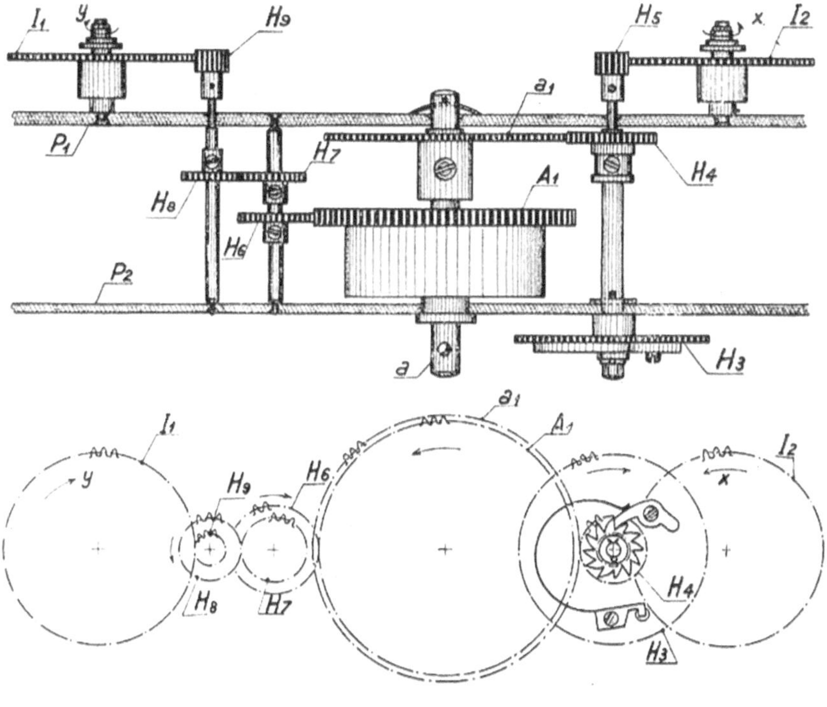

Fig. 84.
Rouage de commande de l'interrupteur.

Le rapport des vitesses entre le dernier mobile du treuil a_1 et la roue I_2 est :

$$\frac{69 \times 12}{63 \times 72} = \frac{1}{2}$$

Les roues I_1 et I_2 ne font donc qu'un seul demi-tour pendant que le barillet A, en fait un. Ce dernier, étant six fois plus « nombré » que le pignon *c*, qu'il mène en faisant, par suite, un tour en six heures, doit effectuer deux tours, pour en imprimer un à la roue I_1 ; d'où une période de remontage d'une durée de douze heures.

En effet, un tour de la roue I_1 correspond à une phase du mouvement alternatif communiqué à l'interrupteur (fig. 83). L'autre phase est accomplie par la roue I_2 qui, pendant le remontage, ne fait qu'un tour pendant que la dernière roue du treuil a_1 arme de deux tours le ressort du barillet A, des quarts.

Il est clair que lorsque la roue a_1 arme de deux tours le ressort R*m* du barillet A_1 des quarts, la roue a_2 arme de la même quantité le ressort R*m* du barillet *a* des quarts, la roue *a* arme de la même quantité le ressort R*m* du barillet A_2 des heures (Voir le tableau récapitulatif des trains de rouages du carillon).

LEVIERS PAR L'INTERMÉDIAIRE DESQUELS LES ROUES I_1 ET I_2 METTENT, ALTERNATIVEMENT, L'INTERRUPTEUR DANS LA POSITION DE CIRCUIT FERMÉ OU OUVERT.

Sur les roues I_1 I_2 sont placés des leviers L_1 et L_2 comportant, respectivement, des becs *p, m* et *p', m'* (fig. 85).

Ces leviers sont montés fous sur les axes et sont sollicités par les ressorts (4) et (4') à tourner dans le sens de rotation des roues, jusqu'à la rencontre des becs *m* et *m'* avec l'un des bras de celles-ci.

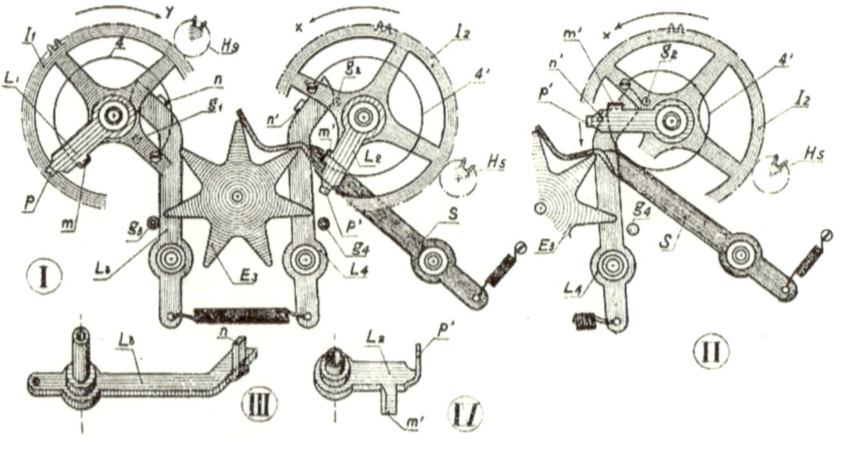

Fig. 85.

Leviers par l'intermédiaire desquels les roues I_1 et I_2 remplissent leurs missions.

Deux autres leviers L_3 et L_4, comportant des becs *n* et *n'* et pivotant autour d'axes implantés dans la platine-avant P_1, sont reliés par un ressort à boudin et leur course est limitée par les butées g_3 et g_4.

FONCTIONNEMENT.

Hypothèse : L'interrupteur est en position de circuit fermé, c'est-à-dire que les frotteurs (9) et (9') (fig. 83) appuient sur l'enveloppe de laiton J. Le moteur fonctionne et, par l'intermédiaire des treuils, les ressorts-moteurs des sonneries s'arment lentement cependant que la roue I_2 tourne en entraînant le levier L_2.

À un moment donné, le bec *m'* rencontre le bec *n'* du levier L_4. La roue I_2 continuant à tourner et le levier L_2 étant immobilisé, le ressort (4') s'arme jusqu'à l'instant où la goupille g_2 implantée dans I_2 vient agir sur l'extrémité de L_4 et pousse ce dernier, fig. 85, (II).

Lorsque le bec *n'* s'est écarté de la trajectoire de *m'*, le levier L_2 se déclenche brusquement sous l'action du ressort (4') et reprend instantanément la position qu'il avait précédemment.

Dans ce mouvement, L_2 a effectué près d'un quart de tour et le bec *p'*, avant de sortir de la trajectoire de l'étoile E_4, a déplacé cette dernière de 1 dent, ce qui a eu pour effet de faire tourner l'interrupteur de $1/7$ de tour. (L'étoile E_4 est dissimulée par E_3, un sautoir S maintient l'interrupteur à la place qui lui a été donnée).

À ce moment, la partie isolée *i* du tambour s'est présentée aux frotteurs (9) et (9'). Le circuit est alors ouvert et le remontage terminé.

Pendant la marche de la pendule, la roue I_1, commandée par le barillet A_1 des quarts, provoque toutes les douze heures, dans le sens inverse, des fonctions analogues aux précédentes, mais dont le résultat est de fermer le circuit.

Cas d'arrêt du courant distribué par le secteur. Les ressorts moteurs des sonneries peuvent communiquer huit tours utiles à leurs barillets. La pendule peut donc fonctionner pendant 8 x 6 = 48 heures sans courant. Suivant que l'absence du courant dure 24, 36 ou 48 heures, la roue I_1 fait sauter l'étoile E_4 d'une, deux ou trois dents supplémentaires. Quand le courant revient, le remontage s'effectue jusqu'à ce que la roue I_2 ait fait tourner, dans le sens inverse du précédent, l'étoile d'une, deux, trois ou quatre dents, ramenant ainsi l'interrupteur à sa position de circuit ouvert et les ressorts de barillets des sonneries à leur armage maximum.

Les dispositifs de remontoirs électriques peuvent varier à l'infini, mais, au fond, ils reposent tous sur les mêmes principes.

CONCLUSIONS.

Le remontage automatique des horloges en général et des carillons en particulier, n'aurait-il que le seul avantage d'éviter la sujétion des remontages à la main, que ce serait déjà un point important. Mais, la suppression d'une partie, sinon de la totalité des rouages de durée de marche et, surtout, le remplacement des gros barillets, travaillant constamment avec un grand nombre de tours, permettent d'obtenir, à la circonférence de la roue d'échappement, une force relativement constante. C'est pourquoi les carillons à remontage automatique règlent mieux que ceux qui se remontent à la main.

TABLEAU RÉCAPITULATIF DES DIVERS TRAINS DE ROUAGES DU CARILLON.

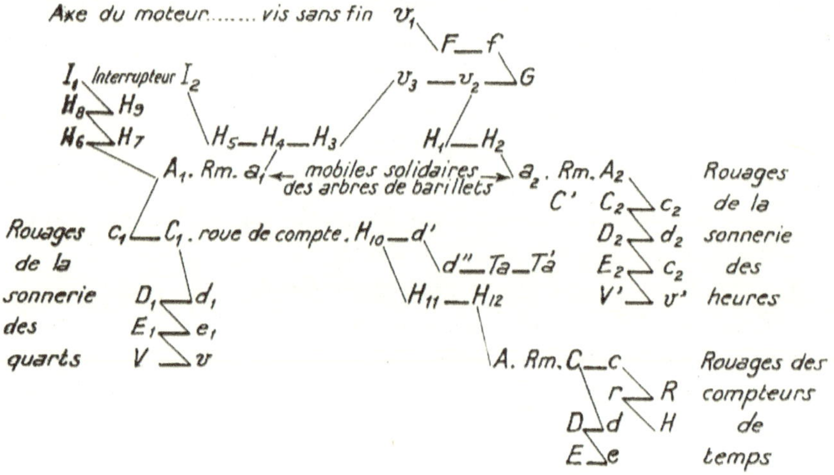

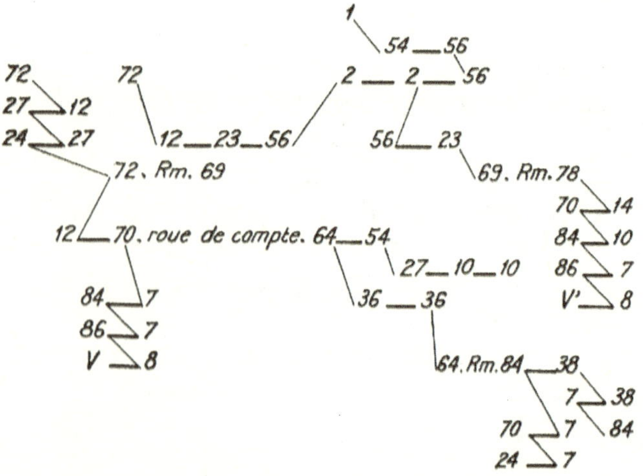

CHAPITRE VI

HORLOGES D'ÉDIFICE

30. — Généralités.

On trouve dans les horloges d'édifice qui sont également dénommées : *horloges monumentales*, ou *horloges de clocher*, les sonneries en usage dans les horloges d'appartement, avec les mêmes organes essentiels. Mais leurs formes et leurs dimensions en diffèrent plus ou moins.

Dans certaines horloges sonnant les quarts, les quatre quarts sont marqués par un air de musique, à la fin duquel la sonnerie de l'heure se déclenche. Cette fantaisie est réalisée par des moyens mécaniques identiques à ceux des boîtes à musique que le phonographe a supplantées. L'organe essentiel est un cylindre muni de pointes qui correspondent aux notes à jouer et qui sont disposées sur autant de cercles de ce cylindre qu'il y a de marteaux à actionner. Les tambours actionnant les quatre marteaux des quarts des trois premiers carillons décrits (Ch. IV) en donnent une idée.

Les horloges d'édifice sonnant les quarts avec ou sans air de musique, se distinguent entre elles par le nombre de cloches qu'elles utilisent et par certaines originalités, fort à la mode autrefois, consistant, par exemple, à faire frapper les quarts et les heures par des automates[8].

La force motrice classique des sonneries d'horloges d'édifice est le *poids*. Ce dernier doit être soutenu par un câble métallique ayant une

[8] L'église Notre-Dame, de Dijon, possède une horloge ancienne où deux enfants frappent les quarts sur deux petites cloches, tandis que deux grandes personnes, figurant sans doute le père et la mère de ces enfants, frappent, alternativement, les heures sur une grosse cloche.
L'horloge universellement connue de la Cathédrale de Strasbourg, qui met en jeu un mécanisme plus complexe, est basée sur le même principe.

bonne flexibilité, de façon qu'il offre le moins de résistance possible à son enroulement sur le tambour qui le supporte.

On peut calculer le diamètre du câble à l'aide de la formule : S = P/R, dans laquelle R désigne la charge pratique de sécurité, exprimée en Kg par mm^2 ; S, la section minimum et P, l'intensité du poids-moteur.

Soit un câble en acier devant supporter un poids de 60 kg ; sachant que la charge pratique de l'acier est de 20 kg, la section du câble doit avoir une valeur minimum de 3 mm^2 (diamètre correspondant : 2 mm.). Un tel câble est formé de 5 torons comportant 35 fils d'acier de 0,2 mm. de diamètre.

Le tambour soutenant le poids-moteur de la sonnerie est généralement solidaire, dans le sens opposé au remontage, de la roue des chevilles.

Il n'y a donc pas de rouage de durée de marche et c'est ce qui explique le grand nombre d'horloges à remontage journalier que l'on rencontre encore de nos jours.

Ce n'est que dans la première moitié du dix-neuvième siècle, que les constructeurs se sont préoccupés des horloges à remontage hebdomadaire. Les moyens employés pour obtenir ce résultat consistent :

1°. à améliorer le rendement des appareils par une fabrication soignée, notamment en ce qui concerne les engrenages ;
2°. à faire supporter par la roue motrice le plus grand nombre de chevilles possible ;
3°. à utiliser les points de chute les plus élevés pour les poids-moteurs ;
4°. à moufler les poids (*L'Horloger*, Tome I, § 36).

On peut reprocher à maintes horloges l'insuffisance de longueur des tambours. Cette longueur doit être telle que l'enroulement total du câble se fasse en une seule couche. S'il y a plusieurs couches, la fréquence des coups de marteaux sur les cloches n'est plus régulière, le moment de la force motrice augmentant avec le nombre de couches.

Le rapport des vitesses, entre la roue des chevilles et le mobile supportant le volant, est plus faible dans les horloges d'édifice que dans les horloges d'appartement.

On remédie à l'insuffisance de vitesse du volant en augmentant la longueur de ses ailes. C'est pourquoi les volants des grosses horloges ne peuvent être logés à l'intérieur des cages : ils sont toujours montés, en porte-à-faux, sur l'un des tourillons prolongés du dernier pignon ;

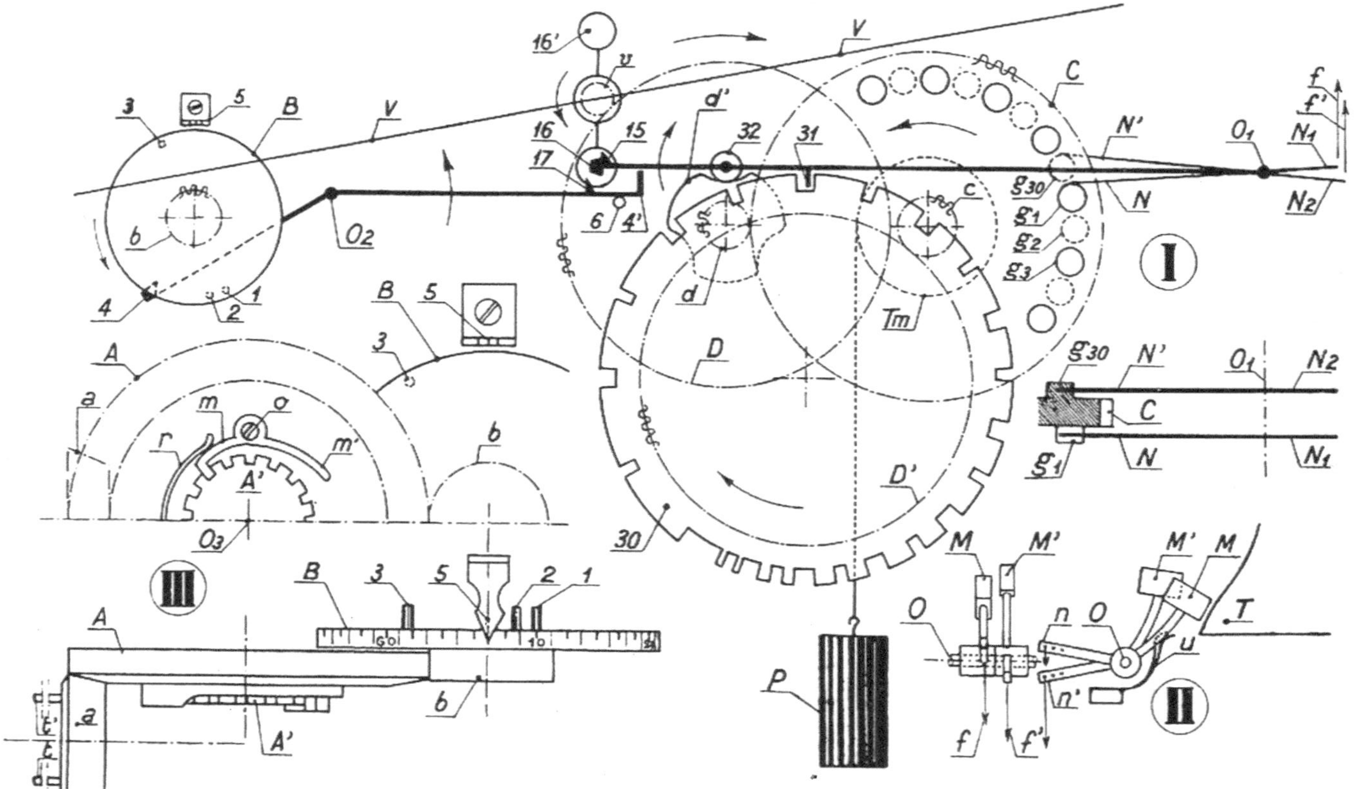

Fig. 86.

Horloge d'édifice à roue de compte. I, Schéma de mécanisme de sonnerie. — II, Représentation réduite des marteaux. — III, Mobiles par lesquels on effectue la mise à l'heure du ou des cadrans extérieurs.

un encliquetage rend ce pignon solidaire du tourillon dans le sens de l'entraînement normal. Au moment de l'arrêt brusque du rouage, le volant peut continuer à tourner jusqu'à l'épuisement de la force vive emmagasinée pendant la sonnerie.

31. — Horloge à roue de compte, sonnant l'heure, la répétition de l'heure et la demie.

La roue motrice C, fig. 86, (I) — alias roue des chevilles — supporte trente chevilles, venues de fonte avec C, qui sont réparties par moitié sur chacune des deux faces.

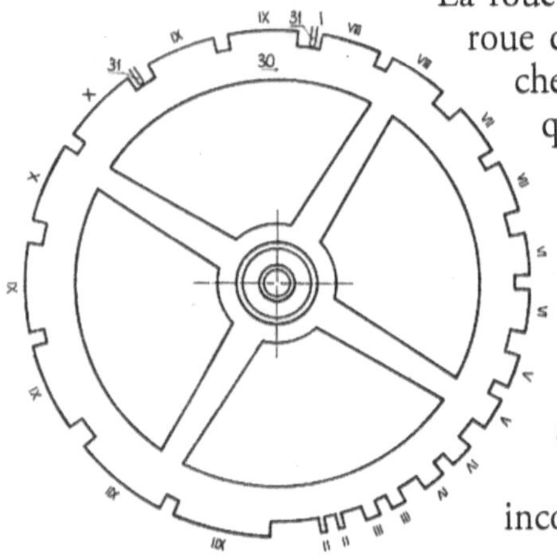

Fig. 87.

Roue de compte. (Le bras (31) de la détente est dans sa position après que se sont produites les sonneries de pas, l'heure et de la demie).

Ce mode de construction exige deux verges N et N', mobiles en O_1, et deux marteaux M et M', mobiles en O, qui frappent alternativement sur la cloche T. fig. 86 (II).

On pourrait éviter cet inconvénient en n'utilisant que les quinze chevilles d'une des faces de la roue C, mais on tomberait dans un autre plus grave, puisque la vitesse de celle-ci serait doublée.

On pourrait encore mettre les trente chevilles sur une seule face, mais, pour conserver le même pas, il faudrait doubler le diamètre de C ; d'où un encombrement excessif qui augmenterait singulièrement le prix de revient de l'horloge.

Barillet à poids-moteur.

Le barillet (fig. 88, (I)) diffère de celui qui a été décrit, Tome I. § 37. Son arbre est en deux pièces : a_1, a_3, a_5 et a_2, a_4, a_6, que le tourillon a_6 aide à maintenir dans le même axe théorique. La première est solidaire de la roue C, qui supporte deux cliquets C*i*, mobiles en o_1 et 0_2, et leurs ressorts r_1 à r_2. La seconde est solidaire du tambour.

Ce dernier est formé d'un tube T*m*, en laiton, d'un cylindre T*b*, en bois, de deux joues J et J', qui servent à maintenir l'enroulement du câble supportant le poids, et du rochet R*o* venu de fonte avec J. Deux longs boulons B*o* servent à assembler les pièces constituant le tambour. Ce dernier et la roue motrice forment donc les deux parties principales

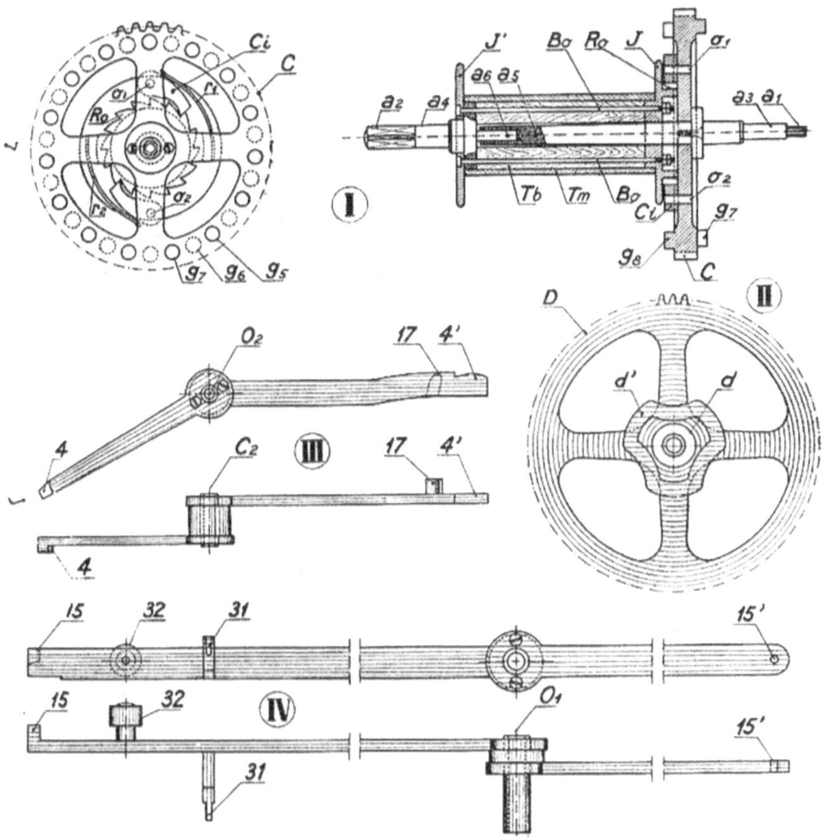

Fig. 88.

Réalisations pratiques (I), du barillet. — (II), des mobiles D, *d*, et, *d'*, tous trois venus de fonte. — (III), du levier de déclenchement. — (IV), de la détente.

du barillet. Hors de la cage, ces deux parties peuvent être séparées très facilement, mais, dès que les tourillons a_3 et a_4 sont dans leurs coussinets, elles sont maintenues l'une contre l'autre par les platines de la cage. Les cliquets C*i*, étant alors dans les dents du rochet R*o*, on peut introduire une clef-manivelle dans le carré a_2 et remonter le poids-moteur en faisant décliqueter C*i* sur les dents de R*o*.

La roue de compte et sa liaison avec la roue motrice.

La roue de compte (30), représentée figure 87, se distingue de celle qui est utilisée dans la pendule à sonnerie simple (Ch. II) par :

a) une bosse supplémentaire à chaque heure ;
b) la suppression du plan incliné qui suit les demies ;
c) un engrenage spécial qui la relie à la roue motrice.

La roue D' (fig. 86) de cet engrenage supporte la roue de compte, tandis que le pignon *c* est supporté, en porte-à-faux, par l'extrémité a_1 de l'arbre. Le rapport D'/*c* est donné par :

$$\frac{\text{nombre de coups sonnés en douze heures}}{\text{nombre de chevilles de la roue motrice}}$$

On sait que, dans une sonnerie simple, le nombre de coups sonnés en douze heures est soixante-dix-huit ; avec la répétition de l'heure, il est de cent cinquante-six, auxquels il fait ajouter les douze coups des demies. On a, par suite :

$$\frac{D'}{c} = \frac{168}{30}$$

On pourrait donner cent soixante-huit dents à la roue qui est solidaire de la roue de compte et trente dents au pignon qui est solidaire de l'arbre du barillet. C'est le rapport 84/15 qui a été retenu comme étant le plus pratique.

Rouage du volant.

Le rouage du volant ne comprend que les deux paires d'engrenages suivants :

C 80
D — *d* .... 84 — 8
volant — *v* .... V — 7,

dont le rapport des vitesses est :

$$\frac{80 \times 84}{8 \times 7} = 120.$$

Le volant V fait cent vingt tours pendant que la roue motrice en fait un. Il ne fait donc que quatre tours par cheville de C, au lieu de soixante-douze que fait le volant des pendules à sonnerie simple. Aussi est-il très grand : sa longueur est de 647 mm et, sa largeur moyenne, de 85 mm environ.

Comme il est dit plus haut, de tels volants ne peuvent trouver place qu'à l'extérieur des cages.

Premier arrêt du rouage. — Déclanchement. — Deuxième arrêt ou délai.

Après chaque sonnerie, le rouage est immobilisé par la rencontre des ergots (16,15). Le premier appartient à une pièce (16') qui fait corps avec le pignon *v* et, le second, à la détente, fig. 88, (IV), qui utilise le même axe fixe O_1 que les verges. Le mobile de liaison, entre les compteurs de temps et le mécanisme de sonnerie, est un disque B qui est solidaire d'un pignon *b* faisant un tour à l'heure.

Sur B sont implantées trois chevilles : 1. 2 et 3 ; les deux premières déclenchent. à deux minutes d'intervalle, les sonneries de l'heure et la répétition ; la troisième déclenche la demie. Leurs actions s'exercent sur le bras (4) d'un levier (4-O_2-4'), fig. 86 et 88 (III).

Les figures 86 et 89 (I) montrent ce levier dans sa position ordinaire ; son bras (4'), qui est le plus lourd, repose alors sur une butée (6).

Il est vu, fig. 89 (II), vers la fin de sa menée par la cheville (1) du disque B ; son bras (4'), en soulevant la détente, a provoqué la séparation des ergots (15) et (16). Après un peu moins d'un tour du pignon *v*, l'ergot (16) est arrêté par l'ergot (17). Ce second arrêt du rouage marque le début du délai, lequel prend fin lorsque la cheville (1) abandonne le bras (4) à lui-même, vue (III) ; la sonnerie est alors entrée en fonction.

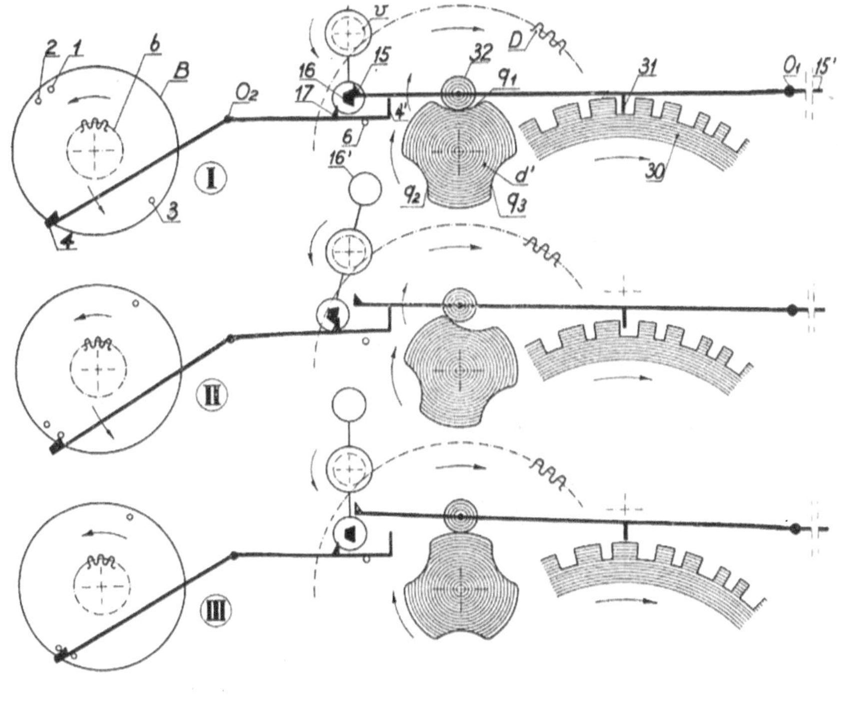

Fig. 89.

Trois positions du mécanisme.

Fonctionnement de la sonnerie.

Si ce n'était l'utilité de souligner les fonctions d'une came *d'* (fig. 88, (II)) qui est solidaire des mobiles *d*-D, ce qui précède suffirait à faire comprendre le fonctionnement de la sonnerie.

La vitesse du groupe *d*-D-*d'* est de 80/8 = 10 tours pendant que la roue motrice C en fait un ; celle-ci portant 30 chevilles g_1, g_2 .... et g_{30}, un tour de ce groupe correspond à 30/10 = 3 chevilles ; d'où les trois pas de la came *d'*.

Entre deux sonneries, la détente (15) repose par son galet (32) sur le fond de l'encoche q_1, par exemple (fig. 89, (I)).

Après le premier déclenchement, les mobiles *d*-D-*d'* ayant tourné de 7/84 = 1/12 de tour, la came et le galet occupent les positions indiquées vue (II).

Après le second déclenchement, la came parachève le soulèvement de détente et la sonnerie commence à fonctionner.

Si, à ce moment, le bras (31) de la détente se trouve au-dessus d'un creux d'une demie et d'une heure, ce bras et le galet (32) tombent, respectivement, après un tiers de tour des mobiles *d*-F-*d'*, dans les creux suivants de la roue de compte et de la came, cependant que l'un des marteaux frappe un coup sur la cloche T, fig. 86 (II).

Si, enfin, le bras (31) se trouve sur la bosse de la sonnerie de quatre heures, par exemple, (fig. 89), la came doit faire un tour un tiers avant que (31) et (32) tombent dans un creux. Pendant ce temps, chacun des deux marteaux M et M' aura frappé deux coups sur la cloche.

En résumé, la came *d'* a pour mission :

a) de se substituer, pour sortir le bras (31) de la détente (15, O_1, 15') des creux de la roue de compte (30), aux plans inclinés qui, dans l'horloge d'appartement à sonnerie simple, précèdent les bosses (Ch. II, § 7) ;

b) de supporter la détente par l'intermédiaire du galet (32), sauf lorsqu'il y a plusieurs heures à sonner : alors c'est une bosse de la roue de compte qui maintient en l'air la détente par son bras (31), mais, seulement, pendant le passage des encoches *q* devant le galet (32).

Ainsi, grâce à la came, les frottements de glissement du bras de la détente sur la roue de compte sont-ils atténués. On peut les réduire, encore, en accrochant en (15') une masse convenable en vue de diminuer le balourd du bras (O_1 — 15).

Remarque. — La suppression des plans inclinés de la roue de compte présente un autre avantage qui n'est pas négligeable : celui de diminuer le diamètre de cette roue.

Le tirage des marteaux.

On réalise le tirage le plus simple lorsque le point d'attache du fil de tirée *f1* au bras (N1-O1) de la verge N (fig. 90) se trouve sur le même plan vertical que le point d'attache *f3* au bras *n-o* du marteau M ; mais ce cas se présente rarement. Le plus souvent, les fils de tirée doivent plus ou moins dévier de la ligne verticale et cette déviation latérale s'obtient de diverses façons : par exemple, à l'aide de deux équerres, mobiles en O2 et en O3 que relie un fil horizontal *f2*.

Fig. 90.

Exemple schématique d'un dispositif de renvoi de fils tirant sur les marteaux.

Ce dernier doit être supporté par des fils de fer *s* distants, les uns des autres, de 1,20 m. environ et ayant une longueur telle que *f2* esquisse une légère flèche vers le haut, afin d'éviter une perte de levée du marteau.

Les fils de tirée des marteaux doivent être en fer dur, galvanisé et étiré en baguettes droites, de 2 à 4 mm de diamètre, suivant le poids des marteaux, et de 1 à 3 m de longueur, qu'on relie bout à bout par des boucles ou des anneaux. Leurs attaches aux bras *n* et *n'*, fig. 86 (II), se font par des crochets en fer rond de 6 à 8 mm et on règle leur longueur au moyen de tendeurs à vis de rappel, que l'on trouve facilement dans le commerce.

Mise à l'heure.

Dans toutes les horloges d'édifice il y a, au départ des organes allant actionner la minuterie du, ou des cadrans extérieurs (L'Horloger, Tome I, § 35), un mobile ordinairement relié au rouage de l'échappement et qui peut en être facilement désolidarisé pour les besoins de la mise à l'heure. Dans l'horloge à roue de compte ici décrite, ce mobile est constitué par la roue A (fig. 86 (III)). Cette roue, qui est ajustée à frottement libre sur le prolongement d'un des tourillons de l'arbre de barillet des compteurs de temps, possède deux dentures : l'une qui est cylindrique, mène le pignon *b* du disque B et l'autre, qui est conique, mène *a*, premier pignon d'angle de la transmission allant au cadran.

La roue A supporte un levier (*m-o-m'*) et son ressort antagoniste *r* ; le bec *m*, en pénétrant dans un creux de la roue A' solidaire en O_3 de l'arbre de barillet des compteurs de temps, rend A également solidaire de cet arbre. Ce dernier fait un tour en trois heures.

Pour procéder à une mise à l'heure, il suffit de faire sortir le bec *m* de la denture de A' en appuyant sur le bras *m'* et de tourner à la main la roue A en observant le nombre de divisions qui passent devant l'index fixe (5). Chacune de ces divisions représentant une minute, si le retard constaté est de quinze minutes, après ¼ de tour de B l'aiguille des minutes se sera déplacée de quinze minutes sur le cadran. Si l'horloge retarde de 4 h. 20 m., il faudra faire tourner A jusqu'à ce que B ait fait quatre tours un tiers.

Remarque. — Lorsque le retard est de plusieurs heures, il vaut mieux éviter le fonctionnement intempestif des sonneries, soit en retenant les verges soit en décrochant de celles-ci les fils de tirée.

32. — Horloge d'édifice à râteau sonnant les heures, la répétition de l'heure et la demie.

Les mécanismes à râteau (§ 13) ont sur ceux à roue de compte l'avantage de ne pas décompter lorsqu'on fait franchir, rapidement, par l'aiguille des minutes plusieurs divisions du cadran. Cela est dû à la solidarité de l'aiguille des heures et du limaçon, lequel joue le principal rôle dans le réglage des coups à sonner. Un type de mécanisme à râteau, assez communément employé dans les grosses horloges, est représenté aux figures 91, 92 et 93.

Ce mécanisme n'utilise qu'un seul marteau dont la verge O-N est actionnée, non par des chevilles, mais par des sortes de taquets g_1, g_2, et g_{12}, fixés sur une face, seulement, de la roue C par des vis et des pieds (fig. 91). Grâce aux arêtes vives des taquets, l'angle de chute du marteau est égal à celui de la levée. Ce mode de construction est assez onéreux.

L'axe O de la verge est supporté par un bras Q faisant partie du palier P*a*, lequel est solidement fixé par deux boulons sur le bâti de l'horloge. Le coussinet C*o*, dans lequel pivote le tourillon T_2 est en bronze.

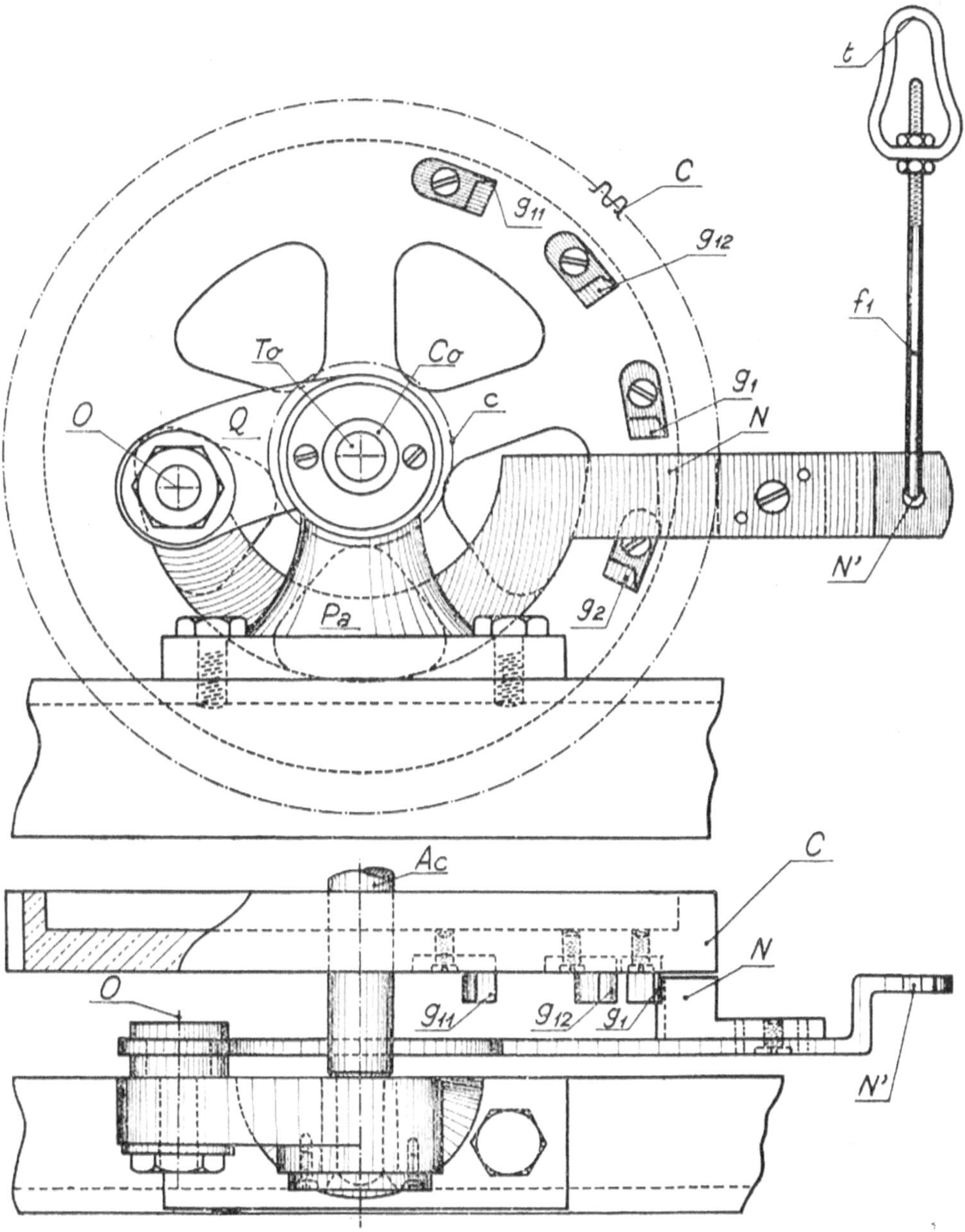

Fig. 91.

Horloge d'Édifice à râteau. Roue des chevilles et verge.

La tige *fi* accrochée à l'extrémité N' de la verge, constitue l'origine du fil de tirée du marteau. La suite de ce fil qui est d'un plus petit diamètre, s'accroche au tendeur *t*.

Rouage de durée de marche.

Si le poids moteur actionnait directement la roue C, sa chute serait trop rapide, en raison du petit nombre de taquets supportés par cette roue. Un rouage de durée de marche est donc nécessaire. Ce rouage ne comprend qu'un seul engrenage : la roue motrice, (qui ne figure pas aux schémas) et le pignon *c* qui est solidaire de l'axe A*c* de la roue C.

Pour donner une idée de l'échelle du dessin, qu'il suffise de spécifier que les diamètres de la roue C et de la roue motrice sont, respectivement, de 280 et de 380 mm. environ.

Organes d'arrêt.

Le déclenchement s'effectuant suivant le mode indirect, il n'y a qu'un seul arrêt. Celui-ci se produit lorsqu'un bras (16), solidaire du dernier pignon *e* (fig. 92), rencontre le bras (15) de la pièce mobile en O_1 et dont l'extrémité libre (34) est coudée pour supporter le râteau (32-32'). Cette pièce, qui n'est autre que la détente, ainsi que le bras (16), sont représentés à part, fig. 93, (II). Le bras (16') ne sert qu'à équilibrer le bras d'arrêt (16).

Déclenchement de la sonnerie.

Le déclenchement s'opère comme dans l'horloge comtoise. Les organes qui le produisent sont :

1°. une came (1, 2, 3, 4 et 5), solidaire de la chaussée *c'* (fig. 92 (II)) ;
2°. un levier, mobile en O_2, dont le bras (6) est constamment poussé contre la came par l'effet de la masse (10), (I) ;
3°. un bras mobile en O_3 sur ce dernier levier et qui est muni, à son extrémité libre, de deux dents (7) et (7') (fig. 93 (III)) ;
4°. une cheville demi-cylindrique (8) implantée sur la détente (O_1-15-34).

Ces diverses pièces occupant les positions représentées à la figure 92 (I), la partie (1) de la came pousse, dans le sens négatif, le levier (6-O_2) et le bras (7-7'-O_3).

Au moment où le bras (6) atteint le point culminant de (1), la dent (7) vient se placer devant (8), et, lorsque, par l'effet de la masse (10), le bras (6) tombe sur l'épaulement (2), la dent (7) entraîne, dans le sens positif, le bras (8) et, par suite, la détente.

Cette dernière fonction a pour résultats :

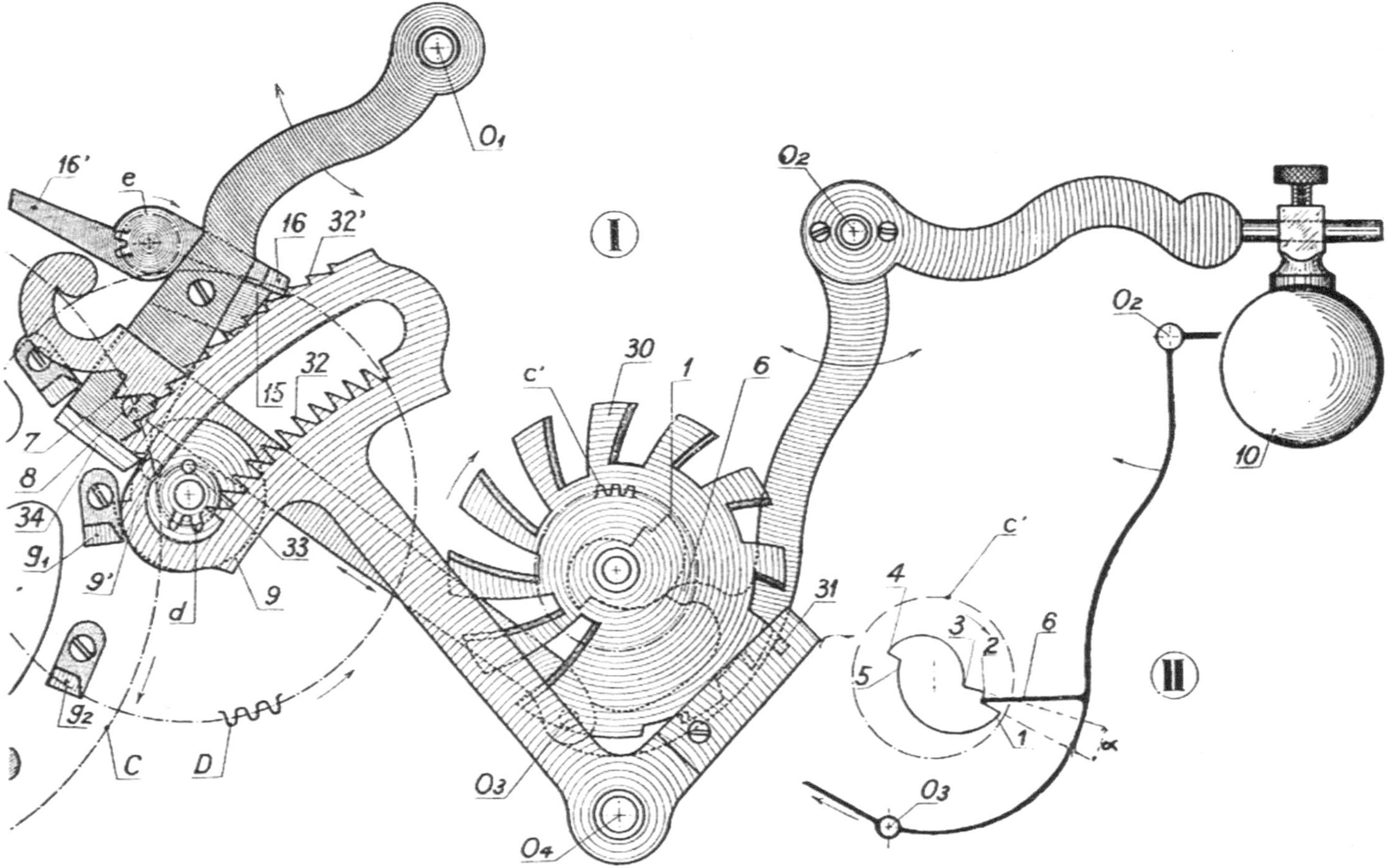

Fig. 92.

Mécanisme de sonnerie.

1°. de sortir (15) de la trajectoire de (16) et de libérer le rouage de la sonnerie ;

2°. d'éloigner (34) de la denture (32') du râteau : ce dernier tombe, alors, jusqu'à la rencontre de son bras (31) avec le fond d'un creux du limaçon des heures (30). Ces deux opérations s'effectuant, simultanément, la sonnerie entre en action sans délai, comme cela se passe dans tous les mécanismes de sonnerie dont le déclenchement se fait indirectement.

Pièces de réglage des coups à sonner ou participant au fonctionnement de la sonnerie.

Les rôles du râteau et du limaçon 30 sont très connus. Il serait superflu d'y revenir si ce n'était le besoin de souligner les particularités de ces deux organes essentiels des coups à sonner.

Le râteau possède deux dentures (32) et (32') : la première sert à le ramener, pendant le fonctionnement de la sonnerie, à sa position de repos et, la seconde, à recevoir le bras-cliquet (34) qui le retient pendant les périodes où le bras de soulèvement est hors de la denture (32), fig. 93 (IV) et (II).

L'ergot (31), qui, en tombant sur le limaçon, règle la chute du râteau, est supporté par une lame-ressort. Le but de ce montage, ainsi que des chanfreins pratiqués sur (30) et (31), est de permettre de faire, rapidement, les mises à l'heure nonobstant la présence de l'ergot dans un creux du limaçon. Au passage des saillies qui suivent les creux de celui-ci, la lame-ressort se soulève et reprend sa place dès que son ergot (31) se retrouve dans un creux ou hors de la trajectoire de ces dents.

La pièce (9), représentée figure 93, vue (VI) et qui est solidaire de l'axe prolongé du pignon *d*, participe au fonctionnement de la sonnerie par l'intermédiaire de ses deux chevilles (33) et (9') : la première, implantée sur la face antérieure du disque (9), sert à relever le râteau par sa denture (32) et la seconde, implantée sur la face postérieure de (9), sert à dégager le bras (8) des dents du bras (7-O_3) afin de permettre au bras-cliquet (34) de venir remplir sa mission dans les dents (32') du râteau.

À l'arrêt, (9) présente une échancrure devant le bras (34) afin de permettre à la détente, fixée dans le sens négatif, d'accomplir le mouvement nécessaire pour amener (15) dans la trajectoire de (16).

Chaque tour des mobiles *d* et (9) correspond à un coup de marteau sur la cloche et au soulèvement d'une des dents (32) du râteau par la cheville (33).

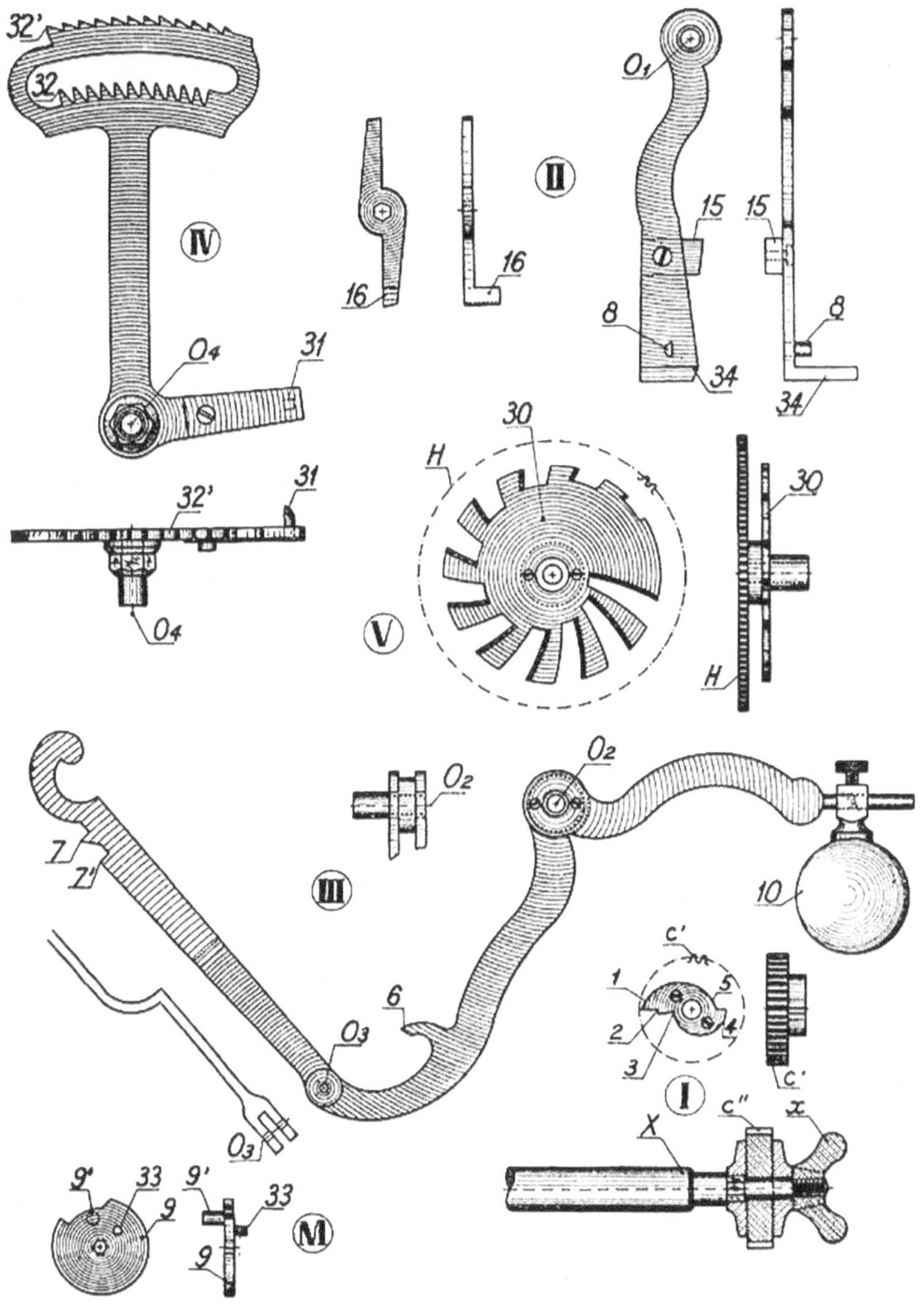

Fig. 93. - Pièces détachées.

(1), Mobiles faisant un tour à l'heure. — (II), Détente. — (III), Levier de déclenchement indirect. — (IV), Râteau. — (V), Roue et limaçon des heures. — (VI), Disque portant les chevilles qui participent au fonctionnement de la sonnerie.

Fonctionnement de la première et de la seconde sonnerie de l'heure, ainsi que de la demie.

À l'instant où le bras (6) est tombé sur l'épaulement (2), fig. 92 (II), cette chute a provoqué celle du râteau. Quelle est sa valeur ? L'ergot (31), fig. 92 (I), se trouve alors dans l'encoche correspondant à la sonnerie de quatre heures. La valeur angulaire de la chute du râteau étant donc de quatre des dents (32), il faut que les mobiles *d* et (9) fassent quatre tours pour que la sonnerie de quatre heures s'effectue.

Deux minutes après la première sonnerie de l'heure, soit après un trentième de tour de la chaussée *c'* (12°), le bras (6) tombe dans le creux (3) de la came. Un nouveau déclenchement se produit mais, cette fois, c'est à la dent (7') du bras (7-O_3) qu'il est dû. La seconde sonnerie fonctionne alors, dans les mêmes conditions que la précédente.

Pendant la demi-heure qui suit la répétition de l'heure, le bras (6) repose sur la bosse (4) de la came et, lorsqu'il en franchit le point culminant, il tombe dans le creux 5. Cette chute est suffisante pour que, par le jeu du bras (7-7'-O_3) sur (8), le rouage soit libéré, mais non le râteau qui reste retenu par une fraction du bras (34). De sorte qu'un tour du pignon *d* s'est effectué, les bras (15) et (16) se retrouvent en présence et le rouage de la sonnerie est immobilisé après que l'unique coup de marteau, marquant la demie, a été frappé sur la cloche.

Mise à l'heure du ou des cadrans extérieurs.

L'analogie, déjà indiquée, du mécanisme qui vient d'être décrit, avec le mécanisme de la comtoise d'appartement, se confirme encore en ce qui concerne le montage de la chaussée *c'*. Celle-ci tourne, en effet, sur un axe fixe et son mouvement lui est transmis par l'intermédiaire d'un mobile identique *c"*, qu'un écrou à oreilles *x* solidarise avec l'axe X d'un autre mobile appartenant au rouage de l'échappement et faisant un tour à l'heure, fig. 93 (I).

Il suffit, pour faire une mise à l'heure, de dévisser *x* et de tourner, à la main, le mobile *c"*. Le déplacement des aiguilles sur le cadran extérieur se vérifie commodément sur un petit cadran attenant à l'horloge même et dont la minuterie fonctionne synchroniquement, avec celle du cadran extérieur.

Aussitôt que la mise à l'heure est faite, il faut avoir soin de visser l'écrou à oreilles *x* pour solidariser de nouveau *c"* avec X.

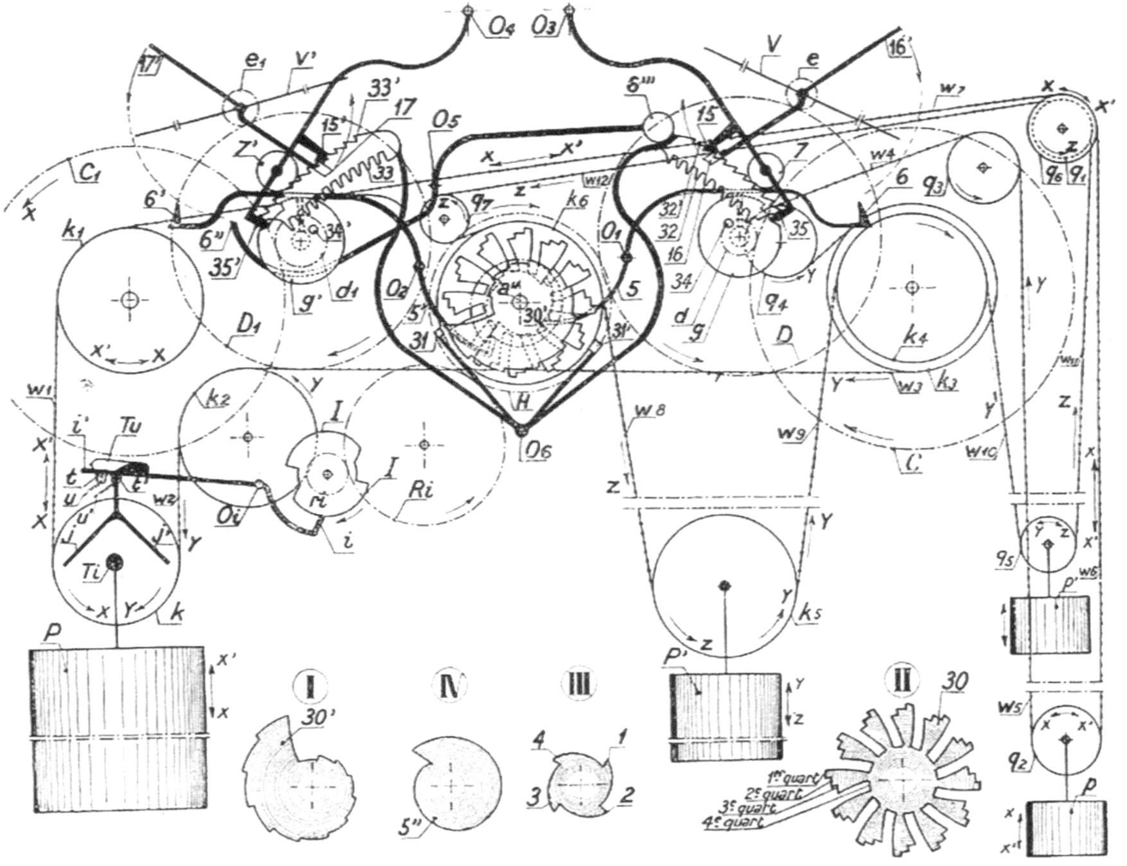

Fig. 94.

Vue schématique d'une horloge d'édifice à remontage automatique, sonnant l'heure, les quarts et émettant un air de musique avant l'heure. - (I). Limaçon des heures. - (II). Limaçon des quarts. - (III). Came à quatre dents. - (IV). Came à dent unique.

33. — Horloges d'édifice à remontage automatique, sonnant les heures, les quarts et émettant un air de musique avant la sonnerie de l'heure.

Bien que la lecture des mécanismes de sonneries de cette horloge (fig. 94) soit ici facilitée, il est utile, pour se rendre compte de la conformation exacte des leviers, de consulter des dessins de réalisations pratiques à l'atelier.

Forces motrices et rouages.

Il y a deux poids moteurs : P et P'. Le premier actionne le rouage C, *d*, D et *e*, de la sonnerie des quarts, en agissant sur le brin w_2 d'une chaîne sans fin, et le rouage C_1, d_1, D_1 et e_1, de la sonnerie des heures, en agissant sur le brin w_1 de la même chaîne. Le second actionne, par le brin w_8, d'une deuxième chaîne sans fin, le rouage des compteurs de temps dont, seule, la roue des heures est représentée.

L'horloge n'utilise pas de rouages de durée de marche.

À la roue motrice C_1 est adjoint un tambour sur lequel sont fixés douze taquets, g_1, g_2,.... et g_{12}, ne formant qu'un seul cercle. Il s'ensuit que la sonnerie des heures n'utilise qu'une seule verge et un seul marteau. (fig. 96).

Quant à la roue motrice C, qui ne figure pas aux dessins, son tambour a une longueur et un diamètre tels qu'il peut supporter soixante-treize taquets fixés sur dix-sept plans différents. La sonnerie des quarts utilise donc dix-sept verges et autant de marteaux frappant sur dix tubes sonores permettant de jouer, par exemple, les *Allobroges* toutes les soixante minutes et immédiatement avant la sonnerie de l'heure.

Arrêts et déclenchements des sonneries.

Sur les tourillons antérieurs des pignons *e* et e_1 (fig. 94), sont fixés des bras (16, 16') et (17, 17').

Après chaque sonnerie, les bras (16) et (17) sont immobilisés ainsi, naturellement, que les rouages, par les bras (15) et (15') des détentes, dont on voit les axes en O_3 pour les quarts et en O_4 pour les heures, fig. 94 et 95 (VI) et (VII).

Pour libérer les rouages, deux mouvements simples suffisent : l'un, consiste à déplacer vers la droite la détente des quarts et l'autre, à déplacer vers la gauche la détente des heures.

Ces déplacements sont l'œuvre des deux leviers : (5, O_1, 6) et (5', O_2, 6'). Les bras (6, O2) et (6', O2), qui sont les plus lourds, reposent, ordinairement, sur les tourillons prolongés des pignons *d* et d_1 (fig. 95) (I) et (II). (On a suppléé (fig. 94) au manque de largeur des leviers en

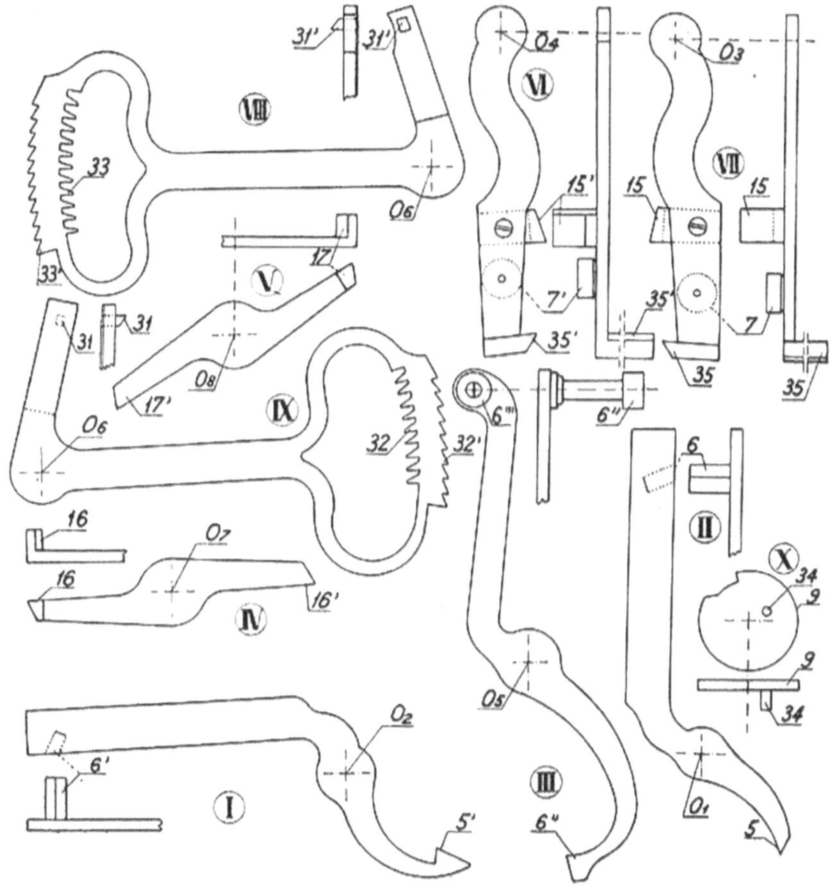

Fig. 95. - Réalisations pratiques des principaux leviers.

(I), Levier de déclenchement de la sonnerie des heures. — (II), Levier de déclenchement de la sonnerie des quarts. — (III), Levier provoquant un 2e délai. — (IV), Bras d'arrêts de la sonnerie des quarts. — (V), Bras d'arrêts de la sonnerie des heures. — (VI), Détente des heures. — (VII), Détente des quarts. — (VIII), Râteau des heures. — (IX), Râteau des quarts.

les supposant munis de plots cylindriques par l'intermédiaire desquels le repos ci-dessus peut s'effectuer).

Les leviers ci-dessus sont, eux-mêmes, mis en mouvement par deux pièces solidaires des compteurs de temps. L'extrémité libre du bras ($5,O_1$) est commandée par une came à quatre dents (III), tandis que l'extrémité libre du bras (5', O_2) est commandée par une came (5") à dent unique (IV).

Ces deux cames sont solidaires, comme la chaussée *c'*, de l'axe (*a'*, *a"*) de la roue des minutes (fig. 97).

En supposant l'horloge en marche et l'extrémité du bras (O_1, 5) reposant à la base du plan incliné de l'une des quatre dents (III), on peut se rendre compte de ce qui suit : au fur et à mesure que (5) se rapproche du point culminant de la dent en travail, le bras (O_1, 6) pousse, par le galet (7), la détente des quarts vers la droite et, finalement, délivre (16) de (15). Peu après, le bras-cliquet (35) abandonne le râteau (32, 32') qui tombe jusqu'à la rencontre de son bras (31) avec le limaçon des quarts (30) (II) et figure 95 (IX).

Ce déclenchement s'effectuant par le *mode direct*, un délai est nécessaire. Or, ce délai exige un second arrêt qui se produit de la manière suivante : pendant que le bras (O_1, 6) pousse la détente, l'ergot (6) (fig. 95) (II) pénètre dans la trajectoire du bras (16') qui, lorsque (16) est abandonné par (15), vient s'arrêter devant (6). C'est le commencement du délai des quarts dont la fin arrive lorsque (5) tombe dans le creux qui suit la dent qui vient de le mener.

À cet instant, qui marque l'entrée en fonction de la sonnerie des quarts, il faut que la grande aiguille soit sur la quinzième, ou la trentième, ou la quarante-cinquième ou, enfin, la soixantième division du cadran.

Le mécanisme des heures est l'objet, toutes les soixante minutes et, à peu près, aux mêmes instants, d'effets mécaniques analogues à ceux du mécanisme des quarts ; c'est-à-dire que, par le jeu de la came (5") sur le levier (5', O_2, 6'), le râteau (33, 33') tombe jusqu'à la rencontre de son bras (31') avec le limaçon des heures (I) après que le bras (15') de la détente a abandonné le bras (17) et que (17') est venu s'arrêter devant l'ergot (6'). Le délai, qui commence alors, s'achève lorsque le bras (5') « chute » dans le creux de l'unique dent de la came (5").

Mais, la fin de ce délai ne libère pas définitivement le rouage des heures. En effet, avant que cette fin arrive, le râteau des quarts (32, 32') est déjà tombé et, avec lui, une masse cylindrique (6'") qui fait partie d'un levier mobile en O_5 et dont l'extrémité (6") est venue se placer dans la trajectoire du bras (17') (fig. 95) (III) ; de sorte que lorsque ce dernier est abandonné par l'ergot (6',) il rencontre le bras (6") qui l'immobilise.

Cette rencontre, qui constitue un troisième arrêt du rouage des heures, marque le début d'un deuxième délai lequel ne s'achève qu'après le relèvement total du râteau des heures, c'est-à-dire, immédiatement après la fin du carillonnement remplaçant la sonnerie des quatre quarts avant la sonnerie de l'heure. Ainsi se trouve réalisé un espace de temps absolument régulier entre ces deux dernières sonneries.

Reste à rappeler que :

1°. les dentures (32) et (33) servent au relèvement des râteaux par les chevilles (34) et (34') qui sont solidaires des disques (9) et (9'), lesquels sont, eux-mêmes, solidaires des tourillons prolongés des pignons *d* et d_1 ;

2°. les dentures (32') et (33') servent à retenir les râteaux lorsque (34) et (34') sont hors de (32) et de (33) ;

3°. l'échancrure pratiquée sur la périphérie de chaque disque (9) et (9'), permet à chacun des bras-cliquets (35) et (35') de pénétrer, à la fin de chaque sonnerie, de la quantité convenable au-dessous des dentures (32') et (33') ;

4°. le nombre de dents (dix au lieu de quatre que nécessiterait la sonnerie classique de quatre quarts) est justifié par le carillonnement qui sert d'avertissement avant la sonnerie de l'heure. Il explique également la grande profondeur du quatrième cran du limaçon des quarts (30) (fig. 94) (II), par rapport à celle des trois premiers crans.

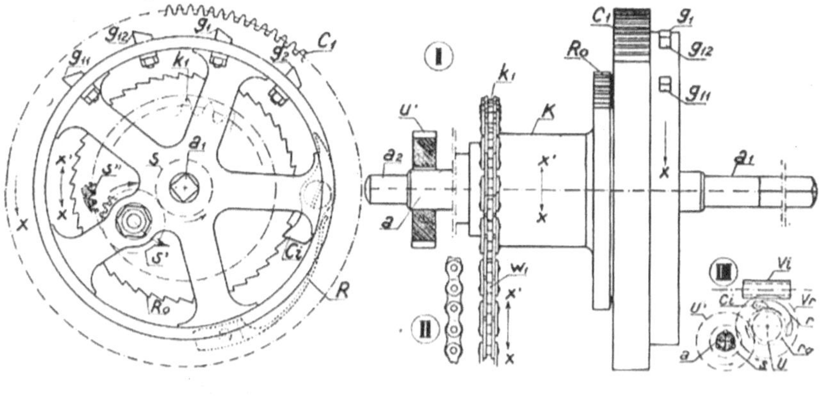

Fig. 96.

(I), Mobiles moteurs. — (II), Chaîne sans fin (face et profil). — (III), Schéma du treuil, sans moteur électrique.

Minuterie. — Cadran de contrôle. — Mise à l'heure.

Les cames (1) et (5") (fig. 97) qui commandent les déclenchements des sonneries des quarts et des heures, ainsi que la chaussée *c'*, sont solidaires d'une assiette a_m ajustée à frottement libre sur le tigeron *a"* qui suit le tourillon *a'* de l'axe de la roue des minutes. À l'extrémité libre de cette assiette est vissé un écrou *m'* sur les six pans duquel se monte l'assiette *m* de l'aiguille des minutes M'. L'écrou à oreilles M" sert à solidariser, par l'intermédiaire d'une rondelle *m"*, toutes les pièces ci-dessus avec l'axe de la roue des minutes. La roue des heures H, le limaçon des quarts (30)le limaçon des heures (30') et l'assiette *h*, sur laquelle

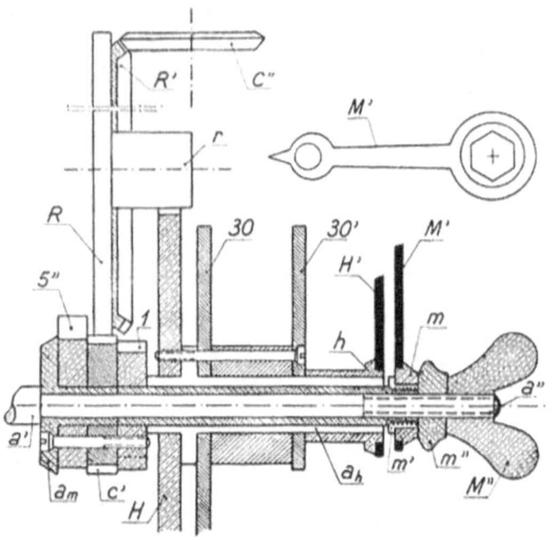

Fig. 97.

Coupe longitudinale des pièces rapportées par l'axe de la roue des minutes.

est rivée l'aiguille des heures H', sont fixés sur une assiette *ah* ajustée librement sur le canon de a_m.

Comme d'ordinaire, la roue des heures H est menée par un pignon de renvoi *r*, solidaire d'une roue de renvoi R que mène la chaussée *c'*. Les roues d'angle R' et *c"* servent à la commande du ou des cadrans extérieurs (*L'Horloger*, Tome 1, § 35).

Les aiguilles M' et H' parcourent un petit cadran de contrôle disposé concentriquement à l'axe *a"*, entre H' et (30')[9].

Après la mise à l'heure par déplacement, avec le doigt, de l'aiguille des minutes du petit cadran de contrôle, ne pas oublier de resserrer l'écrou à oreilles que l'on a dû dévisser pour faire cette opération.

34. — Remontage automatique des deux poids-moteurs.

On sait que les poids P et P' (§ 33) agissent sur leurs leviers respectifs par l'intermédiaire de deux chaînes sans fin, w_1, w_2,...., w_7 et w_8, w_9......, w_{12}.

Le circuit de la première chaîne comprend trois poulies fixes q_1, q_3, q_4, une poulie mobile q_2, supportant un poids tendeur *p*, et quatre roues dentées : k_1 solidaire de C_1, mais sans le sens négatif seulement, *k* dont l'axe supporte le poids P, k_2, qui n'est qu'une roue intermédiaire, et enfin k_3 qui est solidaire de la roue C.

Le circuit de la seconde chaîne ne comprend que deux poulies fixes q6, 7, la poulie mobile *q*5 qui supporte le poids tendeur *p'*, et trois roues dentées : k_4, solidaire de k_3 et, par conséquent, de C, k_5, dont l'axe supporte le poids P', et k_6 qui est solidaire du premier mobile des compteurs de temps, c'est-à-dire de la roue des minutes dont, seul, l'axe est représenté (fig. 94) par son extrémité *a"*.

[9] Ce cadran n'a pas été représenté pour ne pas surcharger le dessin.

Pendant la sonnerie des heures, seules tournent les roues *k* et k_1 du circuit de la première chaîne. Le brin w_1 s'allonge au fur et à mesure que le poids P descend, cependant que le brin w_6 remonte le poids tendeur *p* (flèches *x*).

Pendant la sonnerie des quarts, le même poids et la même chaîne impriment un mouvement de rotation aux roues *k*, k_2, k_3 (flèches *y*). Cette fois, c'est le brin *w* qui s'allonge et c'est le brin w_5 qui remonte le poids tendeur *p*.

C'est au cours de la sonnerie des quarts que s'accomplit l'importante fonction suivante : *la roue* k_4 *remonte, par le brin* w_9*, de la seconde chaîne sans fin, le poids moteur* P'.

Au cours de ce remontage, la menée des compteurs de temps par P' n'est pas interrompue et le brin w_{10}, laisse descendre le poids-tendeur p' que le brin w_{11} remonte ordinairement.

P' est remonté par P, tel le barillet des compteurs de temps, du troisième exemple de remontoir électrique, qui est remonté par celui de la sonnerie des quarts (§ 29).

Le poids principal P est remonté par un moteur électrique à chaque heure ; aussi, sa chute n'est-elle que d'une trentaine de centimètres. La roue C_1 reste fixe pendant le remontage, elle est ajustée librement sur l'axe *a* qui est représenté avec son équipement, de face et de profil (fig. 96.)

Est ajusté de la même façon, un monobloc formé par la réunion d'un rochet R*o*, d'un cylindre K et de la roue k_1 dont quelques dents sont représentées dans la vue de face et dont les autres vues de profil engrènent avec la première chaîne sans fin w_1. Enfin, sur deux des bras de la roue C_1 sont fixés les axes d'un cliquet C*i* et d'un pignon satellite *s'* qui engrène, d'une part, avec un pignon *s* solidaire de l'axe *a* et, d'autre part, avec la denture intérieure *s"* du rochet R*o*.

Voici, par exemple, un treuil représenté schématiquement et à une échelle très réduite (fig. 96), (III), dont l'axe de la vis sans fin V*i* est relié par un manchon à celui du rotor du moteur électrique.

Lorsque ce moteur est excité par un courant convenable, son rotor communique, par l'intermédiaire du treuil, des mouvements de rotation à l'arbre *a* que le pignon *s* transmet au pignon satellite *s'* et, celui-ci, à la denture intérieure *s"*.

L'arbre *a* devant tourner dans le sens négatif, le rochet R*o*, auquel appartient *s"*, est entraîné, lui aussi, dans ce sens, ainsi que la roue k_1 dont les dents remontent ainsi le poids P par la chaîne sans fin w_1, jusqu'à l'extinction du courant électrique.

Que devient la roue C_1 pendant ce temps ? La vue de face (fig. 96) (I) montre que le cliquet *Ci* sert à solidariser C_1 avec le rochet R*o* mais, dans le sens négatif seulement (flèches *x*) ; or, R*o* tournant en sens inverse pendant le remontage du poids-moteur, sa denture se borne à faire décliqueter *Ci* ; la roue C_1 reste donc au repos.

Une autre question se pose encore : Comment se comportent, dans leur ensemble, les mobiles formant l'équipement de l'axe *a*, y compris le treuil du remontoir, pendant le fonctionnement de la sonnerie des heures ? À ce moment, la denture intérieure *s"*, tendant en vain à faire tourner le pignon satellite *s'* sur son axe, oblige ce pignon à prendre un mouvement de translation autour de l'axe *a*. Tous les mobiles tournent alors dans le sens négatif ; en sorte que le débrayage de la partie résistante du treuil s'impose, ce qui permet la rotation de l'arbre, soit pendant le fonctionnement en question, soit pendant un remontage, à la main, au moyen d'une clef à manivelle introduite sur le carré a_1 (fig. 96) (I). Une solution élémentaire consiste à solidariser par un encliquetage *ci*, r (III) deux mobiles ayant un axe commun : en effet lorsque le treuil est commandé par l'axe *a*, l'engrenage à vis sans fin peut rester au repos.

REMARQUES. - Pendant le remontage électrique, l'axe du pignon satellite subit une réaction qui se traduit par une force tangentielle sur la roue C_1. Toutefois, cette force auxiliaire, que désigne une grosse flèche, serait insuffisante pour actionner la sonnerie des heures ; il est donc préférable que celle-ci fonctionne entre deux remontages. Les parties où tourillonnent les roues C_1 et R*o* sont munies de roulements à billes.

Les constructeurs amélioreraient, dans des proportions considérables, le rendement des grosses horloges en utilisant, tout au moins dans les coussinets des mobiles moteurs, ce dernier mode de roulement.

Interrupteur électrique.

L'organe principal de cet interrupteur est un petit vase en verre T*u* clos dans une atmosphère neutre et contenant du mercure (fig. 94). Dans les deux godets *t* et *t'* de ce vase pénètrent deux électrodes métalliques dont les extrémités libres *u* et *u'* sont réunies aux extrémités du circuit électrique comprenant le moteur dynamo et les fils du secteur. Grâce à un procédé spécial de fabrication, les soudures entre verre et métal au passage des électrodes, assurent à celles-ci une étanchéité parfaite.

Le vase T*u* est fixé à l'extrémité *i'* d'un levier *(i'*, O_i, *i)* qui basculerait dans le sens négatif si le bras *i* n'était retenu par l'une des bosses I d'un disque solidaire d'un pignon *ri* que mène la roue des heures H par l'intermédiaire d'une roue R*i*. le s'étant éloignée des godets où se trouvent les électrodes, le circuit électrique est ouvert, c'est-à-dire que le courant ne passe pas.

Lorsque le bras *i* tombe dans un creux, le levier bascule, le mercure revient dans les godets et le circuit étant alors fermé, le moteur dynamo remonte le poids P.

Vers la fin du remontage, une longue tige T*i* (vue en bout au schéma), rencontre le point de jonction de deux cornes *j* et *j'* faisant partie du bras (*i'*, O*i*), et provoque le mouvement de bascule du levier dans le sens positif et, par suite, l'éloignement du mercure des électrodes : le circuit est alors ouvert.

Le temps qui s'écoule entre deux remontages consécutifs dépend du rapport H/*r* ; celui-ci étant de $^6/_1$, le pignon et la pièce I mettent donc deux heures pour accomplir une révolution : d'où un remontage par heure.

REMARQUES. Il faut que l'ascension du poids P soit suffisante pour permettre à la tige T*i* de maintenir le levier en l'air jusqu'à ce que l'origine de la bosse I succédant au creux, se trouve dans la trajectoire du bras *i*, lorsque T*i* cesse de soutenir le bras (*i'*, O*i*).

La puissance du moteur universel employé est de 1/15 de C.V. Le treuil utilisé est le suivant :

1
14 — 84
42.

Ce treuil diffère de celui qui a fait l'objet du schéma de principe de la vue (III), figure 96, d'abord, parce que les circonférences primitives ne correspondent pas aux mobiles ci-dessus ; ensuite, parce que l'encliquetage ordinaire, que supportent les mobiles intermédiaires du schéma, est remplacé par un encliquetage à galets qui est lui-même supporté par le dernier mobile U'. De plus, U' est monté sur un noyau de section hexagonale qui est dans le prolongement du tourillon a_2, lequel tourne sur un roulement à billes logé dans la partie avant du carter renfermant le treuil.

L'encliquetage à galets (*L'Horloger*, Tome I, fig. 164) a l'avantage de permettre au moteur de continuer à fonctionner au cas où surviendrait une résistance anormale provoquée, par exemple, par la non-ouverture du circuit lorsque le poids est entièrement remonté.

35. — Sonneries n'utilisant pas de volant ni de rouage spécial.

Les quatre dessins premier type 98, 99, 100 et 101 ci-après intéressent une horloge d'édifice à râteaux sonnant les quarts sur deux cloches et les heures, sur une seule, par l'action directe d'un moteur électrique qui, en même temps, remonte la force motrice des compteurs de temps.

La fréquence des remontages a permis de remplacer le poids-moteur, habituellement employé dans les grosses horloges, par un barillet à ressort dont l'encombrement est notablement moindre. Ce barillet est supporté par l'axe de la roue des minutes.

Le moteur électrique est alimenté par une batterie de six éléments d'accumulateurs au plomb.

À la figure 98 sont représentés :

a.) le moteur électrique, dont R*o* est le rotor, E*x* les bobines du stator, montées en dérivation et B_3 et B_4 ses balais.

b.) un embrayeur électro-magnétique formé d'un électro-aimant circulaire cuirassé E*c*, vu en coupe, qui est fixé à l'extrémité libre du tourillon supérieur du rotor ;

c.) les treuils V*i* \ R*v*, de la sonnerie et V*i* \ *a* — R*v*, \ A du barillet des compteurs de temps ;

d.) des cames *g* et *g'* et des leviers n_1, N_1, O, M_1 et n_2, N_2, O, M_2, participant aux soulèvements des marteaux de la sonnerie lesquels sont actionnés par les fils de tirée fixés aux extrémités de M_1 et de M_2.

e.) les organes d'arrêts 15 et 16 et des organes de délai : X, levier de délai et (10), mobile de délai.

f.) l'interrupteur électrique K, s_0, s_1, s_2, s_3 et un interrupteur de secours constitué par ces quatre derniers contacts et une lame K'.

(a et b) – L'axe du rotor doit se trouver très exactement dans le prolongement de l'axe de la vis sans fin V*i*.

En regard de l'électroaimant E*c* est, à une distance aussi petite que possible, une armature circulaire A*r* fixée sur une pièce *x'* qui, dans le sens transversal, est solidaire du tourillon inférieur de la vis sans fin. Elle se meut dans le sens vertical afin que l'armature puisse obéir à l'attraction de l'électro. Normalement, l'armature est maintenue relevée par deux ressorts à boudin dont les extrémités supérieures sont accrochées à une pièce *x* entièrement solidaire de la vis sans fin.

L'électro tournant avec le rotor, les extrémités de sa bobine sont reliées à deux bagues isolées C_3 et C_4 sur lesquelles frottent des balais B_5 et B_6, eux-mêmes reliés en dérivation sur les balais B_3, et B_4 du

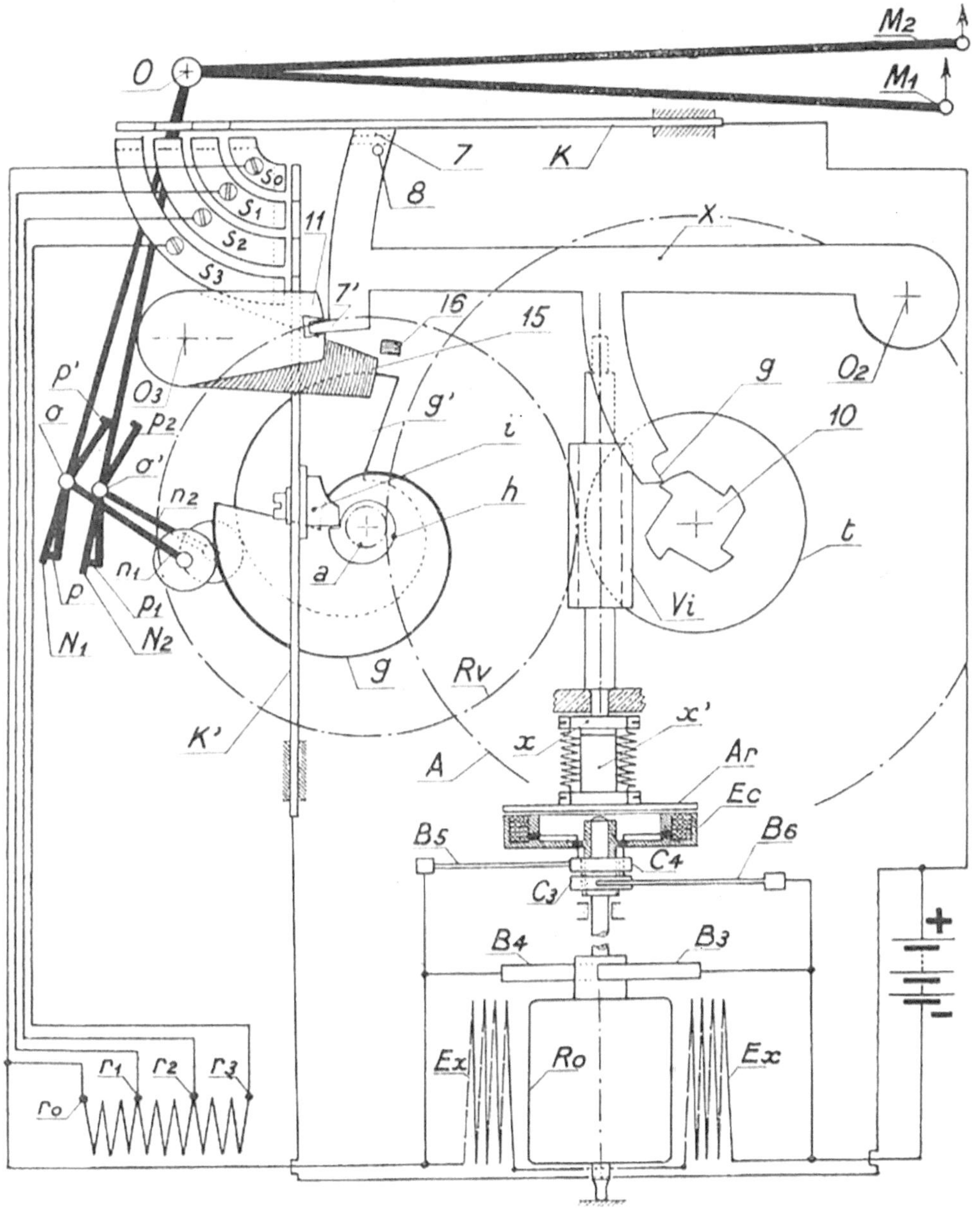

Fig. 98.

Schéma d'une horloge d'édifice munie d'un moteur électrique à courant continu excité en dérivation.

rotor. Ce dernier et l'électro sont donc simultanément le siège d'un courant lorsque le circuit électrique de la batterie est fermé.

REMARQUE. - Autrefois, le circuit de l'électro-embrayeur se fermait par le jeu d'un volant à force centrifuge, tel que celui qui est représenté aux vues d'ensemble (fig. 99 et 100). L'expérience a démontré qu'on obtient avec un moteur convenablement étudié, une régularité dans les battements de la sonnerie au moins aussi bonne que celle des horloges à volant.

(c, d et e) – La vis sans fin V*i* a trois filets et la roue R*v* qu'elle mène, a 100 dents. Sur l'axe de celle-ci sont fixées deux cames *g* et *g'* qui remplacent les chevilles ou les dentures communément employées dans les horloges à sonnerie pour soulever les marteaux. Ces cames agissent sur les bras n_1, N_1 et n_2, N_2, qui jouent le rôle de verges ; à la première est adjoint un bras M_1 et, à la seconde, un bras M_2.

Les leviers n_1, N_1, M_1 et n2, N_2, M_2 ont un axe commun O duquel le premier est, seul, solidaire.

Pour réduire les frottements, les cames *g* et *g'* agissent sur les verges par l'intermédiaire de galets pivotant aux extrémités des bras n_1 et n_2 susceptibles de se mouvoir en *o* et en *o'*. Pendant le soulèvement des marteaux, les galets tendent toujours à se déplacer dans le sens positif, mouvement qui est limité par la rencontre des bras *p* et p_1 avec les leviers N_1 et N_2, Lorsque les cames présentent leurs points culminants aux galets et, dès que les points morts sont franchis, les galets se déplacent rapidement dans le sens négatif, mouvement que limitent les bras *p'* et p_2. Grâce à ce mode de construction, la chute représentée par la différence entre le grand et le petit rayon des cames est intégralement utilisée.

Les pièces ci-dessus se trouvent sur la face postérieure de l'horloge (fig. 99. Vue de profil) et le tourillon-arrière de l'axe de R*v* pivote dans un pont P_4. Le tourillon-avant pivote dans un pont P*i* qui est à l'intérieur de la cage. Ce tourillon est encore soutenu par un pont P_6 extérieur à la cage. Ces précautions sont utiles, à cause de l'arrêt brusque subi par la roue R*v* à la fin de chaque sonnerie. À cet instant, en effet, le taquet (16), (fig. 98), qui est fixé sur R*v*, vient buter contre le bras (15), taquet et bras constituant la détente de ce mécanisme de sonnerie.

En résumé, la roue de vis sans fin, qui joue déjà un rôle dans le treuil, remplit encore les fonctions des roues d'arrêt et des chevilles des sonneries mécaniques ordinaires.

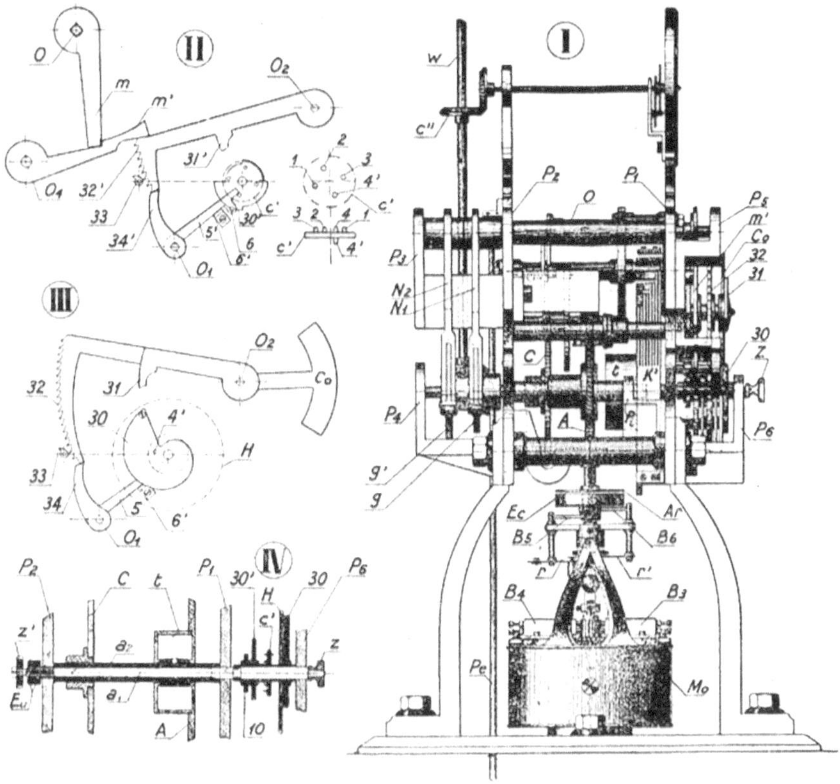

I), Vue de profil de l'horloge. —(II), Râteau des quarts, chaussée et limaçon des quarts. (III), Râteau des heures et limaçon des heures. — (IV), Axe de la roue des minutes.

Sur le tourillon-avant de R*v* et, immédiatement après le pont P*i*, est fixé un pignon *a* qui mène une roue A de laquelle le tambour *t* est solidaire. Sur une lame, relativement épaisse, faisant un seul tour contre la paroi interne du barillet *t*, est fixé un crochet qui sert de point d'attache à l'extrémité extérieure du ressort moteur dont l'extrémité intérieure s'accroche à une bonde solidaire de l'axe de la roue faisant un tour à l'heure. La friction élastique, exercée sur le tambour par la lame, doit être suffisante pour permettre l'armage total du ressort-moteur, mais tout excédent d'armage provoquerait le glissement de la lame.

(f) – Le levier de délai X, qui est mobile sur un axe fixe O_2, remplit les fonctions suivantes :

1°. Par son éperon (7') qui est ajusté très librement dans une entaille pratiquée sur un bras (11), solidaire de l'axe O_3 de la détente

(15), il amène cette dernière dans la trajectoire du taquet (16) ou bien il l'en fait sortir ;

2°. par sa partie coudée (7) qui pénètre à l'intérieur de la cage, il empêche une lame isolée K à laquelle aboutit l'un des pôles de la source d'électricité, de fermer le circuit électrique (pour éviter la mise à la masse de cette lame isolée, le coude (7) est recouvert d'une plaquette isolante) ;

3°. lorsque son bras (9) tombe dans un creux qui suit l'une des dents du mobile (10), il permet à la lame K de venir prendre contact avec les pièces isolées s_0, s_1, s_2, s_3, c'est-à-dire de fermer le circuit. Cette dernière fonction, qui justifie le qualificatif donné à ce levier, doit coïncider avec l'arrivée de l'aiguille des minutes sur les quinzième, trentième, quarante-cinquième ou soixantième divisions du cadran.

Les quatre pièces, isolées ci-dessus, constituent avec la lame K l'interrupteur principal et, avec la lame K', également isolée, l'interrupteur de secours. Les extrémités libres des lames (fig. 99. Vue de profil) forment quatre groupes de deux doigts chacun, qui ferment le circuit dans l'ordre suivant : avec s_3, s_2, s_1 et finalement avec s_0. Dans le premier cas, le courant est obligé de traverser les résistances r_3, r_2, r_1; dans le second, les résistances r_2, r_1 ; dans le troisième, il n'y a plus qu'une résistance r_1 à traverser ; enfin dans le quatrième, le courant va directement au moteur.

L'ouverture du circuit s'effectue dans l'ordre inverse, c'est-à-dire que les trois résistances se retrouvent en circuit au moment de la rupture. Par suite, l'étincelle qui se produit à ce moment-là est suffisamment atténuée pour que les contacts suivants puissent en supporter les effets. Quant aux contacts qui s'établissent les derniers et qui se rompent les premiers, ils sont presque entièrement protégés contre les effets des étincelles de rupture. Pour plus de sûreté, on peut encore les réunir à un condensateur d'une capacité de 7 à 8 microfarads.

Organes réglant les coups à sonner.

Il y a deux râteaux : celui des heures (32) et celui des quarts (32'), ayant chacun un bras (31) et (31') servant, conjointement avec les limaçons (30) et (30'), à en limiter les chutes, (fig. 99) (II), (III) et (IV).

Ces râteaux, qui ont le même axe fixe O_2 que le levier de délai X, (fig. 98 et 100), sont maintenus relevés par les bras-cliquets (34) et (34') qui ont aussi un axe commun fixe O_2.

Lorsque le râteau des heures est entièrement relevé (fig. 100), il maintient également relevé, par une goupille (8), le levier de délai et, par suite, la lame K de l'interrupteur principal : *c'est le râteau* (32) *qui ouvre le circuit électrique vers la fin des sonneries.*

Les cliquets (34) et (34') sont respectivement munis d'un bras (5) et (5') : l'extrémité libre du premier se trouve dans la trajectoire de la goupille (4') de la chaussée *c'* (fig. 99) (III), et, l'extrémité du second, dans la trajectoire des goupilles 1, 2 et 3. Des ressorts à boudin maintiennent, ordinairement, les leviers (5, O_1, 34) et (5', O1, 34') contre un pont-butée (6'). Enfin, sur le bras (5') est implantée une cheville (6) qui vient se présenter devant le bras (5).

Sonnerie des quatre quarts et de l'heure.

Tout d'abord l'observation de ce qui se passe quelques minutes avant et pendant la sonnerie de dix heures, par exemple, peut être utile aux explications qui vont suivre :

Les goupilles (4) et (4') de la chaussée *c'*, qui sont dans le prolongement l'une de l'autre, entraînent, la première, le levier (5, O_1, 34) et, la seconde, le levier (5', O_1, 34'), provoquant ainsi la chute des râteaux sur les limaçons des heures et des quarts (30) et (30'). Peu après les goupilles abandonnent les bras (5) et (5') dont les bras-cliquets (34) et (34') viennent reposer contre la denture des râteaux.

La chute du râteau des heures a eu pour corollaire celle du levier de délai X. Toutefois, cette dernière chute est interrompue par la rencontre du bras (9) et de la partie culminante de l'une des dents du mobile (10), (fig. 98). À cet instant, la détente (15) a déjà abandonné le taquet d'arrêt (16), la lame K de l'interrupteur s'est rapprochée des contacts qui lui font face, mais sans les toucher : ce n'est qu'après un délai de deux ou trois minutes que la chute du bras (9) dans le creux de la dent du mobile (10) se produit et que le circuit se ferme. Le moteur entre alors en action.

À chaque tour de la roue de vis sans fin, deux coups de marteaux marquent un quart, cependant qu'une levée (33), solidaire de l'axe de R*v*, remonte les râteaux d'une dent.

Au quatrième tour, la levée (33), ayant entièrement relevé le râteau des quarts, le levier (34, O_1, 5) est revenu, par l'effet de son ressort antagoniste, à sa position de repos contre la butée (6').

Au cinquième tour, de même qu'à tous les suivants, la levée continue à soulever ce râteau d'une dent, mais ce dernier retombe chaque fois sur (34') ; seul, le râteau des heures est maintenu relevé par (34) jusqu'à la fin de la sonnerie de l'heure : cela, bien entendu, dans le cas particulier dont il s'agit, jusqu'à ce que la sonnerie de dix heures soit achevée.

Au cours du soulèvement de sa dixième dent, le râteau des heures ouvre le circuit électrique en soulevant la lame K par l'intermédiaire de la goupille (8) du levier de délai X (fig. 100), tandis que ce dernier ramène par son éperon (7') et le bras (11), la détente (15) dans la trajectoire du taquet (16) qui, après une très petite fraction de tour, arrête la roue de vis sans fin. À ce moment, l'armature de l'électro-embrayeur n'étant plus maintenue que par la rémanence, le rotor et son équipement peuvent continuer à tourner jusqu'à épuisement de leur puissance vive. Il en est de même de l'armature qui est montée à friction élastique sur son canon.

En somme, les seuls organes qui ont à subir l'arrêt brusque de la sonnerie, sont la vis sans fin et la roue R*v*, soit les deux pièces dont les masses et les vitesses sont les moindres.

REMARQUE I. - Pour éviter le risque d'un coincement de la vis avec la denture de la roue qu'elle mène, il faut prévoir un filet ayant un incliné suffisant. En exagérant, un recul excessif peut se produire après l'arrêt : mais ce défaut est préférable au précédent, car par un simple encliquetage on en évite les conséquences.

REMARQUE II. — Après la sonnerie des quatre quarts, ou ce qui revient au même, au début de la sonnerie de l'heure, un seul coup de marteau doit frapper une cloche par tour de la roue de vis sans fin. On a employé pour cela un procédé qui s'apparente, au fond sinon dans la forme, à celui qui est employé à cet effet dans la pendule à grande sonnerie (Ch. IV, § 20). Le plus petit des marteaux, qui tombe le premier sur sa cloche pour la sonnerie des quarts, est retenu en l'air, pendant la sonnerie des heures, par la rencontre d'un bras *m* avec l'épaulement d'un autre bras *m'*, mobile en O_4, qui repose sur le râteau des quarts (fig. 99) (II). Quant au bras *m*, il est monté à carré sur l'axe O, comme le levier (N_1, O, M_1) commandant le petit marteau. Lorsque le râteau des quarts tombe, *m'* l'accompagne et la sonnerie des quarts peut s'effectuer avec les marteaux.

REMARQUE III. - Pendant la sonnerie des quatre quarts, la levée (33) a relevé le râteau des heures de quatre dents. Par conséquent, il faut que ce râteau tombe de 1 + 4 = 5 dents quand il y a une heure à sonner ; de 2 + 4 = 6 dents, lorsqu'il y a deux heures à sonner etc. En résumé, l'angle de chute du râteau des heures doit correspondre au nombre d'heures à sonner plus quatre. Le contrepoids C*o*, dont on a pourvu ce râteau, le prémunit contre les inconvénients de ses grandes chutes (fig. 100).

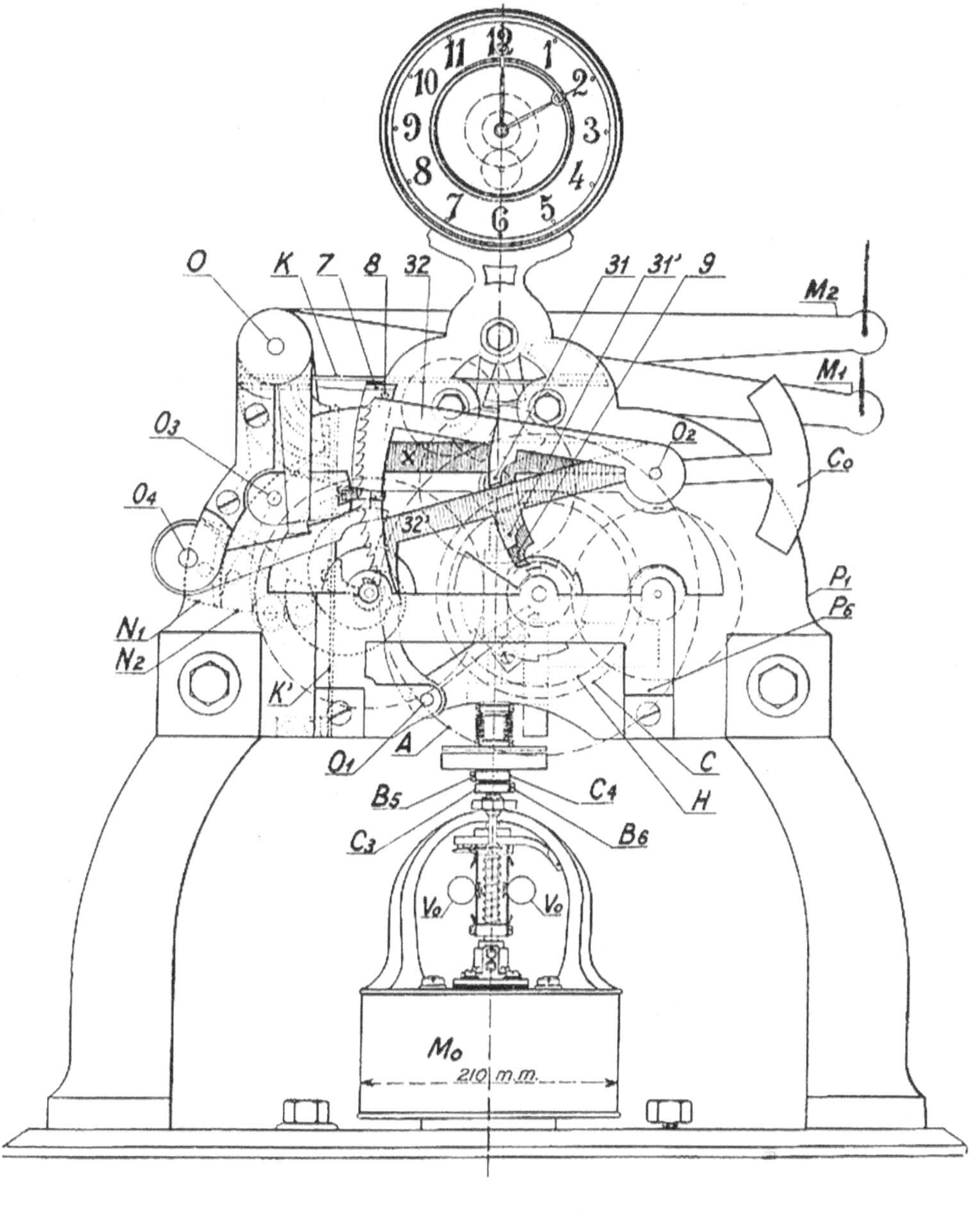

Fig. 100.

Face principale de l'horloge.

Sonneries des trois premiers quarts.

On sait que le râteau des heures prépare les fermetures du circuit électrique et en provoque les ouvertures. Ce râteau doit donc tomber, même lorsqu'il n'y a pas d'heure à sonner : il suffit pour qu'il en soit ainsi, de supprimer sa première dent et d'implanter une cheville (6) sur le bras (5') (fig. 99) (II) et (III).

Si, par exemple, la grande aiguille s'avance vers la quarante-cinquième minute, la goupille (3) de la chaussée entraîne le bras (5') dont la cheville (6) vient, après un certain temps perdu, entraîner à son tour le bras (5). Pendant ces menées se produisent les mouvements ci-après :

1°. Le râteau des quarts tombe de trois dents sur le quatrième secteur du limaçon (30') ;

2°. Le bras *m'* accompagne (32') et laisse le champ libre au bras *m* qui est solidaire du levier (N_1, O , M_1) pour actionner le petit marteau ;

3°. Le râteau des heures tombe de la hauteur du vide de la dent supprimée sur son bras (34) ;

4°. Cette dernière chute provoque celles du levier de délai et de la lame K ; on sait que ces dernières ne s'effectuent que partiellement et qu'elles marquent le commencement du délai ;

5°. Avant l'achèvement du délai, la goupille (3) abandonne le bras (5') et le bras (34') vient s'engager dans la denture du râteau des quarts, tandis que (34) reste sous la première dent du râteau des heures ;

6°. La détente (15) a déjà dégagé le taquet d'arrêt (16) (fig. 98)

7°. Après le délai qui survient lorsque le bras (9) tombe dans le creux de la dent du mobile (10) qui le soutenait, la détente s'est un peu plus éloignée de (16) et la lame K ferme le circuit électrique.

Comme pour les sonneries des quatre quarts et des heures, les râteaux sont relevés d'une dent à chaque tour de la roue de vis sans fin, cependant que les deux marteaux viennent frapper un coup chacun sur leur cloche respective. Mais, il est d'autres fonctions qui sont particulières à la sonnerie des trois premiers quarts : par exemple, après chaque relèvement, le râteau des heures revient à son point de départ, afin de maintenir fermé le circuit commandé par la lame K ; tandis, que le râteau des quarts reste relevé de 1, 2 et 3 dents après le premier, le deuxième et le troisième tour de la roue R*v*. Ce n'est qu'à la fin de la sonnerie que le levier (34, O_1, 5), qui, jusque-là, était maintenu par la cheville (6) et le levier (34', O_1, 5') peuvent regagner leur butée de repos (6').

Interrupteur de secours.

Cet instrument se substitue à l'interrupteur principal lorsque la levée (33) soulève les râteaux et, indirectement, par le râteau des heures et la goupille (8) du levier (7-10), la lame K (fig. 98). À cet effet, un excentrique *h*, solidaire de l'axe de R*v*, pousse à chaque tour de cette dernière, la lame K' contre les contacts s_3, s_2, s_1, s_0, par l'intermédiaire d'une pièce isolée *i*.

Remontage du barillet des compteurs de temps.

On sait que ce barillet *t*A est supporté par l'axe a_2 de la roue C qui fait un tour à l'heure (fig. 99) (IV). L'extrémité intérieure du ressort-moteur est accrochée à une bonde, solidaire de cet axe et, l'autre extrémité, à un crochet fixé sur une lame, relativement très épaisse, qui fait un seul tour contre la paroi interne du tambour. La friction élastique qui en résulte doit suffire, au besoin, à l'armage total du ressort, mais au-delà, elle doit céder, sans dommage pour le mécanisme, en cas de fonctionnement intempestif du moteur électrique.

Le remontage de ce barillet ne s'effectue que pendant le fonctionnement des sonneries : l'armage de son ressort décroît donc, jusqu'à un certain minimum, de midi vers la septième heure et, il croît depuis celle-ci jusqu'à minuit. Il importe que, dans un cycle de douze heures, la somme des gains soit égale à la somme des pertes. En d'autres termes, il faut qu'à la douzième heure le ressort-moteur ait recouvré son armage initial. Ce postulat suffit à démontrer que l'engrenage $^{a}\backslash_{A}$', qui relie la roue de vis sans fin à l'axe de la roue des minutes, ne peut être quelconque.

Le raisonnement suivant permet de nombrer ces mobiles : dans douze heures, le ressort de barillet se désarme de douze tours ; pendant ce temps, la roue de vis sans fin fait autant de tours qu'il sonne de quarts et d'heures, soit (10 x 12) + 78 = 198. Si l'on donne au pignon *a* 12, ou 8 dents et, à la roue A, 198 ou 132 dents, le ressort de barillet a toujours le même armage après chaque sonnerie de douze heures.

En remplaçant le ressort-moteur par un poids supportant une plume encrée se déplaçant devant une feuille de papier enroulée sur un cylindre faisant un tour en douze heures, on obtient le diagramme (fig. 101) ; à la condition bien entendu que : 1° le départ se fasse immédiatement après la sonnerie de midi et que : 2° l'on déploie la feuille de papier aussitôt sonné le douzième coup de minuit. À ce moment le ressort a recouvré les trois tours d'armage du début, après avoir perdu, entre la sixième et la septième heure, moins d'un tour trois quarts.

REMARQUE. - Bien qu'un ressort travaillant sur un si petit nombre de tours soit assuré d'une plus longue vie qu'un ressort d'horloge ordinaire, on a prévu la possibilité d'un remplacement rapide. On peut, en effet, facilement séparer le barillet de la cage après avoir dévissé le bouton moleté Z, de mise à l'heure, le groupe E*u* formé par un contre-écrou et un écrou dont le canon sert de tourillon-arrière, les vis du pont P_6 et retiré l'axe central a_1. On peut alors (fig. 99) (IV) glisser, hors des platines P_1 et P_2, l'axe creux a_2, duquel sont solidaires la roue des minutes C et la bonde du barillet (*t*-A).

Un roulement à billes serait des plus utiles pour le tourillon-avant qui est le plus gros et le plus chargé.

Le mobile Z', monté à carré sur l'axe central, transmet le mouvement de la roue des minutes, par l'intermédiaire de mobiles non représentés, à l'axe vertical W commandant, avec la minuterie du cadran de contrôle, la ou les minuteries des cadrans extérieurs.

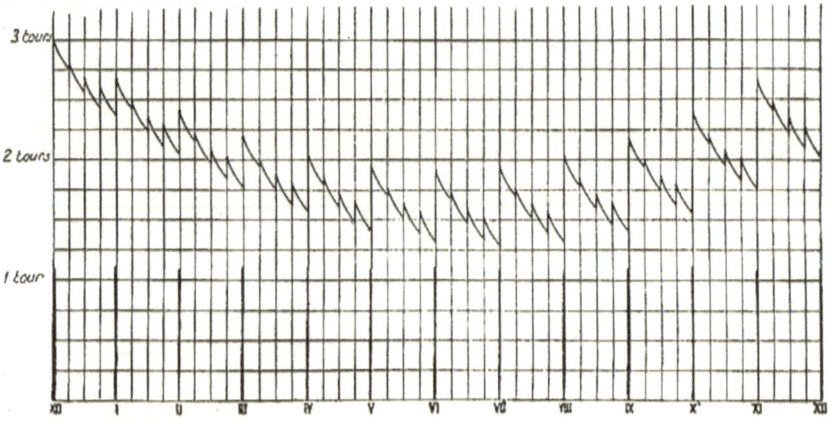

Fig. 101.

Horloge à sonnerie des quarts et des quatre quarts. Graphique des différentes phases de désarmage et d'armage du ressort de barillet en douze heures — le ressort étant armé de huit tours.

Mise à l'heure.

Lorsqu'on veut procéder à une mise à l'heure, il y a lieu tout d'abord de desserrer légèrement les écrous E*u* ; on peut ensuite entraîner les minuteries, soit de l'avant, par le bouton Z, soit de l'arrière, par le mobile Z' ou, encore, par l'un quelconque des renvois. Il faut avoir soin, après la mise à l'heure, de resserrer l'écrou et le contre-écrou.

CONCLUSION. — L'horloge qui vient d'être décrite a été conçue à une époque où les réseaux ne distribuaient que du courant continu et où les arrêts, quelquefois de longues durées, étaient très fréquents.

Actuellement, au contraire, les courants alternatifs sont presque exclusivement employés et les arrêts sont de plus en plus rares et plus courts. On a intérêt à utiliser, dans l'application précédente, un moteur triphasé et un embrayeur fonctionnant avec la force centrifuge.

36. — Pendule électrique à balancier moteur sonnant les heures et les demies (1)[10].

Les pendules électriques à balancier moteur sont assez connues, maintenant, pour qu'on se borne à rappeler que :

1°. Les oscillations du balancier P (fig. 102) sont entretenues par les impulsions électromécaniques provenant d'une bobine B sur un aimant S, N, solidaire de P ;

2°. Les fermetures et les ouvertures du circuit (+,B, *r, n, r'*, —) sont commandées par un cliquet C_1, monté sur le pendule, un rochet R et un système de leviers dont la figure montre un exemple ; le levier *m o n* est armé dans le sens positif par le ressort *r'* ; *m* est le bras qui maintient le rochet R quand il n'est pas mené par le cliquet C_1.

3°. Le rochet R supporte le premier mobile d'un rouage démultiplicateur aboutissant aux compteurs de secondes, de minutes et d'heures. De ce rouage, seule, la chaussée *c* figure dans les dessins (fig. 103) (I) et (II). On remarquera dans la première de ces figures, que le dessin des organes intéressant la sonnerie est à une échelle plus grande que celle du pendule P et que ces organes ont été disposés de façon à en faciliter la compréhension.

Organes de réglage des coups à sonner et de déclenchement.

On distingue, à première vue, le limaçon des heures (30) et le râteau (32) dont le bras réglant sa chute sur (30) est une simple cheville (31), (fig. 102).

On voit, sur le même axe O, qui est le centre du cadran de la pendule, la circonférence primitive de la chaussée *c* sur laquelle sont fixées, aux extrémités de deux rayons différents, les deux goupilles (1) et (2). La première commande le déclenchement des demies et, la seconde, le déclenchement des heures, en agissant sur le bec (3) d'un levier mobile en O_2 ; il comporte deux autres becs (4) et (5) dont on verra plus loin l'utilité.

Dispositif de commande du marteau.

Les deux phases du mouvement périodique du marteau M sont commandées par une électro-aimant E, E' dont la carcasse et l'armature A_2 sont polarisées par un aimant A_1.

[10] Création de M. Rollin, ancien Élève de l'E.N.H. de Cluses.

Fig. 102.

Pendule à balancier moteur sonnant les heures et les demies.

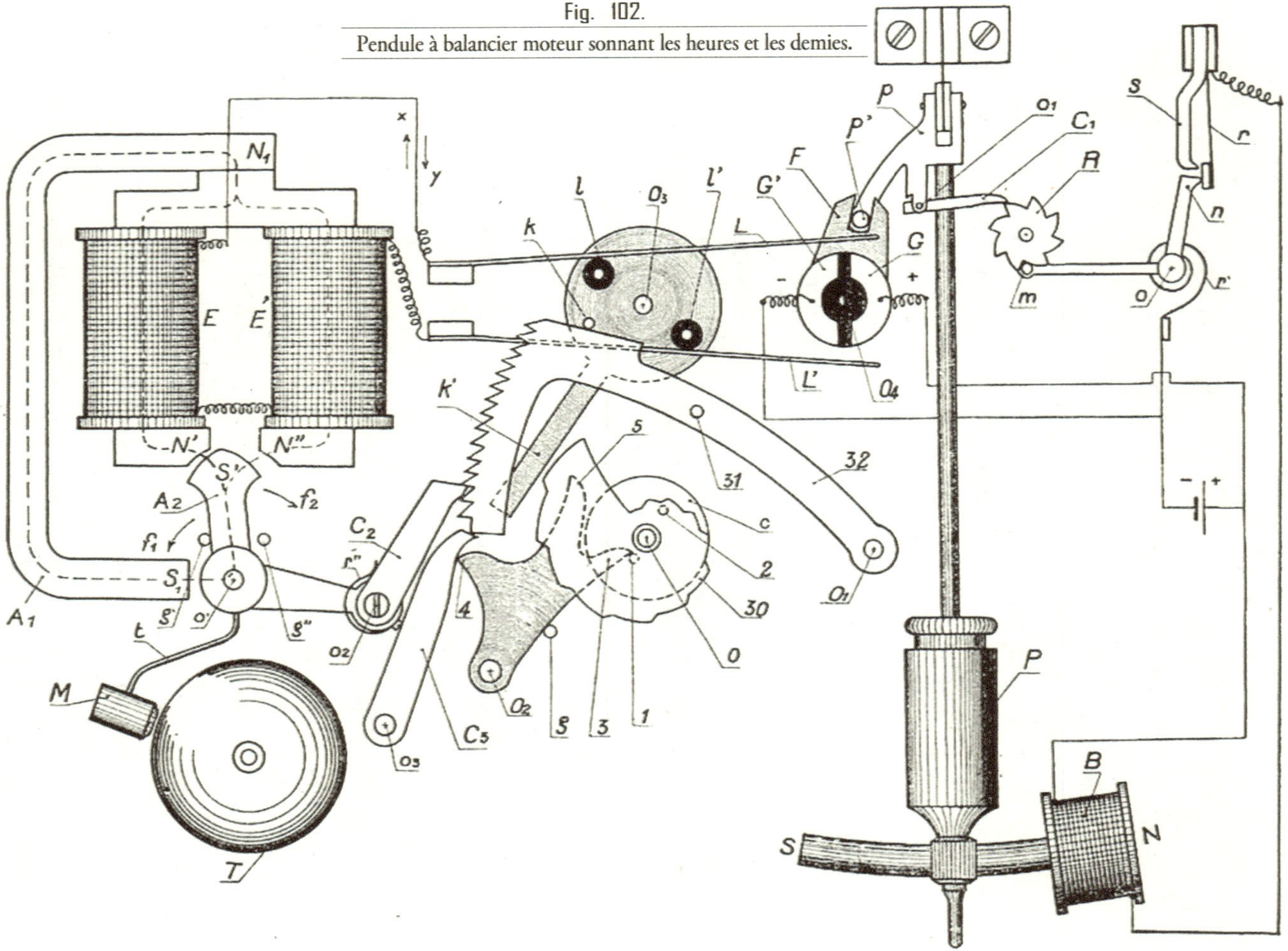

L'armature est sollicitée à se maintenir, tant que les bobines E et E' ne sont pas traversées par un courant électrique, dans la position où l'entrefer est le plus petit.

Si les bobines sont le siège d'un courant produisant un pôle nord en N' et un pôle sud en N", l'armature n'en est que mieux maintenue dans la position représentée. Mais, si l'on inverse le courant, les pôles s'inversant aussi, l'armature se déplace vers la droite et le marteau M s'éloigne du timbre T. Une nouvelle inversion fait frapper un coup sur le timbre.

Le fonctionnement du marteau M exige donc un commutateur inverseur. Les principaux organes du commutateur-inverseur utilisé ici sont deux lames isolées L et L', respectivement reliées aux bobines E et E', et une pièce, mobile en O_4, comprenant une fourchette F et deux segments isolés G et G', reliés aux deux pôles du même élément de pile qui fournit déjà le courant entretenant la marche des compteurs de temps.

Dans la position représentée à la figure 103, (I), le courant ne passe pas dans l'électro E, E'. En effet, les lames L et L' sont maintenues écartées de G et G' par deux canons en matière isolante *l* et *l'* que supporte une pièce mobile en O_3, sur laquelle est implantée une cheville *k* reposant sur le râteau. Lorsque ce dernier tombe, les lames L et L' font tourner le levier (*k*, O_3) dans le sens négatif et viennent reposer, sur la périphérie des segments G et G'. Le courant (fig. 103) (II) sort par L et rentre par L' ; lors de l'oscillation opposée, il sortira par L' et reviendra à la pile par L.

Sonnerie de la demie.

Pendant la menée du bec (3) (fig. 102) par la goupille (1) de la chaussée *c*, le bec (4) imprime au cliquet C_3, mobile en o_3, un mouvement dans le sens négatif qui a pour effet

a) d'amener C_3 au-dessous du vide qui précède la première dent du râteau ;

b) de transmettre par le dos de C_3, un mouvement identique au cliquet C_2 ; le râteau tombe alors mais, seulement, de la hauteur du vide précédant la première dent, car la menée de (3) par (1) est insuffisante pour que C_3 libère entièrement le râteau. Le cliquet C_2 est mobile en o_2 sur un bras solidaire de l'axe *o* commun à l'armature A_2 et au marteau M. Bien que ne représentant que la valeur d'un pas, la chute du râteau est suffisante pour que la cheville *k*, en accompagnant le râteau, permette aux lames L et L' de venir en contact avec G et. G'.

Délai.

Ce dernier contact peut, toutefois, se produire qu'après la libération du bec (3) par la goupille de la chaussée. On a donc dû créer le délai que voici :

Au moment où les cliquets abandonnent le râteau à l'action de son propre poids, le bec (5) retient, par le bras *k'*, la pièce (O_3, *k*, *k'*) ainsi, par conséquent, que les lames L et L' (fig. 103) (I). C'est le commencement du délai. La fin du délai coïncide avec la séparation des organes de déclenchement (1) et (3). Ce n'est qu'à cet instant que les lames peuvent venir se poser sur la périphérie du disque formé par les segments conducteurs G et G' et l'isolant qui les sépare. Lorsque celui-ci passe sous les lames, le courant reste ouvert mais pendant un temps assez court, après lequel L et L' sont en contact tantôt avec G, tantôt avec G' ; d'où les alternances des pôles magnétiques de l'électro (fig. 102) provoquant : les unes, la levée du marteau M ; les autres, la frappe du timbre par celui-ci. (La flèche *x* indique le sens du courant quand L est en contact avec G, la flèche *y* indique le sens du courant quand cette lame est en contact avec G'.

On a observé, précédemment, que l'action de la goupille (1) de la chaussée sur le levier de déclenchement (3,O_2, 4,5) ne permet que la chute d'une dent du râteau : le marteau ne peut donc frapper qu'un seul coup sur le timbre pour marquer la sonnerie de la demi-heure. En effet, pendant cette fonction, le cliquet C_2 remonte le râteau de la quantité dont il est tombé et ce dernier provoque, par l'intermédiaire de la cheville *k* et des canons *l* et *l'*, la séparation des lames L et L'.

Le circuit reste ainsi ouvert jusqu'à la prochaine chute du râteau, soit jusqu'à la sonnerie de l'heure. En attendant, le pendule P continue à imprimer à la fourchette F son petit mouvement circulaire alternatif, n'ayant à vaincre que les frottements de la cheville *p'* dans F et ceux des tourillons de l'axe O_4 dans leurs coussinets. La cheville *p'* fait partie d'une pièce *p* fixée sur la suspension et supportant l'axe o_1 du cliquet C_1.

Par les pièces *r'* et *r* se fait l'ouverture ou la fermeture du circuit de la bobine B.

Sonnerie des heures.

C'est au tour de la goupille (2) d'entraîner le bec (3). Au début de cette menée, on observe les mêmes effets, y compris le délai, que ceux qui résultent de l'entraînement du bec (3) par la goupille (1). Mais, la goupille (2) ayant une plus grande possibilité de menée, le râteau est

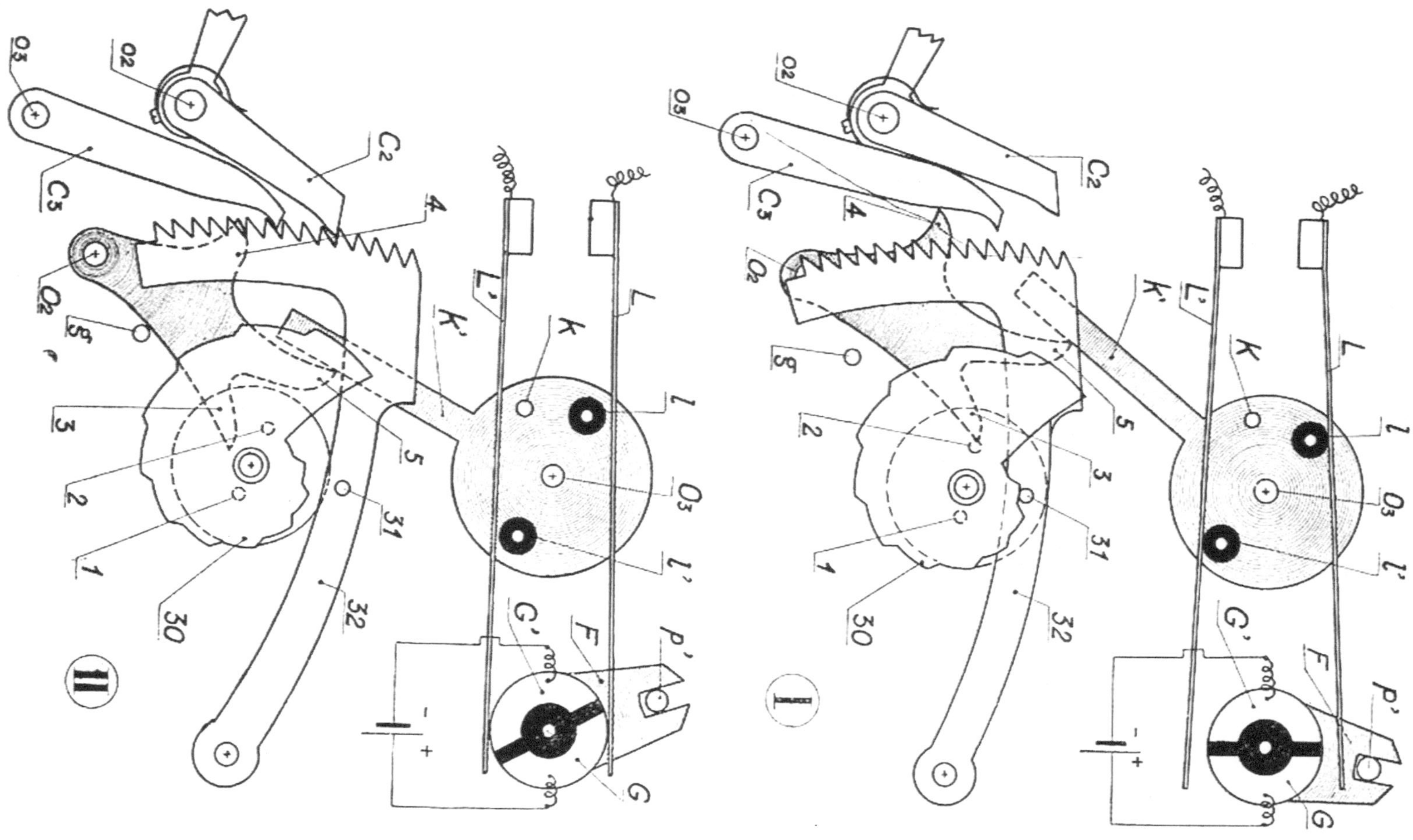

Fig. 103.

(I), Mécanisme quelques instants avant la sonnerie de 11 heures. — (II) Mécanisme pendant le fonctionnement de la sonnerie.

entièrement libéré avant que cette goupille n'abandonne le levier (3, O_2, 4, 5) à lui-même (fig. 103, (I)). Dans la position représentée, la chute du râteau correspond à onze dents. Lorsqu'après la séparation de (3) et (2), le circuit électrique se fermera, le marteau M frappera onze coups sur le timbre T, après lesquels le râteau, ayant été soulevé d'autant de dents par le cliquet C_2, provoquera à nouveau, par l'intermédiaire de la cheville *k* et des canons *l* et *l'*, l'éloignement des lames L et L' des segments G et G'.

REMARQUE. — Dans ce type de sonnerie, le volant est avantageusement remplacé par le pendule pour l'obtention d'une cadence régulière. Si le pendule bat la demi-seconde, la fréquence des coups de marteau est exactement d'une seconde.

37. — Pendule synchrone sonnant les heures et les demies [11].

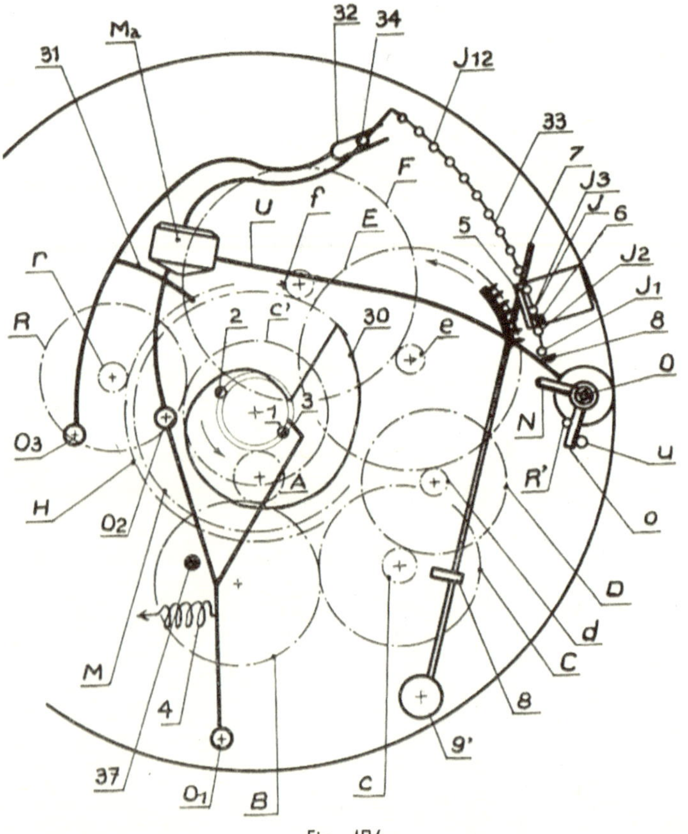

Fig. 104.

Pendule synchrone à sonnerie. — Vue schématique.

[11] Création de M. Jarry, ancien élève de l'E.N.H. de Cluses.

On dénomme *pendules synchrones* des instruments de mesure du temps qui ne comportent ni régulateur, ni échappement, ni rouages multiplicateurs. Elles ne se composent que d'un simple rouage démultiplicateur, dont une minuterie ordinaire, actionné par un petit *moteur synchrone*. La vitesse de ce moteur reste uniforme à condition, bien entendu, que la fréquence du courant alternatif qui l'excite reste elle-même uniforme.

Les horloges synchrones ont été inventées, quelques années avant l'Exposition universelle de 1900, par un savant électricien genevois, M. Thury. À cette époque, le courant alternatif était peu employé et sa constance, tant au point de vue distribution qu'au point de vue fréquence, était très incertaine. Aussi, l'inventeur avait-il imaginé, pour actionner ses horloges synchrones, une commutatrice transformant le courant continu d'une batterie d'accumulateurs en courant triphasé et dont la vitesse était réglée par un dispositif électro-mécanique. La première commutatrice, ainsi que les premières horloges synchrones ont été cédées, en 1906, par M. Thury à l'École de Cluses : elles figurent toujours dans les collections de cet Établissement.

La figure 104 représente une vue schématique d'une pendule synchrone et des leviers intéressant le mécanisme de sonnerie qui y est appliqué.

Le moteur synchrone est fixé sur la platine postérieure P, de la cage du mouvement d'horlogerie. À l'extrémité libre de l'axe de son rotor est disposé un pignon A de quinze dents qui pénètre à l'intérieur de la cage à travers une ouverture pratiquée dans la platine (fig. 104 et 108) (I) (II).

À la fréquence de cinquante périodes, la vitesse du rotor est de trois tours un tiers à la seconde ; soit douze mille tours dans une heure. Ce dernier nombre, qui représente le rapport des vitesses entre la roue des minutes M et le pignon du rotor, est réalisé par l'engrenage démultiplicateur suivant :

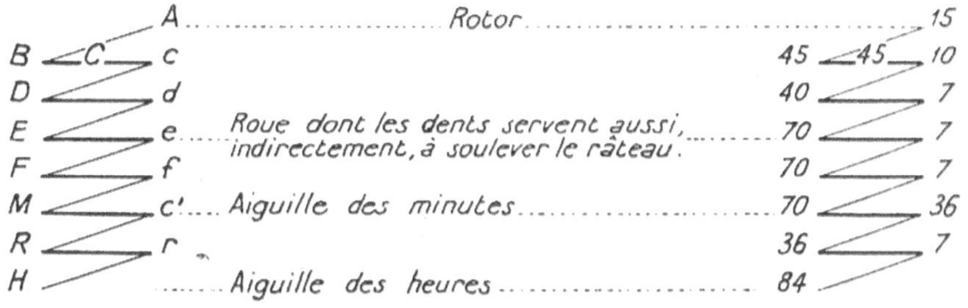

Il n'existe pas de rouage spécial pour la sonnerie, mais la roue E, du rouage des compteurs de temps ci-dessus, joue un rôle dans le fonctionnement de celle-ci.

La chaussée *c'* supporte, comme dans la pendule classique à râteau, deux goupilles (1) et (2), inégalement distantes de l'axe. (On pourrait, également, utiliser deux goupilles de plantage équidistantes, mais de diamètres différents ; en les entaillant à demi-diamètre, on réduit les temps perdus).

La goupille la plus rapprochée de l'axe de la chaussée commande le déclenchement de la sonnerie des demies et l'autre, le déclenchement de la sonnerie des heures, en attaquant le bec (3) d'un levier mobile en O_1.

Ce dernier supporte, mobile en O_2, une sorte de râteau (33) qui, au lieu d'une denture ordinaire, est muni de quatorze chevilles J_1, J_2........ J_{14}. L'une de ces chevilles J_3 se prolonge au-dessous du plan inférieur de (33) et ce prolongement J, (fig. 105) (I), repose, ordinairement, sur l'épaulement (6) d'un petit pont en équerre (5) qui est fixé sur la face interne de la platine antérieure P_1.

Le ressort à boudin (4) sollicite constamment le râteau dans le sens de la flèche (36) (fig. 106) (II) et (III).

Contrairement à la règle habituelle, le bras (31) qui, concurremment avec le limaçon des heures (30), règle la chute du râteau, ne fait pas partie de la masse de celui-ci : il est supporté par un levier indépendant, mobile en O_3, dont l'extrémité libre se termine par une fourche (32), dans laquelle peut jouer une tige (34), implantée sur le râteau (fig. 105) (I).

Sonnerie de la demie.

Comment se comporte le mécanisme pendant que la goupille (1) de la chaussée entraîne le bec (3) dans le sens de la flèche *x* (fig. 106) (I) ? (Ne pas oublier que c'est la face postérieure de la pendule que l'on observe).

Vers la fin de la menée, l'axe O_2 du râteau a passé de la position a_1 à la position a_2 ; pendant ce temps, la tige J, prolongement de J_3, a échappé l'épaulement (6) et le râteau est tombé de son propre poids, suivant la flèche (35), jusqu'à la rencontre de la tige avec l'entaille du plot (8). Ce plot est constitué par une cheville, chassée sur la platine antérieure P_1, dont la section de la partie débordante a la forme d'un demi-cercle.

Cette cheville maintient le râteau jusqu'à la libération du bec (3) par la goupille (1) de la chaussée. À cet instant, les mouvements suivants se produisent :

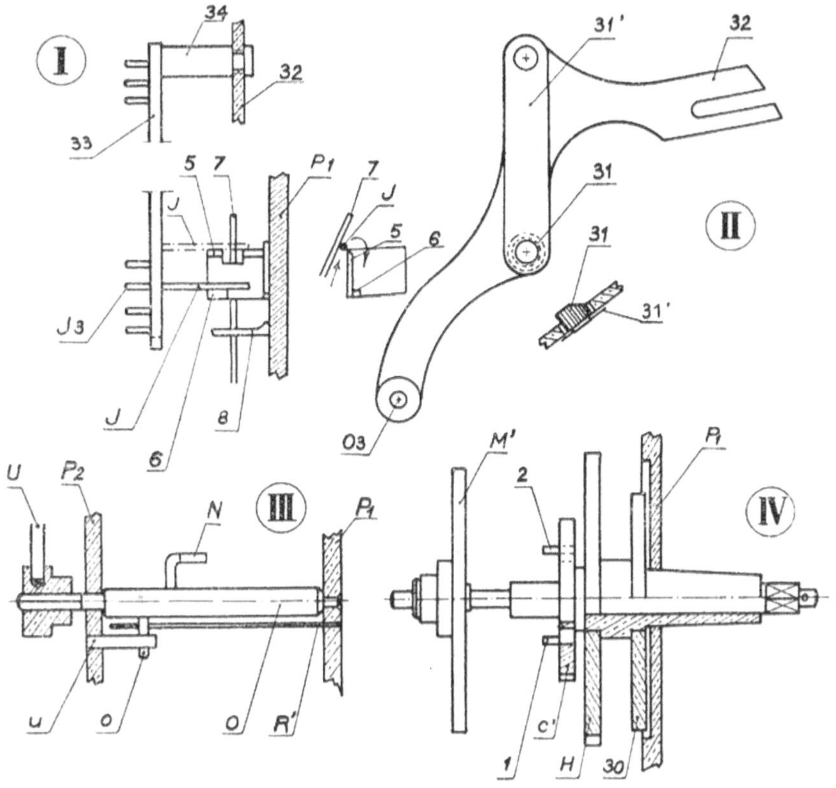

Fig. 105.

Formes réelles adoptées par quelques organes de la pendule synchrone. (I), Colonnette (34) reliant le râteau (33) à la fourche (32). — (II), Lame ressort (31') supportée par le levier (O_3. 32). — (III), Platine P_1 antérieure (côté cadran). P_2, platine postérieure. — (IV), M, roue de centre. *c'* chaussée. H roue des heures. (30) limaçon.

a.) le râteau se déplaçant, suivant la flèche (36), par l'effet du ressort à boudin (4) jusqu'à la rencontre d'une butée (37) par le levier de déclenchement, une seule cheville J_1 peut passer au-dessous de la verge N qui retient la précédente J_2 ;

b.) les chevilles J_2, J_3, J_4,.... pénètrent dans la denture de la roue E (fig. 106) (II) ;

c.) ce dernier mobile, qui est toujours animé d'un mouvement continu et uniforme, relève le râteau pendant que la cheville J_1 soulève la verge N-*o* du marteau M*a* qui, en retombant sur le timbre, sonne la demie.

REMARQUE. — Avant la fin de la menée du râteau, la tige J oblige une tige-ressort (7) fixée en (9') sur la platine P_1 (fig. 104 et 105) (I) à aban-

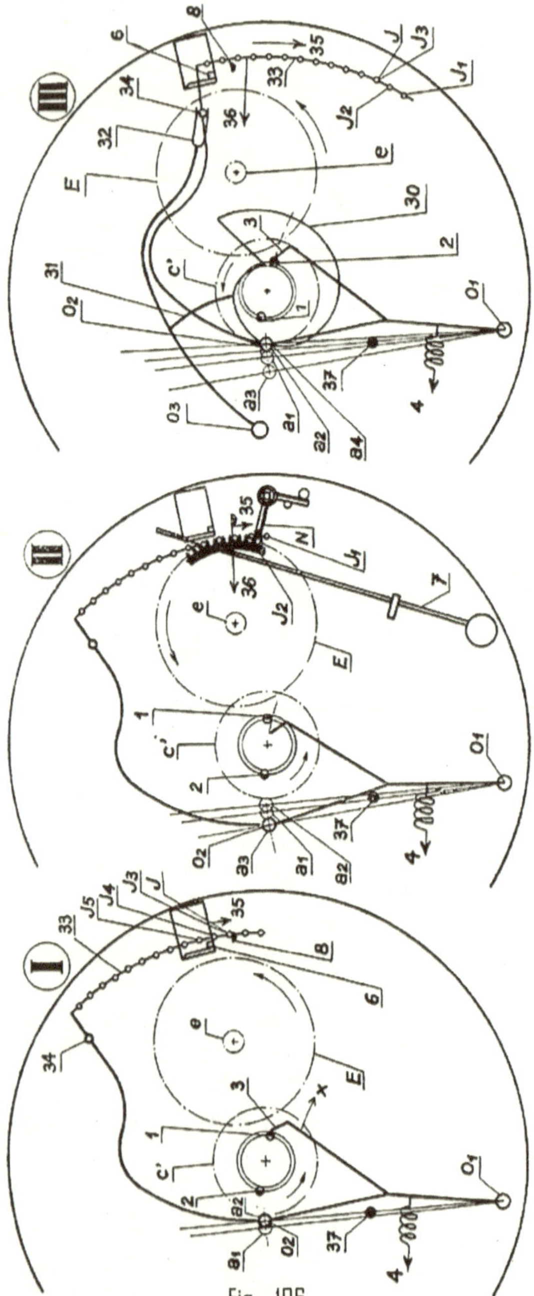

Fig. 106.

Trois positions du râteau pendant la menée, par les goupilles de la chaussée, du levier de déclenchement.

donner sa position de repos au fond d'une encoche pratiquée dans le pont (5), et, dès que la tige a franchi l'arête de ce pont, le ressort (7) la chasse brusquement (comme l'indique la flèche incurvée), jusqu'à sa rencontre avec l'épaulement (6) qui la retient tant que le prochain déclenchement ne s'est pas produit (fig. 106) (I).

Sonnerie de l'heure.

Dans la première phase de la menée du bec (3) par la goupille (2) de la chaussée, on observe les mêmes effets que lorsqu'il s'agit de la sonnerie de la demie : la tige J échappe l'épaulement (6) et vient tomber sur le plot (8).

Mais, dans la seconde phase, la menée du bec par la deuxième goupille se poursuit assez longtemps pour faire passer la tige J audelà du plot (8) : le râteau peut alors tomber librement jusqu'à la rencontre du bras (31) avec le limaçon (30).

À cet instant, l'axe *o2* du râteau occupe la position *a* (fig. 106) (III).

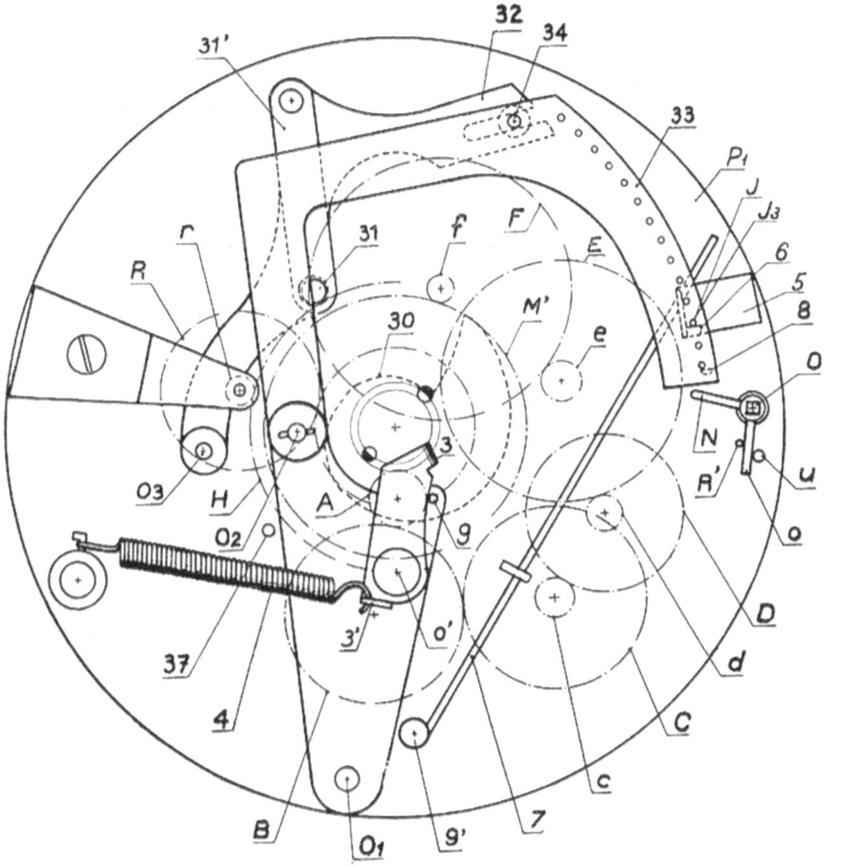

Fig. 107.

Mêmes leviers que ceux de la figure 104, mais représentés sous leurs formes pratiques.

Lorsque la goupille (2) libère le bec (3), le ressort à boudin (4), en ramenant le levier (3-O_1)contre la butée (37), déplace le râteau suivant la flèche (36) et provoque l'engrènement des chevilles de ce dernier avec les dents de la roue E. Celle-ci entraîne alors le râteau et la sonnerie de l'heure s'effectue sans tarder.

La position occupée par le limaçon des heures, correspond à la sonnerie de dix heures.

À la fin de la sonnerie, la tige-ressort (7) renvoie la tige J sur l'épaulement (6) où elle reste au repos jusqu'au prochain déclenchement (fig, 105 et 106) (II).

Mise à l'heure.

Le bec (3) (fig. 107) constitue l'un des bras d'un petit levier inter-appui (3, *o'*, 3') ; le bras (3') sert de point d'application au ressort à boudin (4) ; en outre des rôles qu'on lui connaît déjà, ce ressort maintient le levier ci-dessus contre la butée (9). Ce mode de construction permet la mise à l'heure dans le sens négatif, le bec (3) pouvant, en effet, décliqueter au passage des goupilles de la chaussée.

On a également prévu la possibilité, lors d'une mise à l'heure dans le sens positif, de faire franchir par le bras (31) le flanc du limaçon qui suit le petit rayon : on chanfreine la partie arrière du plot (31) qui sert de bras au râteau (fig. 105) (II) et l'on fixe ce plot sur l'extrémité libre d'une lame-ressort (31') qui se soulève lorsque le flanc du limaçon rencontre le plan incliné de (31).

REMARQUE. — *A priori*, pendant le passage de la tige J devant la face interne du pont (5), on pourrait craindre d'être obligé de marquer un temps d'arrêt, d'environ deux secondes, jusqu'à ce que J soit refoulée par la tige-ressort (7) sur la face externe du pont. Cette crainte est sans fondement, car à ce moment le bec (3), qui est coudé, se trouve hors de la trajectoire des goupilles de la chaussée.

CONCLUSION. — La simplicité du mécanisme de sonnerie qui vient d'être décrit, ne le cède en rien à la simplicité de la pendule synchrone elle-même. C'est ainsi, qu'exception faite du marteau, du timbre et du moteur électrique, tout le mécanisme a pu être logé entre les deux platines de la cage et que le seul repère à observer est celui des positions relatives du limaçon et du bras du râteau.

38. — Moteur synchrone.

Le moteur synchrone employé dans le cas d'espèce dont il s'agit, est représenté à la figure 108. La vue (I) en montre le rotor, la vue (II), le stator, et la vue (III), le carter.

Le rotor comprend deux tambours D*u* et F, solidement emboîtés l'un dans l'autre. Le tambour intérieur est en duralumin, et, l'autre, en fer doux.

Ces deux tambours n'en forment donc qu'un seul dont l'épaisseur est de 1,15 mm, les trois cinquièmes représentant l'épaisseur du duralumin.

Les diamètres extérieur et intérieur du tambour sont, respectivement, de 44,6 et de 42,5 mm.

Le fond de la partie en fer du tambour a été supprimé et des nervures *u*, aménagées sur le fond en duralumin, lui donnent la rigidité voulue

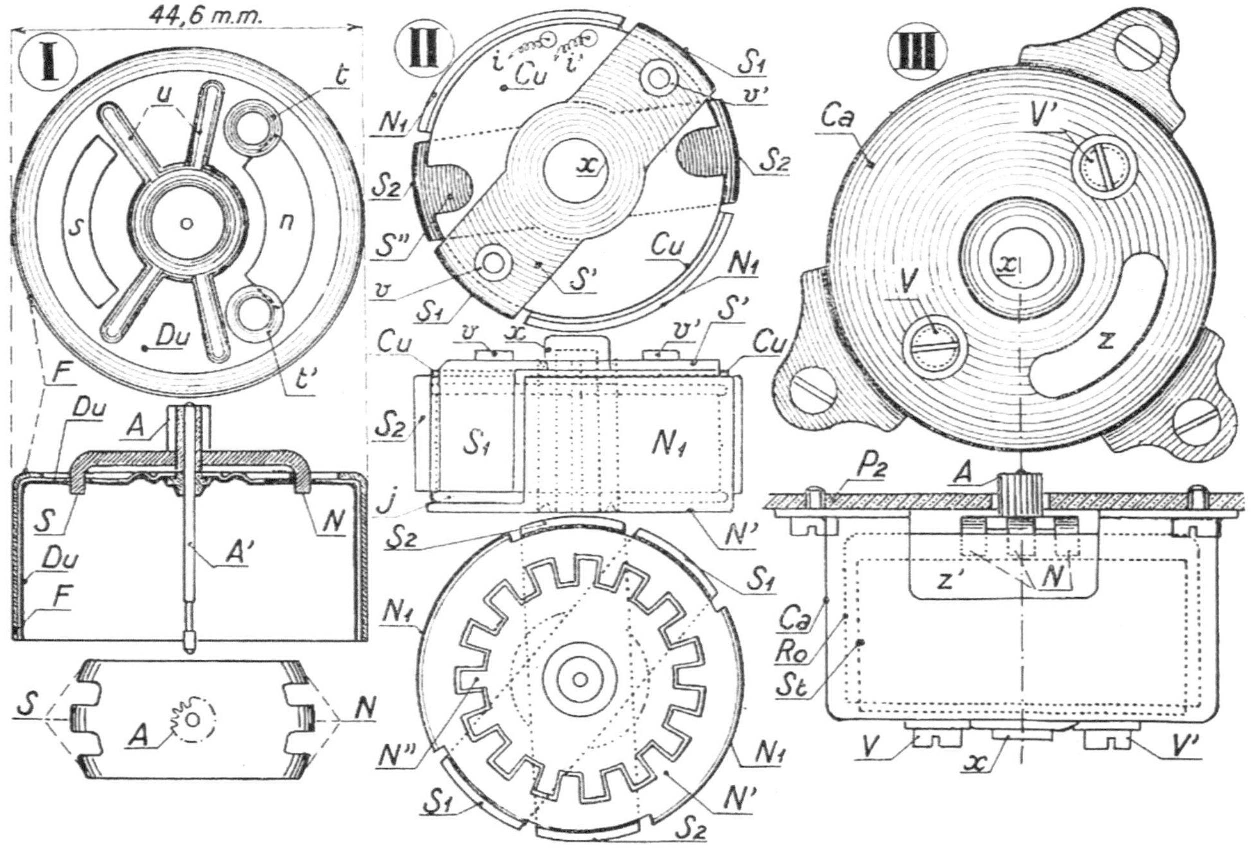

Fig. 108.

Type de moteur synchrone employé dans la pendule Jarry. (1), Rotor. — (II), Stator. —(111), Carter fixé sur la platine postérieure.

pour recevoir l'assiette supportant l'axe A'. Sur le tigeron supérieur de cet axe A' est ajusté librement le pignon A qui est le premier mobile de la pendule synchrone.

N, S est un aimant solidaire du pignon A ; ses extrémités coudées pénètrent, à l'intérieur du tambour, à travers les ouvertures *n* et *s* et viennent se présenter, en laissant un petit entrefer, devant la face N', N" du stator S*t*, vues (I), (II) et (III).

Le stator, dont la vue (II) montre les deux faces et une vue de profil, a l'aspect d'un cylindre massif. Son diamètre est de 41,3 mm et sa hauteur de 19,8, non compris les protubérances *x*, *v* et *v'* dont l'utilité apparaîtra plus loin.

L'intérieur du stator est occupé par une bobine de fil, de forme simple, semblable aux bobines des voltmètres Desruelles et Hummel, dont la vue de profil montre une portion d'une des deux joues *j* de la carcasse ; le reste de la bobine est représenté en pointillés.

Au centre de la bobine, ou, ce qui revient au même, du stator, est un noyau *x* en fer creux qui sert à fixer sur chacune des joues de la bobine :

1° deux pièces de fer S' et S" que sépare un disque de cuivre C*u* et dont les extrémités S_3, et S_2 sont pliées à angle droit ;

2° un disque de fer N" et N', recouvrant entièrement la deuxième joue, disque qui comporte aussi deux parties N_1 pliées à angle droit, comprises dans un angle égal à la somme des angles dans lesquels sont englobées les parties S_1 et S_2.

À l'intérieur du tube central est chassé un cylindre en bronze percé d'un trou dans lequel pivote, sur un contre-pivot, l'axe A' du rotor.

Le carter C*a* est fixé par trois vis sur la platine postérieure P_2 de la pendule, vue (III). L'ouverture *z* sert à la sortie des fils *i* et *i'* de la bobine, vue (II). Par trois autres ouvertures *z'*, symétriquement réparties sur la périphérie de C*a*, apparaissent la partie supérieure du rotor R*o*, et celle de l'aimant que supporte le pignon A.

Le stator S*t*, dont le profil est représenté en pointillés à l'intérieur de celui du rotor R*o*, est fixé sur le fond du carter par deux vis V et V' qui se montent dans deux trous taraudés, pratiqués au centre de chacune des saillies *v* et *v'*.

Quant au rotor R*o*, il est maintenu, l'extrémité de son axe reposant contre la plaque de contre-pivot, par la seule attraction qui s'exerce entre l'aimant N, S, et la face N', N" du stator, vues (II) et (III).

Les positions respectives du stator et du carter ne peuvent se modifier, grâce aux protubérances *v*, *v'* et *x* qui s'ajustent dans des trous pratiqués dans le carter.

FONCTIONNEMENT DU MOTEUR. — Le stator n'est qu'une sorte d'électroaimant cuirassé, dans lequel un courant continu développerait un pôle Nord à une extrémité de la bobine et un pôle Sud à l'autre extrémité. Mais les faces de la bobine étant recouvertes de pièces de fer S', S" et N', c'est aux extrémités de ces pièces que se développent les pôles ord et sud. On a eu soin d'aménager entre ces derniers des entrefers plus grands que l'entrefer qui les sépare du rotor.

Si l'on envoie dans la bobine du courant alternatif ayant la fréquence ordinaire, soit 50 périodes, les pôles s'inverseront à la vitesse de 50 nord et de 50 sud dans une seconde. Ces alternances concorderaient avec la force électromotrice alternative si le stator n'avait pas de self-induction. Or, celle-ci est, au contraire, très importante ainsi qu'on peut en juger par les chiffres suivants : le moteur étant soumis à une tension de 120 volts, le courant qui le traverse n'a qu'une intensité de 40 milliampères environ, alors que la résistance de la bobine est à peine de 800 ohms.

Le retard du flux sur la *f. é. m.* est atténué, en ce qui concerne les pièces S', S", S_1, S_2, par l'effet des courants de Foucault prenant naissance dans la plaque de cuivre *Cu* qui sépare S' et S". Dans ces pièces les pôles sont en avance par rapport à ceux de la pièce N' N". Il se produit donc, comme dans le petit moteur à champ tournant décrit au Ch. V, § 28, des effets attractifs entre les pôles du stator et des effets semblables résultant des courants induits dans le rotor, lequel tourne dans le sens positif lorsqu'on fait face à l'aimant.

Dans ce sens, le rotor va des pôles N_1 aux pôles S_2. On peut se demander pourquoi il n'irait pas aussi bien des pôles N_1 aux pôles S_1, puisque ceux-ci sont aussi sous l'action des courants induits dans le disque de cuivre *Cu*.

Si les pièces S', S_1 et S", S_2 étaient identiques, le rotor pourrait, en effet, tourner indifféremment dans un sens ou dans l'autre. Mais il suffit de créer entre elles une dissymétrie magnétique pour obtenir un sens de rotation bien déterminé. Cette dissymétrie est réalisée par l'emploi de deux métaux de qualité différente : la pièce S' S_1 est en fer doux ordinaire tandis que la pièce S" S_2 est en fer à haute perméabilité, ce qui la rend plus sensible que la première à l'influence des courants induits dans le disque de cuivre. Ainsi se justifie le sens de rotation indiqué plus haut.

DISPOSITIF DE SYNCHRONISATION. — La division en deux parties du disque de fer N", N' n'affecte en rien les explications précédentes relatives au fonctionnement du rotor, elle n'intéresse que le synchronisme du rotor avec la fréquence du courant alternatif parcourant la bobine du stator.

En pratiquant sur les portions de disques N" et N' des saillies, en forme de dents s'emboîtant les unes dans les autres, on a voulu avoir, sur une plaque de fer *monopôle*, un certain nombre de pôles, nord et sud, en série. On a ainsi obtenu quinze paires de pôles.

L'aimant N, S est muni à chacun de ses pôles de trois dents dont le pas est le même que celui des dents du stator. Lorsque les trois dents nord de l'aimant sont en face de trois dents du disque N', par exemple, les trois dents sud sont en face des dents du disque N". Le rotor, une fois « accroché », continue à tourner avec une vitesse uniforme : 50/15 de tours à la seconde, soit 3,1/3 de tours.

REMARQUES. — Si l'on supprime l'aimant, la vitesse du rotor augmente très sensiblement, mais on n'a plus alors qu'un moteur asynchrone. Un tel moteur appliqué à un remontage automatique est intéressant à cause de son couple moteur qui est relativement grand. Il faut trois grammes environ pour arrêter le rotor sur un bras de levier de 13 mm. En admettant que cette force tombe à deux grammes pendant la marche du moteur et que le rendement ne soit que de 50 p. 100, le rotor pourra développer à une circonférence de 26 mm de diamètre de la roue de la pendule synchrone un tour à l'heure, une force supérieure à 11 kg.

39.—Les volants à résistance d'air.—Notions d'Aérodynamique.

L'aérodynamique a pour objet l'étude des propriétés de l'air.

L'air a une masse : un mètre cube pèse 1,293 kg au niveau de la mer et, à une altitude de 5,500 mètres, 0,646 kg, seulement.

Du fait de son poids, il exerce sur tous les corps qu'il entoure une pression, dite *pression atmosphérique*.

L'air est compressible : les couches inférieures, supportant un plus grand poids d'air, sont plus comprimées que les couches supérieures. Lorsque l'altitude augmente, la pression atmosphérique et la densité de l'air diminuent. La température diminue aussi.

Une colonne d'air d'un centimètre carré de section, s'élevant jusqu'aux limites de l'atmosphère, est équilibrée par une colonne d'eau, de même section et d'une hauteur de 10,33 mètres environ, ou par une colonne de mercure de 760 mm de haut. La valeur de la pression atmosphérique par cm^2 est donc représentée par le poids d'une de ces deux dernières colonnes :

Pression atmosphérique = volume en décim.^{3} x densité ;

Pression atmosphérique = 0,01 x 10,33 x 1 ;

Pression atmosphérique = 0,01 x 7,6 x 13,59 = 1,033 kg.

Lorsqu'un corps se déplace dans l'air, il éprouve une résistance qu'il doit vaincre. La résistance de l'air varie proportionnellement :

1°. au carré de la vitesse Vi d'un corps qui s'y déplace, vitesse exprimée en mètres-seconde ;

2°. à la section S de ce corps exprimée en mètres carrés ;

3°. à un coefficient K.

D'où la formule : $R = K\,S\,Vi^2$ (1).

Le coefficient K représente en kilogrammes, la résistance orthogonale d'un plan égal à un mètre carré se déplaçant d'un mètre à la seconde dans l'air, à la température de 15° centigrades, sous une pression atmosphérique de 760 mm de mercure. Sa valeur moyenne est de 0,08.

Voici un exemple d'application de la formule (1) :

Calculer : 1° la résistance offerte à la main d'un observateur, placée, hors d'un avion en vol, perpendiculairement au déplacement de l'appareil ; 2° la puissance absorbée par cette main. On supposera que l'avion se déplace à une vitesse de 90 mètres-seconde. Surface de la main : 0,017 m^2.

Si l'on remplace les lettres de la formule (1) par leurs valeurs numériques, il vient :

$$R = 0{,}08 \times 0{,}017 \times 90^2 = 11 \text{ kg.}$$

La résistance offerte par la main de l'observateur est de 11 *kilogrammes.*

La puissance Ts étant le produit de la force par le chemin parcouru à la seconde, on a :

$$T = 11 \times 90 = 990 \text{ kilogrammètres-seconde.}$$

et, en chevaux-vapeur :

$$\frac{990}{75} = 13{,}2.$$

Le travail à la seconde, ou la puissance absorbée, est de 13,2 *ch.*

Quatre éléments interviennent dans la résistance totale que l'air offre au mouvement d'un mobile :

- La pression reçue en avant ;
- Les remous provoqués à l'arrière ;
- Les entraînements d'air par viscosité ;
- Les ondes élastiques propagées dans l'air ambiant.

Une plaque mince est exposée normalement à un courant d'air (fig. 109) (I). Si les filets d'air qui l'atteignent étaient visibles, on distinguerait qu'ils prennent contact sur la face avant : ils suivent cette face jusqu'aux bords et ils l'abandonnent à l'arrière pour se rejoindre beaucoup plus loin. On a là une sorte de spectre aérodynamique, représenté par quelques filets d'air qui pourraient être mis en évidence par des fils de soie.

À l'arrière, il y a un perpétuel échange entre les molécules d'air de l'intérieur et celles de l'extérieur : c'est la région des remous.

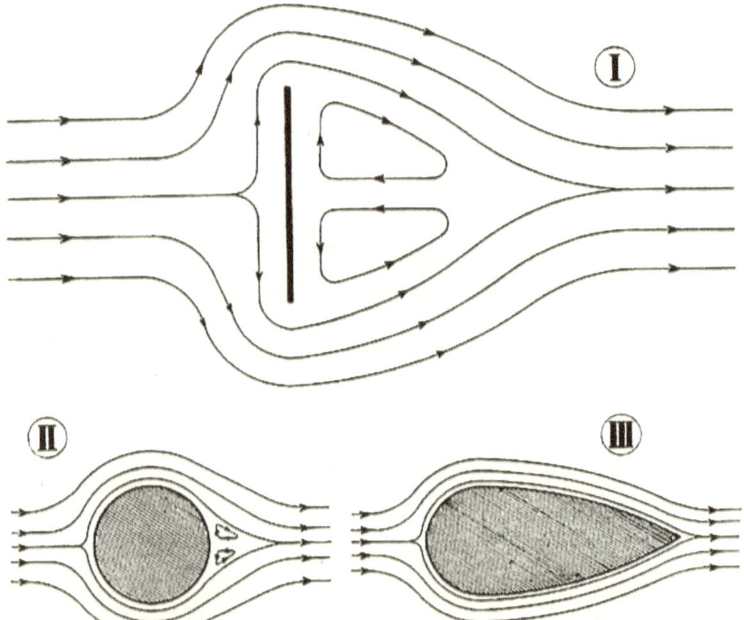

Fig. 109.

Spectres aérodynamiques produits : (I), par un plan mince. — (II), par une masse sphérique. — (III), par une masse ovoïdale.

La pression moyenne, dans cette région, est inférieure à la pression atmosphérique, en sorte que la plaque subit une succion à l'arrière qui s'ajoute à la pression qu'elle reçoit en avant.

Si l'on fait l'expérience précédente avec une sphère (fig. 109) (II) le remous est de beaucoup moins important. Il est pratiquement nul avec le corps ovoïde (III).

REMARQUE. — La forme sphérique (*L'Horloger*, Tome I, § 21) est donc justifiée pour les masses pendulaires animées d'un mouvement alternatif. Ce choix a d'ailleurs été confirmé par l'expérience[12].

Les effets de la viscosité sont manifestes ; on peut les rendre sensibles en faisant tourner rapidement dans son propre plan un disque métallique, même parfaitement poli. Si la viscosité n'entrait pas en jeu, ce disque « fendrait « l'air sans remous, ni résistance. Au contraire, il appelle à lui des tourbillons d'air, dont les particules, en contact immédiat avec sa surface, prennent sa propre vitesse ; ces tourbillons entraînent, à leur tour, les particules voisines et, de proche en proche, le phénomène se répercute suivant une vitesse qui diminue avec la distance.

Il y a donc lieu de se préoccuper d'amoindrir les effets de la résistance de l'air.

En ce qui concerne les volants de sonneries, la question est inversée. Ces mobiles utilisant, en effet, la résistance de l'air pour remplir leur rôle de modérateurs de vitesse, il convient de leur donner la forme qui présente le plus grand coefficient de résistance. La demi-sphère creuse, dont la concavité est à l'avant, répondrait le mieux à ce desideratum, mais le plan mince (fig. 109) (I) en raison de sa simplicité, est employé de préférence. D'ailleurs les volants de sonneries doivent être aussi légers que possible, afin que la cadence des coups de marteaux soit la même au début qu'à la fin des sonneries.

Partant du repos, le volant tourne rapidement jusqu'à ce qu'il ait atteint la vitesse à laquelle correspond R, pour s'y maintenir pendant tout le fonctionnement de la sonnerie. Dès lors, le travail de la résistance de l'air équilibre le travail de la force motrice et se dépense à modérer la vitesse du volant.

Les calculs intéressant les volants s'avèrent infiniment plus complexes que ceux des plans se déplaçant normalement aux filets d'air. Comme les surfaces planes des volants décrivent des cylindres de révolution, on peut, dans la formule R = K. S. V. remplacer S par V*o* représentant le volume d'air déplacé par seconde. Le produit S. V. représentant un volume, on a

$$R = K.\ Vo.\ V.$$

Mais, appliquée aux volants à résistance d'air, cette formule ne donne pas satisfaction. L'expérience et le calcul montrent en effet qu'on obtient, malgré la forme inchangée des volants, des coefficients

[12] Expérience faite à l'E.N.H. de Cluses, sur quatre pendules battant la seconde, pendule de même poids, ayant des suspensions identiques, mais des masses pendulaires de formes différentes.

K dont les valeurs diffèrent sensiblement suivant les proportions des volants. Encore que son emploi ne supprime pas complètement cet inconvénient, la formule suivante donne des résultats meilleurs. Cette formule se rapporte à une seule *pale* dont *l* représente la longueur, *h* la hauteur et ω la vitesse angulaire en *radians* par seconde :

$$R = K\,h\,\omega^2 \frac{l}{3}.$$

Moment de la résistance R :

$$Mo\,R = Kh\,\omega^2 \frac{l^4}{4}.$$

Longueur du bras du levier :

$$\frac{Kh\,\omega^2 \frac{l^4}{4}}{Kh\,\omega^2 \frac{l^3}{3}} = \frac{3l}{4}$$

On voit que la force R s'applique aux 3/4 de la longueur d'une pale. Comme le volant a deux pales, le moment, de la résistance R est double :

$$Mo\,R = Kh\,\omega^2 \frac{l^4}{2}. \qquad (1)$$

Pour déterminer la constante K, on a préalablement fait l'expérience suivante :

Un volant de 111,5 mm de longueur totale a été fixé sur l'axe d'un pignon de 8 dents mené par une roue de 80 dents. Sur un tambour de 12,4 mm de diamètre, solidaire de la roue, a été enroulée une cordelette supportant un poids de 100 gr. qui, pour tomber de 1 mètre, met 48 secondes.

De la formule (1) on tire :

$$K = \frac{MoR \times 2}{h\,\omega^2\,l^4}. \qquad (2)$$

Calcul du moment de la force F au tambour :

Mo F = P x le rayon du tambour
= 100 x 0,62
= 62 gr-cm-couple.

Calcul du moment de la résistance R (au volant) :

$$Mo\ R = Mo\ F \text{ x le rapport inverse des vitesses de l'engrenage } \frac{10}{8}$$

$$= 62 \text{ x } \frac{1}{10}$$

= 6,2 gr-cm-couple.

Calcul de la vitesse angulaire au tambour :

$$\omega' = \frac{2\,\pi\,n'}{48}; \qquad (3)$$

$$\omega = \omega' \text{ x } \frac{80}{8}; \qquad (4)$$

$$n' = \frac{\text{hauteur de chute du poids}}{\text{longueur de 1 tour du tambour}}$$

$$n' = \frac{100}{1{,}24 \text{ x } \pi} = 25{,}7$$

$n' = 25{,}7$ tours.

(3) devient alors :

$$\omega' = \frac{2\pi \text{ x } 25{,}7}{48} = 3{,}36 \text{ radians par seconde}$$

et (4) :

$$\omega = 3{,}36 \text{ x } \frac{80}{8} = 33{,}6 \text{ radians par seconde}$$

et enfin : $$K = \frac{2 \text{ x } 6{,}2}{5{,}55 \text{ x } \overline{33{,}6^2} \text{ x } \overline{5{,}575^4}}$$

$$K = 2{,}06 \text{ x } \overline{10}^6.$$

APPLICATION. — Calculer : 1° la vitesse à laquelle va tourner un volant à résistance d'air, ayant une longueur de 70 mm et une hauteur de 30 mm, fixé sur le pignon de l'appareil d'essai précédent qu'actionne un poids de 50 gr. On prendra le coefficient moyen $2{,}45 = \overline{10}^6$.

2° Quel temps mettra ce poids pour parcourir 1 m ?
Calcul de la vitesse angulaire : on a

$$\omega^2 = \frac{2\,M_o\,R}{Khl^4} \qquad \text{et} \qquad \omega = \sqrt{\frac{2M_o\,R}{Khl^4}}\ [13]$$

Calcul du moment de F :

$$M_o\,F = 50 \times 0{,}62 = 31 \text{ gr-cm-couple.}$$

Calcul du moment de R :

$$M_o\,R = M_o\,F \times \frac{1}{10} = 3{,}1 \text{ gr-cm-couple.}$$

$$\omega = \sqrt{\frac{2 \times 3{,}1}{2{,}45 \times 10^6 \times 3 \times 3{,}52}} = 74{,}97 \text{ radians par seconde.}$$

Tours-seconde faits par le volant :

$$\frac{74{,}97}{2\,\pi} = 12.$$

Temps mis par le poids-moteur pour parcourir 1 mètre : en 1 seconde le tambour fait 1,2 tour ; le chemin parcouru est donc :

$$1{,}24 \times 3{,}1416 \times 1{,}2 = 4{,}56 \text{ cm}$$

Durée de la chute :

$$\frac{100}{4{,}56}$$

1re Réponse : 12 tours par seconde.
2e Réponse : 21,9 secondes[14].

Pression des pivots dans leurs trous. — Points de plantage des mobiles. — Usure des trous de pivots.

La pression d'un pivot dans son trou crée un travail passif qui se calcule en multipliant l'*effort de frottement* par le chemin que parcourt un point de la circonférence du pivot.

[13] Angle ayant son sommet au centre d'une circonférence et interceptant sur cette circonférence un arc dont la longueur est égale au rayon (57°17').

[14] Toutes les inconnues du problème des volants ne sont pas, à l'heure actuelle, dégagées par des expériences scientifiques.. Les praticiens agiront sagement en calculant avec un certain excès le premier spécimen de volants destinés à de nouveaux appareils. Ils ont à leur disposition les moyens d'en réduire la vitesse s'il y a lieu.

Or l'effort de frottement F est égal à la pression normale, multipliée par un coefficient f, variant avec les corps en contact, le degré de leur « finition », l'efficacité de leur lubrification, et, on peut encore ajouter, la qualité du lubrifiant employé.

S'il faut un effort F de 1 kg pour déplacer, sur un plan horizontal, un corps pesant un poids P de 20 kg, le coefficient de frottement est :

$$f = \frac{F}{P} = \frac{1}{20} = 0{,}2.$$

Pour les pivots ordinaires, la formule du travail de frottement est :

$$T = P \times f \times \pi d.$$

(d désigne le diamètre du pivot), f peut varier entre 0,05 et 0,15 environ.

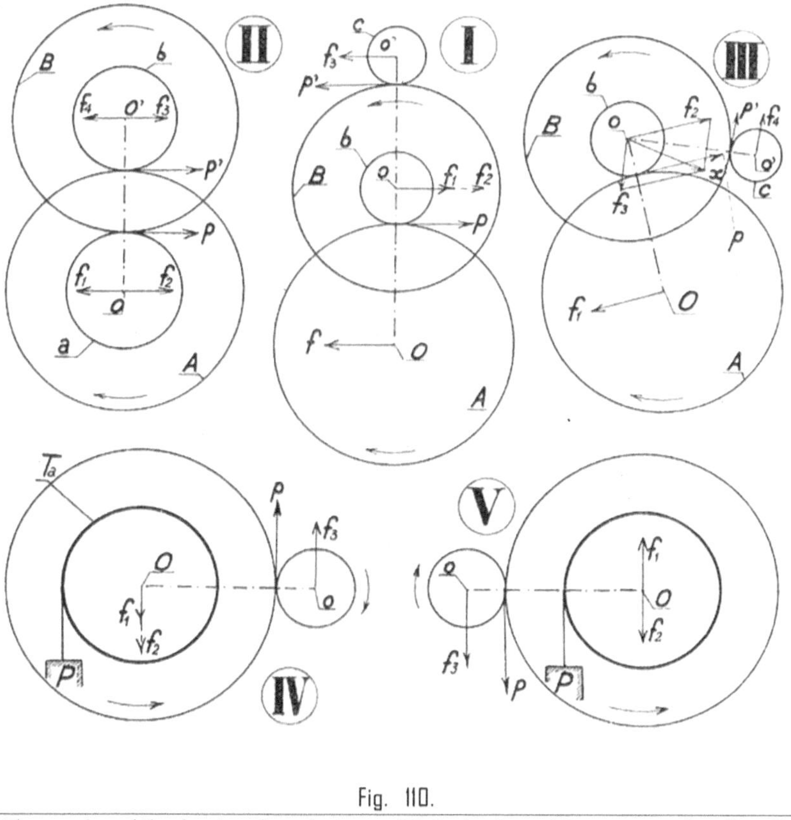

Fig. 110.

(I) Plantage de mobiles dentés en ligne droite. — (II), Le dernier mobile *a* est ramené sur l'axe O du premier mobile menant A. — (III), Plantage en ligne brisée. — (IV), Poids moteur agissant à l'extérieur des axes O et *o*. — (V), Le poids agit à l'intérieur des axes.

Lorsque le pivot fonctionne verticalement sur contre-pivot — ce qui, en général, n'est pas le cas dans les rouages de sonneries — on prend comme chemin parcouru, le chemin que parcourt un point situé aux deux tiers du rayon du pivot ; il faut par conséquent multiplier la formule précédente par cette fraction.

On a donc intérêt à faire les pivots de diamètres aussi petits que le permettent les efforts qu'ils ont à supporter.

Il existe un mode de plantage des mobiles dentés qui aggrave les résistances créées par les frottements des pivots dans leurs trous : c'est le *plantage des mobiles en ligne droite.* La vue (I) (fig. 110) représente le schéma d'un train d'engrenages A B b c qui est supposé mis en mouvement par une force motrice quelconque :

1°. f est la force de réaction de la force p sur l'axe O ;
2°. f_1 est la force de réaction de la force p sur l'axe o ;
3°. f_3 est la force de réaction de la force p' sur l'axe o' ;
4°. la somme des forces $f_1 + f_2$ représente la pression exercée, sur le même point de leurs trous, par les pivots des mobiles solidaires b et B.

La vue (II) représente un train d'engrenages A a B b dans lequel *le dernier mobile mené a est ramené sur l'axe du premier mobile menant* A. Ici :

1°. la force p se répercute sur l'axe O' pour produire f_3 ;
2°. la force p a sa réaction sur l'axe O en f_1 ;
3°. la force p' se répercute sur l'axe O pour donner la force f_2 ;
4°. la force f_4 est la réaction de la force p sur l'axe O' ;
5°. la pression exercée dans leurs trous par les tourillons des deux axes O et O' est égale à la différence des pressions f_1 et f_2, f_3 et f_4.

Ce plantage est donc le meilleur. Malheureusement, il n'est guère pratique, sauf dans les minuteries. .

Le mode de plantage représenté par la vue (III) tient le milieu entre les deux précédents : c'est le *plantage en ligne brisée* qu'il convient d'employer pour les trains d'engrenages transmettant de la force :

1°. la roue A produit la force p qui se répercute sur l'axe o par la force $f_2 <$ que p ;
2°. la force f_2 a sa réaction sur l'axe O pour produire la force f_1 ;
3°. la roue B produit la force p' qui se répercute sur l'axe o' pour produire la force f_3 ;
4°. la force f_3 représente la réaction de p' sur l'axe o ;

5°. la force *x*, qui est la résultante des forces f_2 et f_3, indique la direction de la pression exercée contre les parois de leurs trous par les pivots des mobiles solidaires *b* et B.

Il va de soi que si le train d'engrenages comportait d'autres mobiles intermédiaires on y constaterait les mêmes résultats.

L'expérience suivante montre mieux que des calculs les avantages du plantage en ligne brisée sur le plantage en ligne droite : chaque roue A étant munie d'un tambour de même diamètre sur lequel agit un poids-moteur de 200 gr., lorsque les mobiles sont plantés en ligne droite, le poids descend de 80 cm en 7' 20" ; le poids qui actionne les mobiles plantés en ligne brisée ne met que 6' 15" pour parcourir le même chemin.

Les vues (IV) et (V) permettent de comprendre qu'on obtient un meilleur rendement en faisant agir un poids-moteur P entre l'axe O du tambour T*a* et l'axe *o* du mobile mené par la roue motrice, qu'en le faisant agir sur le côté opposé.

Dans ce dernier cas, vue (IV) :

1° la force *p* est produite par le poids P ;

2° la force f_2 est la résistance de P sur l'axe O ;

3° la force f_3 est la réaction de *p* sur *o* ;

4° la force f_1 est la réaction de *p* sur O ;

5° l'effort supporté par l'axe O est égal à la somme des forces f_1 et f_2.

Lorsque le poids-moteur agit entre les deux axes, vue (V), la pression supportée par l'axe O est égale à la différence des forces f_2 et f_1.

La première conséquence de la pression des pivots dans leurs trous est de créer un travail passif que l'on doit s'efforcer d'atténuer dans la mesure du possible.,

Une deuxième conséquence de cette pression est d'agrandir les trous de pivots : les trous s'ovalisent, modifiant ainsi les distances des centres des engrenages. Les réparateurs de pendules doivent tenir le plus grand compte de ce fait quand, pour corriger ces défauts, ils font usage de bouchons percés.

CHAPITRE VII

MONTRES À SONNERIE

LES DIVERSES MONTRES À SONNERIE. — MONTRE À « SONNERIE AU PASSAGE ». — RÉPÉTITION AUX QUARTS SANS « TOUT-OU-RIEN ». — RÉPÉTITION AUX QUARTS À « TOUT-OU-RIEN ». — RÉPÉTITION « AUX DEMI-QUARTS ». — RÉPÉTITION « AUX CINQ MINUTES ». — RÉPÉTITION « AUX MINUTES SANS TOUT-OU-RIEN ». — RÉPÉTITION « AUX MINUTES À TOUT-OU-RIEN. »

41. Les diverses montres à sonneries.

On distingue :

1° Les montres dites *à sonnerie au passage*, dans lesquelles la sonnerie fonctionne automatiquement, comme celle des horloges, et qu'on peut faire répéter à volonté en pressant avec le doigt sur un poussoir ;

2° Les montres dites *à répétition*, dont les sonneries ne fonctionnent que si on les déclenche à la main. Lorsqu'ils se trouvent dans l'obscurité, les possesseurs de telles montres peuvent, à chaque instant, savoir l'heure à moins de 15 minutes, de 7 minutes ½, de 5 minutes, de 1 minute près suivant qu'il s'agit de répétitions, aux quarts, aux demi-quarts, aux cinq minutes, aux minutes :

Les montres à répétition sont encore connues sous le nom de *cadratures* en raison de ce que la majeure partie de leurs mécanismes se trouve du côté du cadran.

On peut ranger les répétitions en deux classes : celles dites *à tout-ou-rien* et celles dites *sans tout-ou-rien.*

Ces dernières peuvent, par exemple, ne sonner que huit heures lorsque les aiguilles en marquent dix, si l'on n'a pas eu soin de faire parcourir au poussoir toute sa course ; tandis que les répétitions à tout-ou-rien sonnent, comme leur nom l'indique, tout ou rien.

Montre à « sonnerie au passage ». — *Timbre.* — *Marteau et contre-marteau.*

Cette montre ne sonne que l'heure et la demie. À l'exception de la chaussée *c'*, de la tige de remontoir, du pignon de couronne, du pignon coulant et du renvoi de mise à l'heure, seules, sont représentées aux quatre dessins ci-après (fig. 111, 112, 113 et 114), les pièces intéressant la sonnerie.

Sur la face P2 de la platine, c'est-à-dire sur la face qui reçoit les ponts — lesquels ne sont représentés que par leurs planches P3 (fig. 111) — on voit le timbre T qui est constitué par une tige d'acier de section circulaire. Sa forme épouse les périphéries de la platine et des ponts, mais il ne touche, bien entendu, ni l'une, ni l'autre, sans quoi il ne pourrait vibrer en toute liberté. Deux vis le fixent par son talon T', sur la platine.

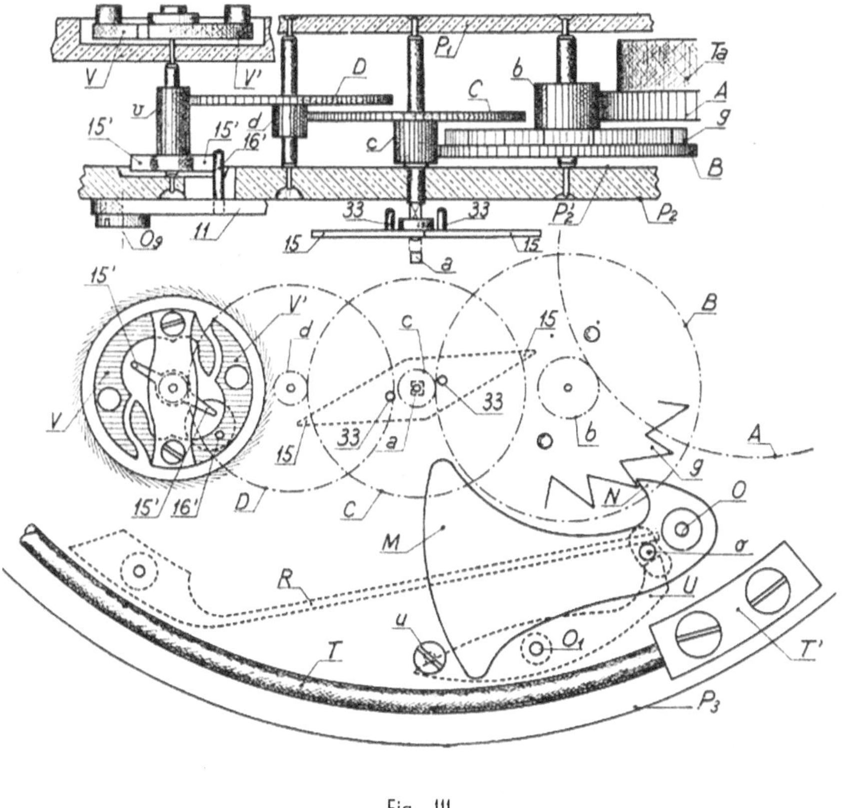

Fig. 111.

Élévation du rouage de la sonnerie au passage. — Organes sonores.

Le marteau M, dont l'axe est en O, supporte une tige *o* qui traverse la platine par une ouverture bien visible à la figure 112, et vient se loger entre l'extrémité libre d'un ressort R, antagoniste du marteau, et une sorte de contre-marteau U mobile en O_1 sur la face P_1 de la platine. Contrairement aux contre-marteaux précédemment décrits, celui-ci est rigide : l'élasticité de la tige *o* suffit à écarter le marteau du timbre.

Une vis *u*, dont la tête se trouve du côté des ponts et dont l'extrémité se termine en pointe (fig. 112), sert à régler la position du marteau par rapport au timbre, par l'intermédiaire du contre-marteau et, subsidiairement, du ressort R. En effet, si l'on visse *u*, sa pointe conique déplace le contre-marteau contre la tige *o* et, par suite, éloigne le marteau du timbre ; si l'on dévisse *u*, le contre-marteau et la tige, obéissant à l'action du ressort R, se meuvent en sens inverse, ce qui a pour effet de rapprocher le marteau du timbre.

FORCE MOTRICE DE LA SONNERIE ; ROUAGE ET RÉGULATEUR DE VITESSE. — ORGANES DE SOULÈVEMENT DES MARTEAUX. — ORGANES D'ARRÊT.

Le train de rouages de la sonnerie (fig. 111), se compose des quatre paires d'engrenages ci-après : le dernier pignon *v* supporte un volant formé de deux masses V et V' que la force centrifuge déplace contre la périphérie d'une creusure afin de produire un frottement qui freine la vitesse du rouage.

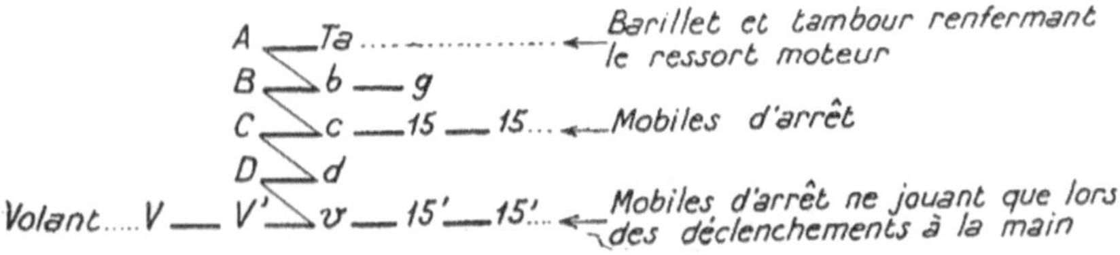

Les dents du rochet *g* servent à soulever le marteau par son bec N.

Le rouage de la sonnerie est ordinairement maintenu au repos par la rencontre de l'un des becs (15) et d'une goupille (16) implantée sur le râteau (32).

ORGANES ACCORDANT LA SONNERIE AVEC L'HEURE INDIQUÉE PAR LES AIGUILLES SUR LE CADRAN. — ORGANES DÉCLENCHANT AUTOMATIQUEMENT LA SONNERIE.

L'organe principal réglant le nombre de coups à sonner est le limaçon (30) (fig. 112 et 113) ; viennent, ensuite, le râteau (32) et son bras (31) ; le cliquet (34) de retenue du râteau ; l'étoile J, de 12 dents,

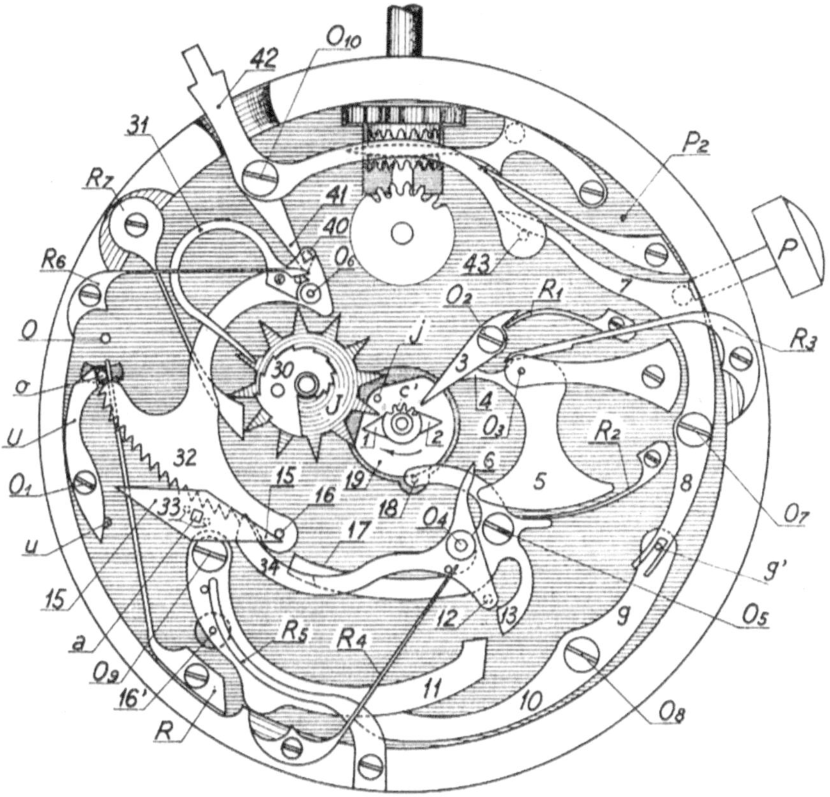

Fig. 112.

Vue d'ensemble de la cadrature.

qui est mobile sur un axe fixe et qu'un ressort sautoir R_7 maintient en respect ; une goupille *j* implantée sur une pièce (19), solidaire de la chaussée *c'*, et deux chevilles (33) implantées sur le bras d'arrêt (15).

Les leviers suivants concernent la sonnerie de la demie : la pièce (19) déjà désignée ; un levier (17), mobile en O_5 et comportant une goupille (18) qui, par l'effet du ressort R_2, repose contre la pièce (19).

Les organes qui déclenchent automatiquement la sonnerie sont : les becs (1) et (2) solidaires de la chaussée *c'* ; un levier (3) mobile en O_2 ; un levier (4, O_3, 5) et un bras (6) appartenant au cliquet (34).

FONCTIONNEMENT AUTOMATIQUE DE LA SONNERIE DE L'HEURE.

La montre étant en marche, lorsque le bec (1) rencontre le bras (3), celui-ci est entraîné et, à son tour, entraîne par le bras (4) le levier (4, O_3,5), cependant que les ressorts R_1 et R_3 s'arment progressivement.

Lorsque le bec (1) laisse échapper le levier (3), le bras (5) vient, sous le double effet des ressorts ci-dessus et de sa force vive, buter violemment contre le bras (6), provoquant ainsi l'écartement du cliquet (34) de la denture du râteau (32). Ce dernier tombe, alors, sous l'action du ressort R_6 jusqu'à la rencontre de son bras (31) et du limaçon (30). *Préalablement, l'étoile* J *et, par conséquent, le limaçon, ont été déplacés de* 1/12 *de tour par la goupille j.*

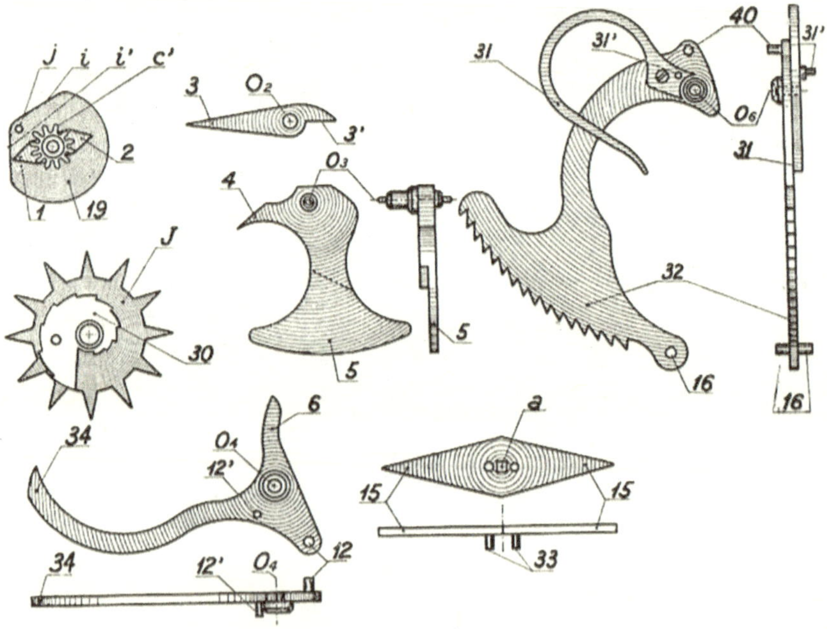

Fig. 113.

Principaux organes du déclenchement automatique.

Dès le début de la chute du râteau, la goupille (16) a libéré le levier d'arrêt (15) et, par suite, le rouage de la sonnerie. Les dents du mobile *g*, qui est solidaire des mobiles B, *b*, soulèvent et laissent retomber le marteau autant de fois que le limaçon a laissé passer de dents du râteau devant l'axe *a* des mobiles d'arrêt (C, *c*, 15).

À chaque demi-tour de ceux-ci, ce qui correspond à chaque coup de marteau, l'une des goupilles (33) relève le râteau d'une dent. Dans la position représentée (fig. 112), le bras (31) étant tombé sur le 4e cran du limaçon, après le quatrième coup de marteau, la goupille (16) vient se présenter devant l'un des becs (15) du bras d'arrêt et immobiliser le mécanisme.

REMARQUE. — Le déclenchement de cette sonnerie s'effectuant suivant le mode indirect, il n'y a pas de délai. Ce système de déclenchement a déjà été décrit à propos du carillon n° 3 (Ch. IV).

SONNERIE DE LA DEMI-HEURE. — C'est le bec (2) qui déclenche cette sonnerie en produisant les mêmes fonctions que pour le déclenchement de la sonnerie de l'heure. Mais, comme la chute du râteau ne doit pas excéder une dent, on a imaginé les dispositions que voici : avant que la masse (5) ne provoque l'éloignement du cliquet (34) du râteau, le plan incliné *i* de la pièce (19) est venu se présenter devant la goupille (18) du levier (17, O_5) ; il en est résulté un petit mouvement de ce levier dans le sens positif, mouvement qui a suffi à amener le bras (17) dans la trajectoire de la partie postérieure de la goupille d'arrêt (16) (fig. 113). De cette façon le râteau ne peut tomber que d'une dent lorsque le cliquet (34) l'abandonne à l'action de son ressort R_6. Un demi-tour du levier d'arrêt (15) permet donc à l'une des goupilles (33) de ramener le râteau à sa position initiale, après la frappe par le marteau de l'unique coup marquant la sonnerie de la demi-heure.

DISPOSITIF PERMETTANT D'IMMOBILISER LA SONNERIE. — Ce dispositif se compose d'un levier (42, O_{10}, 41) et d'une goupille (40) qui est implantée sur le râteau (fig. 112, 113 et 114). Le bras (42) aminci dans le sens transversal, exerce une certaine friction élastique sur le fond d'une fraisure pratiquée sur la botte de la platine ; il peut ainsi rester dans l'une ou l'autre de ses positions extrêmes. Quand il occupe la position représentée à la figure 112, le crochet qui est à l'extrémité de son bras (41) se trouve devant la goupille (40), la chute du râteau n'est donc pas possible, tout au moins en ce qui concerne le déclenchement automatique. Quand on amène le bras (42) dans son autre position extrême, la goupille du râteau est libérée.

FONCTIONNEMENT À VOLONTÉ DE LA SONNERIE. DE L'HEURE. — On peut faire répéter la sonnerie de l'heure, mais, non, celle de la demie, aussi souvent qu'on le désire, à condition, naturellement, que l'armage du ressort-moteur reste suffisant.

La répétition de la sonnerie de l'heure s'effectue même si le bras (41) accroche la goupille (40) du râteau. En effet, si l'on presse sur le poussoir P, les fonctions suivantes se produisent :

1°. le bras (7) du levier (7, O_7, 8), imprime au levier (42, O_{10}, 41), par l'intermédiaire du bras (43), un mouvement dans le sens positif qui éloigne le crochet (41) de la goupille (40) du râteau ; celle-ci se trouve, ainsi, libérée de son entrave ;

2°. le bras (8) imprime au levier (9, O_8, 10), un mouvement dans le sens positif ;

3°. le bras (10) transmet un mouvement dans le sens négatif au levier inter-résistant (11, O_9) dont la goupille (16') vient se placer dans la trajectoire de l'un des bras (15') du pignon *v* (fig. 111, 112, 114) ;

4°. l'extrémité libre du levier (11) rencontre, au cours du mouvement qui lui a été communiqué, d'abord, le plan incliné (13) d'un bras faisant partie du levier (18, O_5,17), puis une goupille (12) qui est implantée sur le levier (6, O_4, 34). D'où les conséquences suivantes :

- *a*) si le bras (17) se trouve à cet instant dans la trajectoire de la cheville (16), il en est éloigné ;
- *b*) le cliquet (34) est écarté du râteau dont le bras peut alors tomber librement sur le limaçon.

Dès que l'on cesse d'appuyer sur le poussoir P, ce dernier, ainsi que tous les leviers qu'il commande, sont ramenés à leurs positions de repos par un ressort R_5 de force *ad hoc* ; la goupille d'arrêt (16') ayant alors libéré le volant, la sonnerie de l'heure entre en action comme après le déclenchement automatique.

REMARQUES. — Si l'on veut empêcher la montre de sonner au passage, il faut, après chaque sonnerie à volonté, ramener le levier (42, O_{10}, 41) à la position représentée à la figure 112.

Rien ne s'oppose, lors d'une mise à l'heure, au retour en arrière des aiguilles : il se produit tout simplement un décliquetage entre les becs (3) et (1) (2).

42. Répétition aux quarts sans tout-ou-rien. — Marteaux, timbres ; barillet et « petit rouage » des répétitions.

Ces divers organes étant à peu près les mêmes dans toutes les répétitions, ceux que l'on va décrire peuvent être considérés, d'ores et déjà, comme des prototypes. Les répétitions comprennent, généralement, deux marteaux M et M' et deux timbres T et T', de tonalité différente et ayant un point d'attache commun T_1 que deux vis fixent sur la face P_2 de la platine qui reçoit les ponts (fig. 115) (I).

Comme dans la sonnerie au passage, les vis *u* et *u'*, servant à régler la position des timbres, par rapport aux marteaux, sont également du côté des ponts. Ainsi l'horloger, pour procéder au réglage, n'a-t-il qu'à ouvrir le fond et la cuvette de la montre.

La vue (II) représente, en élévation, l'un des marteaux M qui a été, en partie, coupé pour laisser voir le mode de montage de l'axe O et de la tige *o*.

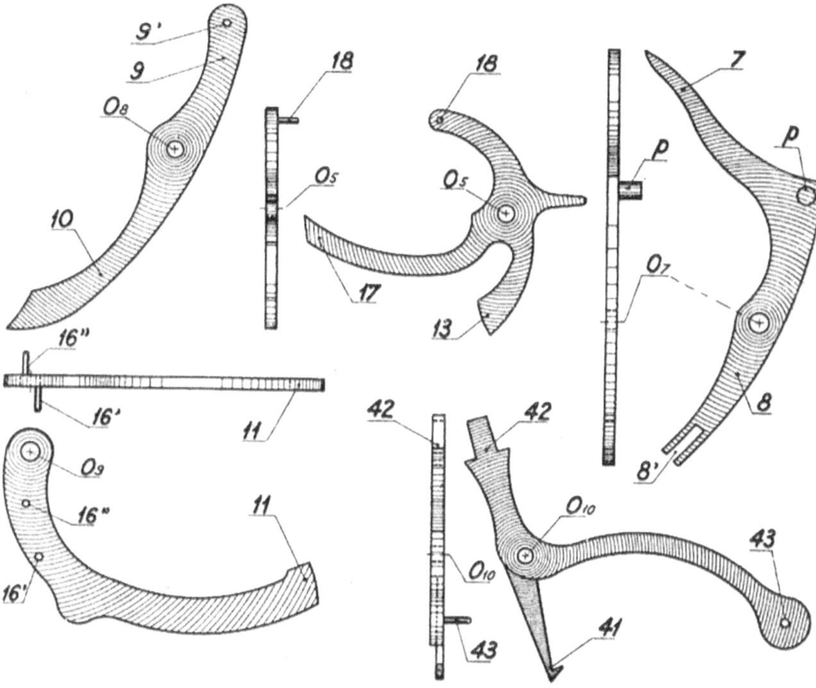

Fig. 114.

Leviers de déclenchement à la main pour la sonnerie à volonté.

En le comparant au marteau de la sonnerie au passage, on peut relever les différences suivantes : d'abord, il ne supporte pas le bras qui sert à l'écarter du timbre ; ensuite, l'extrémité libre de son axe O déborde, telle la tige *o*, le fond P_1 de la creusure pratiquée dans la platine pour recevoir les pièces N et N' de la cadrature appelées *levées* (fig. 115 (I) et 118).

L'examen de ces deux derniers dessins révèle en outre que les tiges *o* et *o'* ne se bornent pas, comme celle de la sonnerie au passage, à venir se loger entre les contre-marteaux U et U' et les ressorts R et R' qui poussent les marteaux contre les timbres ; elles dépassent le niveau de ces pièces et se présentent devant les épaulements *n* et *n'* des levées.

Déjà, l'on peut comprendre que les levées servent, comme les verges des sonneries de pendules, à soulever les marteaux. On verra plus loin comment s'opère cette fonction.

Les barillets de répétitions procèdent d'une construction qui se singularise de celle des barillets de sonneries au passage. Alors que ces derniers qui sont, d'ailleurs, semblables aux barillets des compteurs de

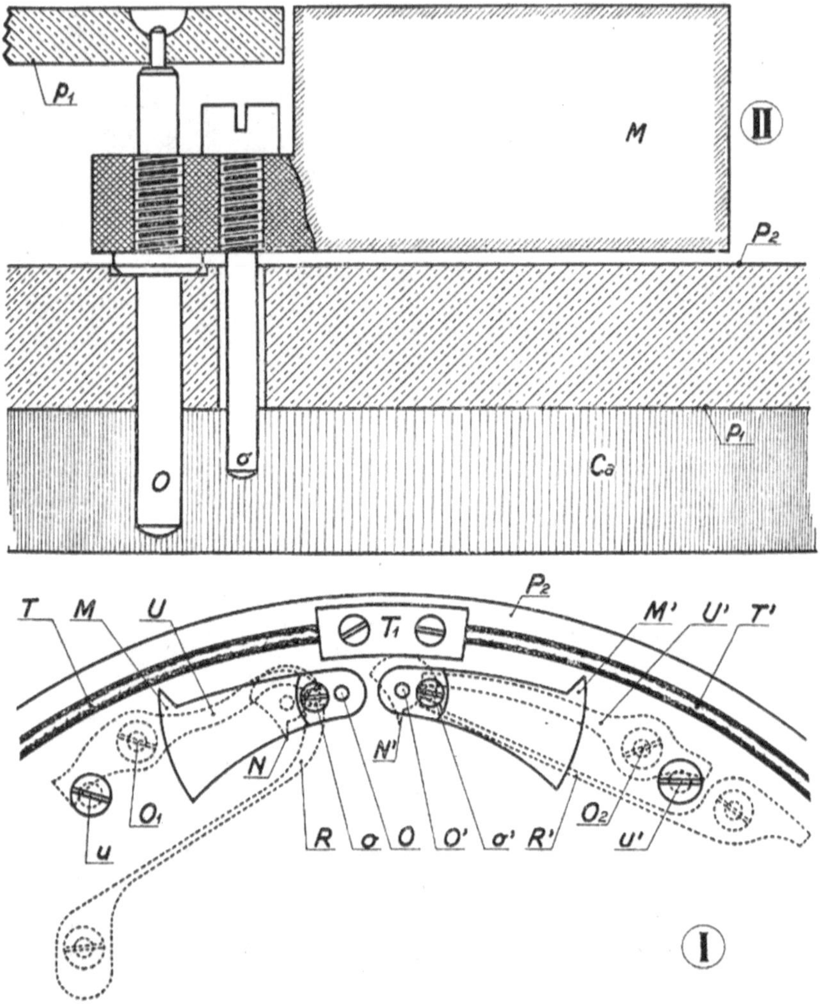

Fig. 115.

Marteaux et timbres de montres à répétition.

temps, se remontent, comme ceux-ci, soit au moyen d'une clef à main, soit au moyen d'un remontoir, le remontage des barillets de répétitions s'effectue à l'insu de l'usager qui déclenche la sonnerie.

La vue (I) de la figure 116 représente une élévation-coupe d'un barillet de répétition. L'arbre, qui rappelle celui des anciennes montres à clef, pivote en a_1, dans la platine, et en a_2 dans un pont P_2 qui, très souvent, se confond avec le pont p_1 des pivots supérieurs des marteaux. Son jeu longitudinal est limité par la portée a_5 et par la

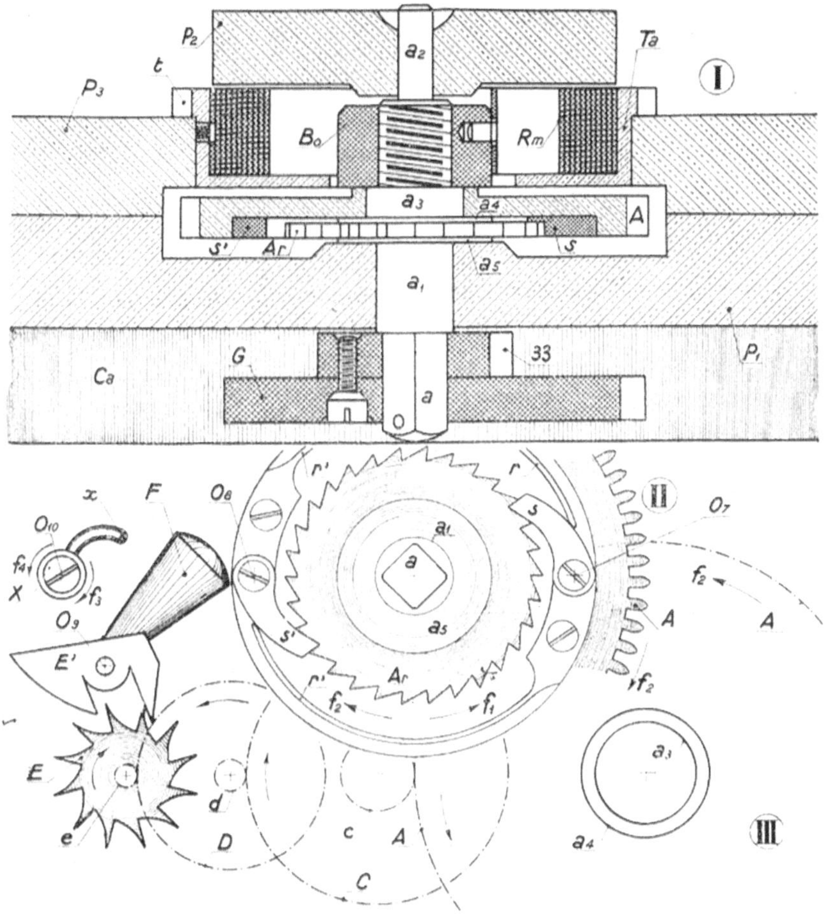

Fig. 116.

Élévation coupe d'un barillet de répétition et petit rouage. — (I), Barillet et ses accessoires. — (II), Arbre de barillet vu en bout du côté de la cadrature. — (III), Schéma du petit rouage.

portée du tourillon *a*2. Le carré *a*, qui pénètre dans l'espace C*a* réservé à la cadrature, supporte un pignon (33) et un rochet G taillés sur une partie de leurs circonférences et qu'une goupille maintient en place. Les dents de G servent à actionner le marteau.

La ruche (*t*, T*a*) est fixe. Elle est, cependant, ajustée à frottement libre, mais sans ébat latéral, dans un pont *p*3 sur lequel repose sa partie dentée *t*.

La ruche restant immobile, à quoi servent donc sa liberté et sa denture ? La première permet de donner au ressort-moteur R*m* un certain armage initial, en faisant tourner la ruche dans le sens convenable (flèche f_1 sens de l'armage) ; la seconde empêche, conjointement avec un cliquet, non représenté dans la figure, le ressort-moteur de se désarmer en faisant rétrograder la ruche (flèche f_2 sens du désarmage).

Le tigeron a_3 est le point de pivotement d'une roue A, creusée sur l'une de ses faces pour recevoir un double encliquetage *s, r — s', r'*, et un rochet A*r* qui fait corps avec l'arbre *a* vue (II).

Le jeu longitudinal de la roue A est limité par la portée a_4 de l'arbre et par la bonde B*o*.

Cette roue est le premier mobile d'un train de rouages comprenant trois ou quatre paires d'engrenages auxquelles on donne le nom de *petit rouage*, vue (III).

Comme tous les rouages de sonneries, le dernier pignon du petit rouage se termine par un régulateur de vitesse. Un régulateur à résistance d'air ne pouvant trouver place dans une montre, on le remplace soit par un volant à force centrifuge — tel le volant de la sonnerie au passage — soit par une sorte d'échappement à recul E, E'.

La masse F, qui est solidaire de l'ancre E', participe avec l'ancre au réglage de la vitesse du petit rouage. Cette vitesse peut être réglée en modifiant la position d'un bras *x*, solidaire d'une tête X, qui surmonte un tigeron ajusté dans la platine à frottement un peu dur. En effet, si à l'aide d'un tournevis on déplace X *x* dans le sens de la flèche A, la masse F, rencontrant le bras *x* avant la fin de sa course maximum, le petit rouage défile avec une rapidité d'autant plus grande que l'on réduit l'angle supplémentaire de l'ancre. Bien entendu, l'effet inverse se produit si l'on fait tourner X *x* dans le sens de la flèche f_3. Dans le premier cas, la fréquence des coups de marteau augmente ; dans le second, elle diminue.

En général, le petit rouage et son réglage de vitesse sont situés du côté des ponts. L'horloger peut donc procéder à ce réglage avec la même facilité qu'au réglage intéressant la position des marteaux vis-à-vis de leurs timbres.

REMARQUE. - Le régulateur de vitesse dont il s'agit a l'inconvénient de faire un bruit qui couvre quelque peu la sonnerie. C'est pourquoi les répétitions modernes utilisent de préférence les volants à force centrifuge. Un spécimen de ces volants a déjà été décrit à propos de la montre à sonnerie au passage. Dans les répétitions, c'est le modèle représenté figure 117 qui est surtout utilisé.

Sur l'axe du dernier pignon *v* du petit rouage, sont fixés deux ponts *y* et *y'*, en forme de croix. Sur ces ponts et libres de se mouvoir entre eux, pivotent, en O_{11} et, en O_{12}, deux leviers V_1 et V_2, que les ressorts R_4 et R_5 sollicitent constamment dans la direction de l'axe du pignon.

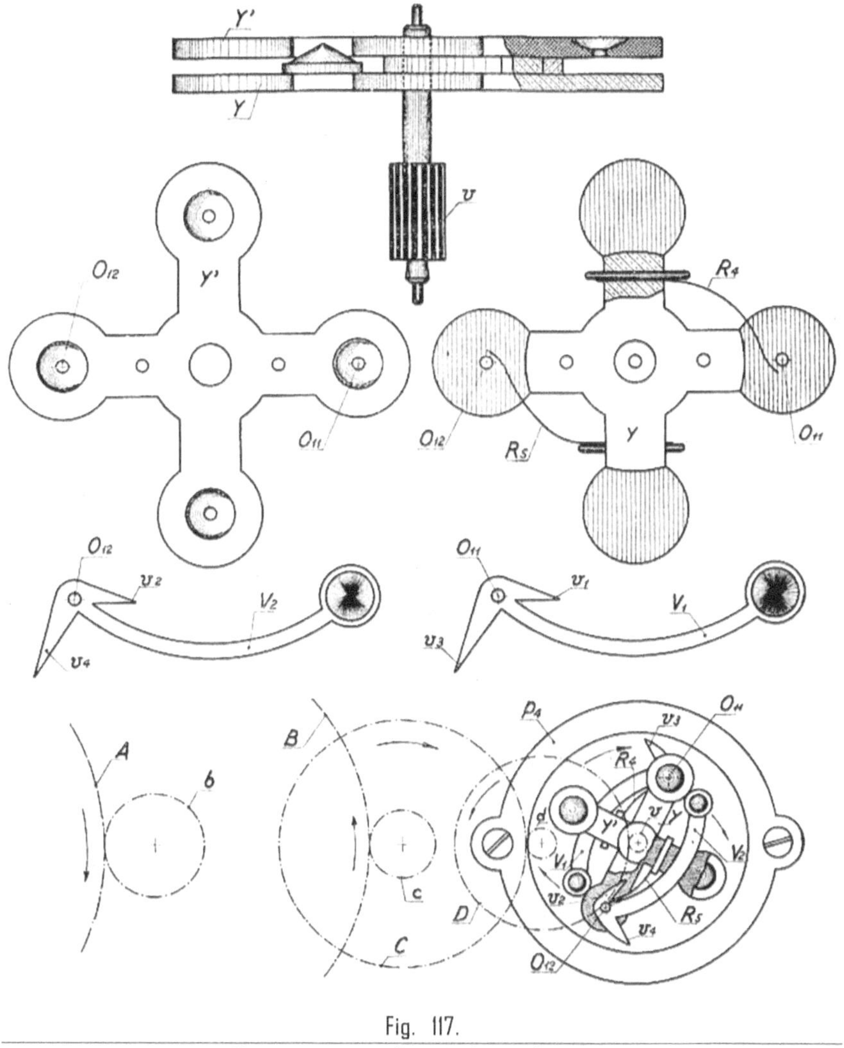

Fig. 117.

Petit rouage muni d'un régulateur silencieux.

Lorsque le petit rouage A, *b*, B, *c* ..... fonctionne, les leviers V_1 et V_2, obéissant à l'action de la force centrifuge, s'écartent de leur position de repos jusqu'à ce que les bras v_3 et v_4 viennent frotter contre la paroi interne d'un pont p_4 que deux vis fixent sur la platine. Or, la force centrifuge variant comme le carré de la vitesse, les efforts de frottement, résultant des pressions normales des bras v_3 et v_4, sur le pont p_4, obéissent, évidemment, à la même loi : d'où une régulation qui, sans être meilleure que celle de l'échappement à recul du petit rouage, a au moins l'avantage de s'effectuer silencieusement. C'est assez dire que le qualificatif de *silencieux* donné à ce volant est justifié.

COMMANDE DES MARTEAUX. - Les marteaux sont, d'abord, éloignés de leur timbre respectif, puis, abandonnés à l'action de leurs ressorts R et R' qui les ramènent contre leurs timbres. La première de ces fonctions s'accomplit par l'effet du ressort-moteur qui entraîne, dans le sens positif (flèche f_2), l'arbre *a* et, par suite, le rochet G dont les dents agissent sur les marteaux par l'intermédiaire :

1° des levées N et N' ;

2° des épaulements *n* et *n'* de ces levées ;

3° des chevilles *o* et *o'* (fig. 115, 116 (II) et 118).

Le rochet G comprend dix-huit dents. Les douze premières g_1, g_2, g_3..., et g_{12} actionnent la levée N pour sonner les heures. Les six autres h_1, h_2... et h_6, actionnent les levées N' et N pour sonner les quarts.

Chaque heure est donc marquée par un coup du marteau M sur le timbre T et, chaque quart, par deux coups frappés à court intervalle par les marteaux M' et M sur les timbres T' et T.

Si l'on examine (fig. 118) les positions respectives des dents du rochet G et des levées N' et N, on voit que, le rochet tournant dans le sens positif (flèche f_2) :

la sonnerie du premier quart est commandée par les dents h_1 h_4 ;

la sonnerie des deux quarts, par les dents h_1, h_4 et h_2, h_5 ;

la sonnerie des trois quarts, par les dents h_1, h_4, h_2, h_5 et h_3, h_6.

Le rayon de la circonférence passant par les pointes des dents h_4, h_5, h_6, g_1, g_2... et g_{12} est plus petit que celui qui passe par les pointes des dents h_1, h_2 et h_3, afin que les premières puissent passer devant la levée N' sans la toucher. Quant aux trois autres, elles ne peuvent jamais atteindre la levée N.

ARRÊTS DU MÉCANISME APRÈS CHAQUE SONNERIE. — COMPTAGE DES COUPS À SONNER. — La façon dont ces arrêts se produisent constitue la partie la plus originale de cette répétition.

Généralement, en effet, les organes contribuant à immobiliser le mécanisme après chaque sonnerie se retrouvent toujours à la même position.

Ici, il n'en est pas de même : la goupille d'arrêt (35), supposée, pour l'instant, implantée sur le rochet G, peut occuper l'une des quatre

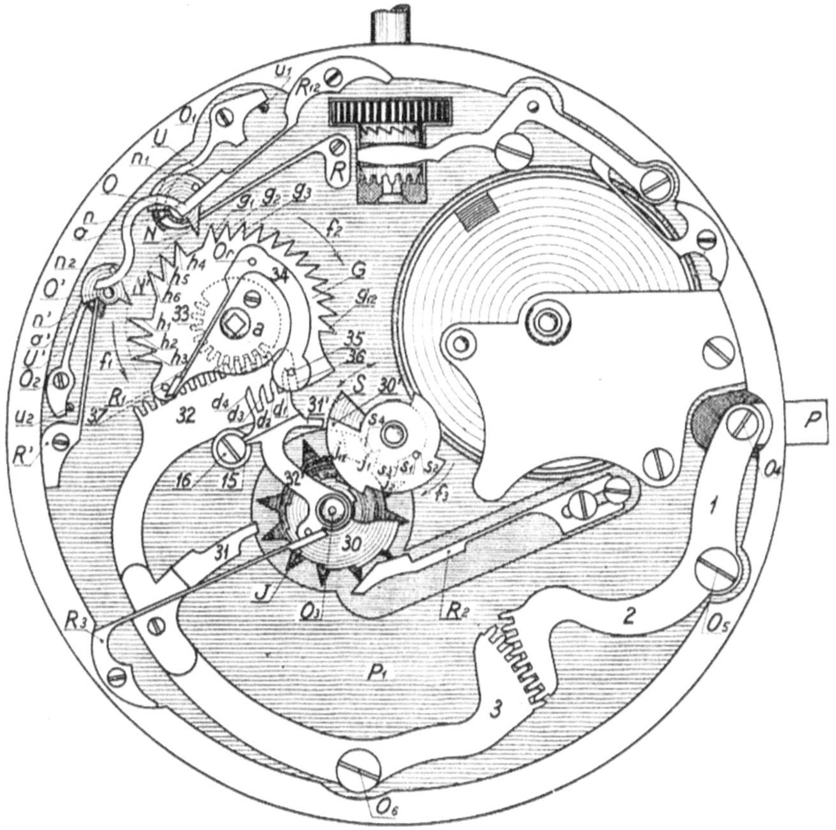

Fig. 118.

Cadrature d'une répétition aux quarts sans tout-ou-rien.

positions représentées, la première, à la figure 118, et les trois autres à la figure 119, vues (III), (IV) et (V).

Après chaque sonnerie d'heures, la goupille (35) entraîne par la dent d_1 une pièce (32'), dénommée *pièce aux quarts*, dont le dos (15) rencontre une tête de vis (16), fixée sur la platine, qui immobilise le mécanisme (fig. 118). Cette fonction se répète, mais par les dents d_2, d_3 et d_4 après les sonneries du premier, du deuxième et du troisième quarts, fig. 119 (III), (IV), (V).

Un simple examen des dessins permet de se rendre compte que le limaçon (30') règle à la fois la sonnerie des quarts et les arrêts qui succèdent aux sonneries quelles qu'elles soient.

Si, en effet, le limaçon des quarts présente son plus grand rayon au bras (31') de la pièce aux quarts, celui-ci n'ayant qu'un court chemin à parcourir lors d'un déclenchement de la répétition, la dent d_1 reste dans la trajectoire de la goupille (35) qui l'entraîne immédiatement après la sonnerie de l'heure et provoque l'arrêt comme il est dit plus haut (fig. 118).

Si ce limaçon présente son premier échelon, la course de la pièce aux quarts est telle que la dent d_2 remplace la dent d_1 devant la goupille (35) et l'arrêt ne se produit qu'après la sonnerie de l'heure et celle du premier quart, fig. 119 (III).

Si le deuxième échelon de (30') se trouve devant (31'), c'est par la dent d_3 que (35) produit l'arrêt après la sonnerie des deux quarts, vue (IV).

Si, enfin, c'est le troisième échelon qui limite la course de la pièce aux quarts, l'arrêt s'effectue par la dent d_4 après la sonnerie des trois quarts, vue (V).

SURPRISE. — La surprise des répétitions diffère comme forme de celle de la pendule de voyage à grande sonnerie (Ch. IV § 20) ; mais, ainsi que cette dernière, elle a pour mission :

a.) de faire sauter d'une dent, à chaque heure, l'étoile J de laquelle est solidaire le limaçon des heures (30) et qui est mobile sur le même axe fixe O_3 que la pièce aux quarts (32')

b.) de se substituer instantanément, quand la montre marque l'heure juste, à la partie avant du grand secteur du limaçon des quarts (30'), cette partie étant supprimée pour permettre au bras (31') de la pièce aux quarts de tomber sur le troisième échelon tant que l'aiguille des minutes n'a pas atteint la soixantième division du cadran ;

c.) de se dissimuler peu à peu, sous le limaçon au cours de la période qui sépare la sonnerie de l'heure de la sonnerie des trois-quarts.

La figure 118 montre la surprise S immédiatement après la fonction (b) et la vue (II) de la figure 119, après la fonction (c). La surprise est représentée, seule, en plan et de profil à la même vue.

On sait que la surprise est maintenue contre le limaçon par une bague élastique (non représentée) et qu'elle peut se mouvoir librement sur celui-ci dans la mesure permise par le jeu de la cheville s_1 dans l'entaille s_2, s_3.

Le doigt s_4 dont est munie la surprise, sert à entraîner l'étoile J par celle de ses dents qui vise le centre de la montre, ou, ce qui revient au même, l'axe du limaçon des quarts. C'est la dent j_1 qui occupe cette position à la figure 118.

Lorsque le doigt s_4 rencontre cette dent, elle ne peut l'entraîner immédiatement à cause de la résistance créée par le ressort-sautoir R_2 dont l'un des rôles est de maintenir l'étoile à la position sus-indiquée. La surprise reste donc momentanément immobile cependant que le limaçon des quarts continue son chemin à la vitesse d'un tour à l'heure. *C'est alors que s'accomplit la fonction* (*c*).

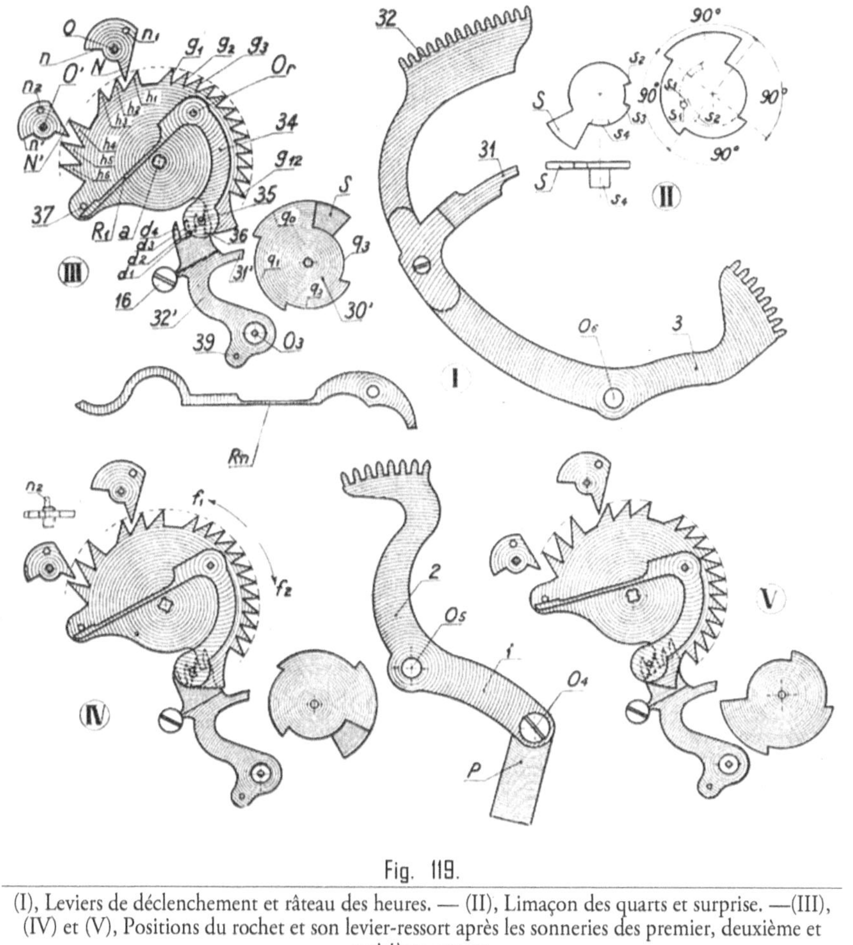

Fig. 119.

(I), Leviers de déclenchement et râteau des heures. — (II), Limaçon des quarts et surprise. —(III), (IV) et (V), Positions du rochet et son levier-ressort après les sonneries des premier, deuxième et troisième quarts.

Mais, lorsque la cheville s_1, ayant parcouru le vide de l'entaille s_2, s_3, vient attaquer le flanc s_3, fig. 119 (II), la surprise redevient solidaire du limaçon et son doigt s_4 entraîne alors la dent de l'étoile pendant un demi-pas environ. Le complément de cette menée s'effectue brusquement par l'effet du ressort-sautoir.

Pendant cette dernière phase du mouvement de l'étoile, les deux fonctions suivantes se produisent :

1°. le limaçon des heures (30) vient présenter un nouvel échelon devant le bras (31) du râteau (32) ;

2°. la dent j_2, frappe le dos du doigt s_4 et projette en avant la surprise S. Ainsi s'effectuent, presque simultanément, les fonctions (*a*) et (*b*). À ce moment précis, l'aiguille des minutes doit être sur la 60e division du cadran, sinon, il appartient à l'horloger de l'y placer.

DÉCLENCHEMENT DE LA RÉPÉTITION. - RÔLE DU LEVIER 34. — Les pièces de la répétition occupant les positions représentées à la figure 118, une pression sur le poussoir P provoque les fonctions suivantes :

1°. le levier (1, O_5, 2), communique au râteau (3, O_6, 32) un mouvement dans le sens positif ;

2°. le râteau imprime au pignon (33) et aux pièces dont ce dernier est solidaire, soient le rochet G et l'arbre de barillet *a* un mouvement de rotation dans le sens négatif (flèche f_1) ;

3°. la goupille (35) ayant laissé le champ libre à la dent d_1, la pièce aux quarts (32') se déplace sous l'effet du ressort R_3 jusqu'à ce que son bras (31') rencontre le limaçon des quarts (30') ;

4°. les dents du rochet A*r*, fig. 116 (I) et (II) de l'arbre de barillet défilent devant les cliquets *s* et *s'*, cependant que le ressort-moteur R*m* s'arme autour de la bonde B*o*.

Toutes ces fonctions cessent lorsque le bras (31) du râteau (fig. 118) rencontre le limaçon des heures (30). Ce dernier présentant, alors, son sixième échelon, les six premières dents g_1, g_2,... du rochet G ont passé, pendant le déclenchement au-delà de la levée N en la faisant décliqueter (flèche f_1). C'est le même ressort R*n* qui, par leurs goupilles n_1 et n_2, ramène, après leurs décliquetages, les deux levées N et N' à leurs positions normales.

Si, maintenant, on abandonne le poussoir à lui-même, le ressort du barillet restitue l'armage qui vient de lui être donné en ramenant, suivant la flèche f_2, à leurs positions de repos les pièces déplacées par le déclenchement.

Pendant que s'accomplit cette deuxième phase du mouvement circulaire du rochet G, les dents g_1, g_2... et g_6 soulèvent, successivement, le marteau M par l'intermédiaire de la levée N, fig. 115 (I). La montre sonne donc six heures juste. Il n'y a, en effet, pas de quart à sonner puisque le limaçon (30') présente son grand secteur au bras (31') de la pièce aux quarts.

Est-il besoin d'ajouter que la vitesse de la sonnerie est régularisée par le petit rouage dont le premier mobile A est rendu solidaire de l'arbre (*a*, A*r*) par les encliquetages *s*, *r* et *s'*, *r'* quand cet arbre tourne dans le sens positif (flèche f_2 fig. 116, (I)).

Si l'on déclenche la répétition entre 6 h. 15 m. et 6 h. 30 m., les fonctions ci-dessus se renouvellent ; mais le bras (31') de la pièce aux quarts étant tombé sur le premier échelon du limaçon (30'), le mouvement de rotation du rochet G, dans le sens de la flèche f_2 (fig. 118), s'accentue puisque c'est par la dent d_2 que la goupille (35) ramène la pièce aux quarts contre le butoir (16). C'est pendant cet excédent de course que les dents h_1 et h_4 soulèvent, successivement, par les levées N' et N, les deux marteaux qui, en retombant sur leurs timbres, sonnent le 1er quart après la sonnerie de l'heure. *La vue* (III) *de la figure* 119 *montre la position occupée par le rochet* G *après la sonnerie de* 6 *h.* ¼.

Si la répétition est déclenchée entre 6 h. 30 m. et 6 h. 45 m., un nouvel excédent de course, suivant la flèche f_2, est imposé au rochet G pour permettre à sa goupille (35) de ramener, à la position d'arrêt, par la dent d_3, la pièce aux quarts dont le bras est tombé sur le deuxième échelon du limaçon. Ce surcroît de chemin parcouru par le rochet a permis aux deux groupes de dents h_1 h_4, et h_2, h_5 de soulever et de laisser retomber deux fois chaque marteau sur leurs timbres.

On voit à la vue (IV) *la position occupée par le rochet après la sonnerie de* 6 *h.* 2/4.

Enfin, si l'on déclenche la répétition entre 6 h. 45 m. et l'heure juste, la course du rochet, suivant f_2, s'amplifie encore du fait que c'est par la dent d_4 que la goupille (35) ramène la pièce aux quarts, dont le bras est tombé sur le troisième échelon du limaçon, contre la butée d'arrêt (16). Cette fois, les marteaux sont soulevés par les trois groupes de dents h_1, h_4-h_2, h_5 et h_3, h_6. *La vue* (V) *montre la position du rocher* G *après la sonnerie de* 6 *h.* ¾.

REMARQUE. — Pour simplifier les explications relatives au fonctionnement des sonneries, on a admis que la goupille (35) était supportée par le rochet G. Cette fiction pourrait devenir une réalité si la goupille venait toujours s'arrêter contre le flanc de la dent d_1 de la pièce aux quarts (fig. 118). Mais il suffit de jeter un coup d'œil sur les vues (III), (IV) et (V) de la figure 119, pour voir que ce n'est pas le cas et que, en outre, la denture de la pièce aux quarts gênerait la rotation du rochet dans le sens négatif (flèche f_1), si la goupille (35) était solidaire de celui-ci. On évite cette difficulté en implantant cette goupille sur un levier (34), mobile en O*r* sur le rochet et qu'un ressort R_1 pousse dans le sens négatif jusqu'à ce que (35) appuie contre le flanc (36) du rochet. En effet, ce montage permet à la goupille (35) de sortir en décliquetant de la denture de la pièce aux quarts et le déclenchement peut s'opérer aisément.

43. Répétition aux quarts à « tout-ou-rien ». — PETIT ROUAGE. — BARILLET.

Le petit rouage de la répétition présente l'avantage d'être indépendant de la platine du mouvement, exception faite de la roue motrice qui n'est en réalité qu'un râteau A, à dents triangulaires relativement fines (fig. 120 et 121).

Il se compose des quatre paires d'engrenages suivants :

A
B — *b*
C — *c*
D — *d*
e

Le dernier mobile mené *e* supporte une roue d'échappement E qui actionne une ancre à recul E'. On sait que ces deux derniers mobiles jouent le rôle de modérateur de vitesse du petit rouage.

Hormis l'axe du râteau A, les quatre autres axes pivotent dans deux petites platines formant une cage P*r*, susceptibles de se mouvoir autour d'une vis à portée O_1 qui est l'unique organe rattachant cette petite cage à la platine P_1 de la montre.

Le bras *x* sert à limiter l'amplitude du mouvement circulaire alternatif de l'ancre et, par suite, à régler la fréquence des coups de la sonnerie.

Un ressort R_1, fixé sur la bâte de la platine, actionne la cage P*r*, dans le sens négatif (*fi*) et tend, constamment, à maintenir la denture du pignon *b* en engrenage avec celle du râteau A.

Ce râteau a son axe théorique en O_2 et son axe matériel n'est autre que l'arbre du barillet dont le ressort-moteur actionne le petit rouage et les sonneries. Un ajustement octogonal *a* rend solidaire le râteau A de l'arbre.

Le barillet est plus simple que celui qui a été précédemment décrit comme prototype : la denture en rochet de l'arbre, les encliquetages le solidarisant, dans un sens, avec la roue motrice et la ruche, sont supprimés. Le ressort-moteur est logé dans une creusure pratiquée, du côté des ponts, dans la platine. L'arbre pivote, d'une part, dans le fond de cette creusure et, d'autre part, dans l'un des ponts. Quant aux deux premières suppressions, elles s'expliquent puisque, contrairement à la roue motrice du petit rouage de la précédente répétition, le râteau A est entièrement solidaire de l'arbre de barillet. Mais, que devient le petit rouage pendant le déclenchement ? Tout simplement ceci : le râteau tournant dans le sens négatif pendant l'armage du ressort-moteur par l'arbre, sa denture triangulaire décliquette sur celle du pignon *b* en poussant la cage P*r* dans le sens de la flèche f_2. Le petit rouage reste donc immobile.

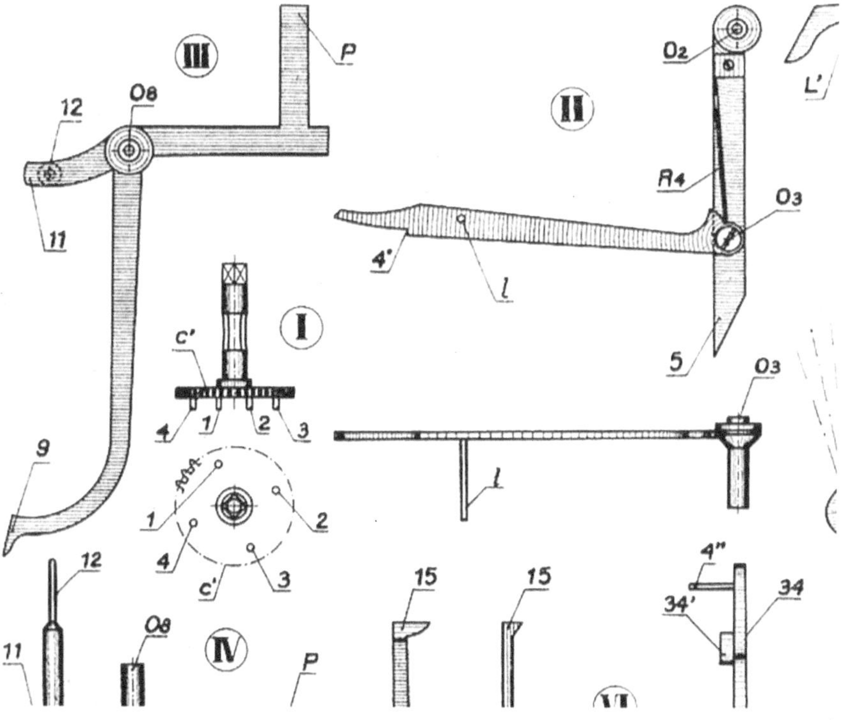

Fig. 120.

Répétition aux quarts à tout-ou-rien. Leviers intéressant la sonnerie des heures ; petit rouage et modérateur de vitesse.

PIÈCES CHARGÉES DE FAIRE SONNER LES HEURES ET DE RÉGLER CETTE SONNERIE. — Ces pièces sont représentées, à part, figure 120 (I). La principale qui est la pièce (32), dénommée *pièce aux heures*, constitue l'un des deux bras du levier (4, O_2, 32) dont fait partie le râteau.

Les dents g_1, g_2... et g_{12} de la pièce aux heures sont chargées de soulever l'un des deux marteaux, lesquels, on le sait, se trouvent du côté des ponts par l'intermédiaire :

1° d'une levée N*h* qui est ajustée, librement, sur l'axe O du marteau ;

2° de l'épaulement n_1 de cette levée ;

3° de la tige *o* qui est fixée sur le marteau et que le ressort R pousse contre un timbre quand les dents laissent échapper la levée.

La course faite par la pièce aux heures, lorsqu'on déclenche la sonnerie, est limitée par la rencontre de son bras (31) avec l'un des échelons du limaçon (30) qui, comme à l'ordinaire, est fixé sur l'étoile J qu'un levier sautoir actionné par R_2, maintient à sa position de repos. Le bras (31) ne fait pas partie de la masse de la pièce aux heures.

PIÈCES CHARGÉES DE FAIRE SONNER LES QUARTS ET DE RÉGLER CETTE SONNERIE. — Comme les précédentes, ces pièces sont représentées, à part, figure 120 (II). La principale est la pièce (32'), ou *pièce aux quarts*, qui est également supportée par l'arbre de barillet, mais sur lequel elle peut se mouvoir librement ; une vis à portée a_1 (fig. 121) la maintient en place. Contrairement à la pièce aux heures, la pièce aux quarts est donc indépendante de l'arbre. Cette pièce occupant le premier plan, ses dents h_1, h_2... et h_6 passent sur la levée des heures N*h* pour venir attaquer les levées N' et N, qui actionnent les deux marteaux pour la sonnerie des quarts. La première, ajustée librement sur l'axe O' du deuxième marteau, est attaquée par l'intermédiaire de l'épaulement n_5 et de la tige *o'* ; la seconde, par l'intermédiaire de l'épaulement n_3, d'une goupille n_4, chassée sur la levée des heures et de l'épaulement n_1 qui entraîne, comme pour la sonnerie de l'heure, la tige *o* du marteau.

Mais, pour qu'il en soit ainsi, il est nécessaire que le bras (35)de la pièce aux quarts se soit éloigné — par l'effet du ressort R_3 — des levées N*h* et N. Ces levées peuvent, de cette façon, venir pénétrer — sous l'action des ressorts R_4 et R_5 — dans le cercle d'engrènement *i* des dents de la pièce aux heures et des dents h_4, h_5 et h_6 de la pièce aux quarts. Les trois autres dents h_1, h_2 et h_3 ne peuvent engrener qu'avec la levée N'.La chute de la pièce aux quarts est donc nécessaire pour les deux sonneries.

REMARQUE. — Il n'y a pas de contre-marteaux : l'élasticité des tiges et des ressorts R_4, R_5 et R_6 en tient lieu. Le réglage des marteaux par rapport à leurs timbres doit donc être fait, une fois pour toutes, au moment du montage.

ARRÊT DU MÉCANISME. — LEVIERS DE DÉCLENCHEMENT. — Contrairement aux cas précédents, l'arrêt de mécanisme se produit toujours au même endroit. À la fin de chaque sonnerie, la pièce aux heures (32) est arrêtée par la rencontre de son épaulement (15) et d'une tête de vis (16), fixée sur le levier de déclenchement (1), dont la propre butée ne figure pas aux dessins.

Le centre de mouvement de ce levier est encore l'arbre de barillet sur un tigeron ; sur ce dernier il peut se mouvoir librement. C'est la troisième pièce que supporte la partie de l'arbre qui déborde le fond P_1 de la platine : au premier plan, se trouve la pièce aux quarts (32'), au second, la pièce aux heures (32) qui, seule, est solidaire de l'arbre, et, au troisième plan, le levier de déclenchement.

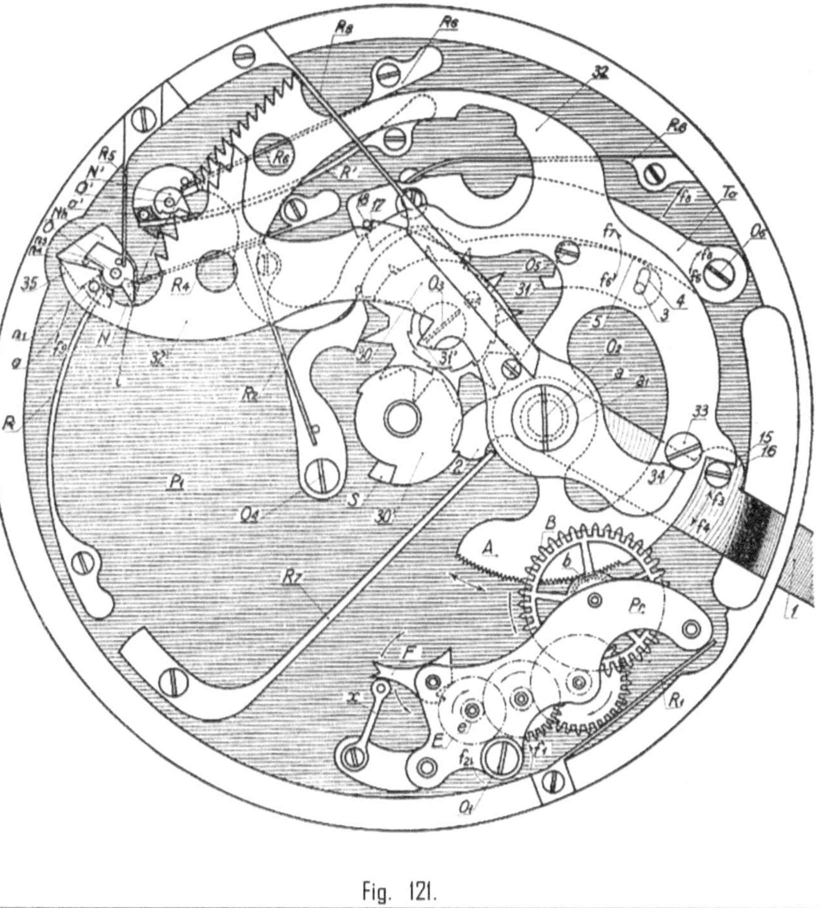

Fig. 121.

Ensemble de la cadrature de la répétition aux quarts.

L'extrémité libre de ce dernier vient s'emprisonner dans un verrou supporté par la carrure de la boîte. C'est par la partie extérieure de ce verrou qu'on déclenche la répétition. On pourrait supprimer le ressort R, en faisant en une seule pièce le bras (1) et le levier (A, O, 32). Mais, dans ce cas, le ressort du barillet aurait, en outre de ses autres charges, celle de ramener le verrou à sa position de repos.

La construction précédente évite ce surcroît de travail, surcroît qui, d'ailleurs, s'amplifierait sans doute avec le temps, du fait que le verrou peut être plus ou moins atteint par les poussières de la poche.

LEVIER DIT « TOUT-OU-RIEN ». — Il a été dit que le bras (31) de la pièce aux heures ne faisait pas corps avec celle-ci, contrairement aux cas précédents. Il est, en effet, relié à la pièce aux heures par une vis à portée O_5, autour de laquelle il peut se mouvoir lorsqu'il vient appuyer sur l'un des échelons du limaçon des heures (30). Ce mouvement est limité par le jeu d'une goupille (3) supportée par le bras dans un trou allongé (4) pratiqué dans la pièce aux heures. Il s'effectue dans le sens de la flèche f_6 et il a pour but le soulèvement d'un levier inter-puissant T*o*, mobile autour d'une vis à portée O_6, appelé *tout-ou-rien.* Ce dernier, en se déplaçant dans le sens de f_7, fait sortir sa goupille (18) de l'entaille (17), libérant ainsi la pièce aux quarts (32'). Cette pièce se déplace alors, sous l'effet du ressort R_3, dans la direction du limaçon des quarts (30') dont l'un des échelons arrête le bras (31').

Pendant ce déplacement de la pièce aux quarts, son bras (35) par la cheville n_4, libère les levées, N*h* et N dont les ressorts R_4 et R_5, ramènent les becs dans la direction de l'axe O2.

Ces conditions ont pour point de départ la mobilité du bras de la pièce aux heures. Si elles n'étaient pas remplies lorsque la main abandonne le verrou — ou ce qui revient au même — le bras (1) après l'avoir déplacé suivant la flèche f_4, la pièce aux quarts resterait accrochée à la goupille (18) du tout-ou-rien. Son bras (35) maintiendrait les levées N*h* et N dans la position représentée (fig. 121) : de sorte que les dents de la pièce aux heures défileraient, sous l'action du ressort de barillet, sans soulever la levée N*h*. La sonnerie resterait donc silencieuse.

Voilà qui justifie bien le qualificatif de « tout-ou-rien » donné, en particulier, au levier T*o* et, en général, aux répétitions dont la sonnerie des heures s'effectue tout entière, ou pas du tout.

RÉSUMÉ DES FONCTIONS CONSÉCUTIVES A L'EFFORT DE LA MAIN POUR DÉCLENCHER LA RÉPÉTITION ET A LA RÉACTION DU RESSORT-MOTEUR. — Une force tangentielle appliquée, suivant f_4 au verrou supporté par la carrure de la boîte, ou indifféremment au bras (1), détermine les fonctions ci-après :

1°. le levier (1-O_2) entraîne, dans le même sens, par l'épaulement (15), le levier (A, O_2, 32) ;

2°. la denture du râteau A décliquette sur celle du pignon *b*, laissant donc le petit rouage immobile ;

3°. l'arbre de barillet, étant solidaire du susdit levier, arme le ressort-moteur autour de la bonde ;

4°. le limaçon (30), occupant la position représentée, les dents g_1, g_2, g_3, g_4 et g_5 ont passé devant la levée N_h lorsque le bras (31), de la pièce aux heures (32), rencontre le cinquième échelon de ce limaçon ;

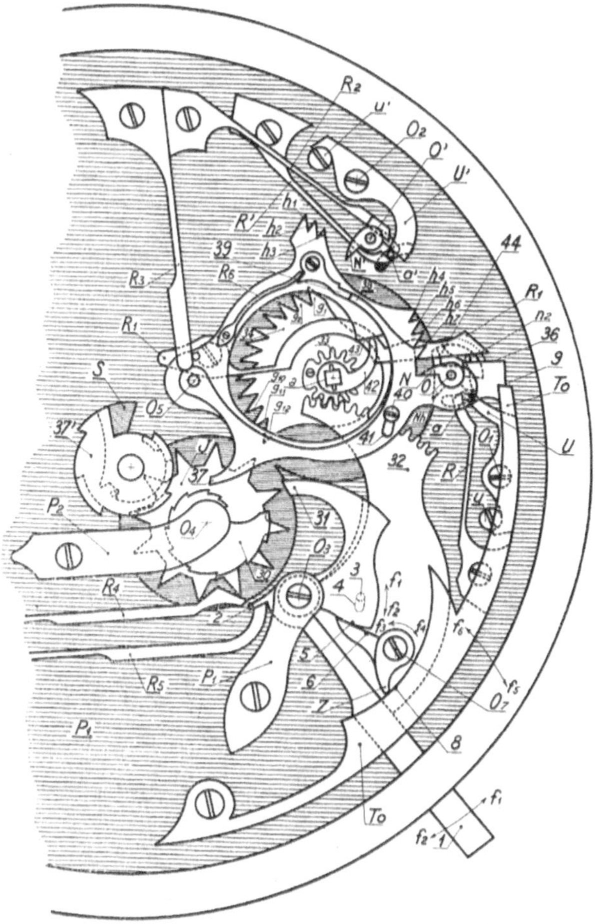

Fig. 122.

Cadrature de la répétition aux demi-quarts.tif

5°. si, à ce moment, la force appliquée au verrou, ou au bras (1), est convenable, le dos (5) du bras (31), se déplaçant suivant f_7, pousse le tout-ou-rien (T*o*) suivant f_8 et fait sortir la goupille (18) de l'épaulement (17) ;

6°. la pièce aux quarts, étant ainsi libérée, est sollicitée, par le ressort (R_3), dans la direction du centre de la montre, jusqu'à ce que son bras (31') rencontre le limaçon (30'). Celui-ci présentant son deuxième échelon, les dents h_1, h_4 et h_2, h_5 ont, respectivement, passé devant les levées N' et N ; le bras (35) a libéré les levées N_h et N ; les ressorts R_4, R_5 et R_6 ont fait pénétrer leurs levées respectives dans les cercles d'engrènement des dents chargées de les actionner.

Dès que l'on abandonne le verrou et le bras (1) à l'action du ressort R_7, le ressort-moteur réagit en provoquant les fonctions suivantes :

1°. le bras (A, O_2, 32) tournant dans le sens positif, les dents du râteau A entraînent, cette fois, le petit rouage ;

2°. les cinq premières dents de (32) actionnent la levée N_h et, par suite, l'un des marteaux ; la montre sonne donc cinq heures ;

3°. aussitôt la sonnerie des heures terminée, la tête de vis (33) entraîne, par le bras (34), la pièce aux quarts dont les dents h_1, h_4 et h_2, h_5 actionnent, successivement, les deux marteaux pour la sonnerie des deux quarts ;

4°. avant que ne soit achevée cette sonnerie, la goupille (18) du tout-ou-rien vient s'enclencher dans l'entaille (17) et le bras (35) ramène les levées N_h et N dans la position représentée, c'est-à-dire hors de la trajectoire *i* ;

5°. l'épaulement (15) de la pièce aux heures rencontre la butée (16) du levier (1-O_2) et le mécanisme est arrêté jusqu'à un autre déclenchement.

REMARQUE. — Les fonctions de la surprise S, sont exactement celles de la surprise employée dans la précédente répétition.

Les extrémités des ressorts R_4, R_5 et R_6, qui remplissent leurs fonctions par l'intermédiaire d'un épaulement en ce qui concerne la levée des heures, et de goupilles, en ce qui concerne les deux levées des quarts, limitent les jeux en hauteur de ces levées.

44. Répétitions aux demi-quarts.

Cette répétition utilise les mêmes marteaux et les mêmes timbres, ainsi que les mêmes types de barillet et de petit rouage que ceux qui sont représentés aux figures 115 et 116. On y retrouve (fig. 122), des contre-marteaux U et U' mobiles en O_1 et O_2, mais dont les vis de réglage *u* et *u'* diffèrent, comme forme et disposition, de celles que l'on connaît déjà. Ce ne sont plus, en effet, les pointes coniques de ces vis qui font basculer les contre-marteaux pour éloigner les marteaux de leurs timbres ; cette fonction est assurée par les têtes de vis, elles-mêmes, grâce à une certaine conicité qui leur a été donnée. Ces têtes étant donc, obligatoirement, du côté de la cadrature, le réglage dont on les charge doit être au point avant de mettre en place le cadran et les aiguilles.

LEVÉES DES MARTEAUX. — PIÈCES QUI LES ACTIONNENT. — Le nombre des levées est de trois ; l'une N' fait sonner le premier coup de chaque quart ; l'autre N fait sonner le second coup et la troisième, N_h fait sonner les heures. N' et N sont parfois désignées sous les dénominations de *petite levée des quarts* et de *grande levée des quarts.*

Toutes ces levées sont ajustées à frottement très doux, la première, sur l'axe O' du *premier marteau* et, les deux autres, sur l'axe O du *deuxième marteau.* Ce dernier sonne également les quarts. Elles sont représentées, en plan et en élévation (fig. 123 (III)). Par leurs bras *n'*, *n* et n_1 elles entraînent les tiges *o* et *o'* des marteaux (fig. 122 et 124). Les fraisures e_2 et e_1 pratiquées, latéralement, dans les levées N' et N servent à recevoir les extrémités libres des ressorts R_1 et R_2 qui ont pour rôles de limiter le jeu en hauteur de ces levées et de les ramener à leur position normale lorsqu'elles en ont été déplacées.

La levée des heures N_h est actionnée par les dents $g1... g_{12}$ et g_{13} (fig. 124) d'un rochet (34), ou *rochet des heures* qui, avec un pignon (33) et un doigt (42), sont montés en porte-à-faux sur le carré *a* de l'arbre de barillet du petit rouage.

Les levées N' et N sont, respectivement, actionnées par les dents h_1, h_2, h_3 et h_4, h_5, h_6, d'un levier (35, O_5, 36), appelé *pièce aux quarts.* La grande levée des quarts N est également actionnée par la dent h_7 d'un levier (37, O_5, 38), appelé *pièce aux demi-quarts.* Ces deux pièces sont représentées (fig. 123) séparément, vues (IV) et (V), et, groupées, vue (VI). Elles peuvent se déplacer, l'une par rapport à l'autre, d'une quantité égale à 1 pas, de la denture de celle-ci ; la vue (VI) (fig. 123) et la figure 122 la montrent dans ses deux positions extrêmes : la première est celle qui correspond à la sonnerie des quarts et la seconde, à la sonnerie d'un demi-quart, signalée par un seul coup du deuxième marteau. Le levier (39), qu'actionne le ressort R_6, assure une certaine stabilité à la pièce aux demi-quarts dans ses deux positions extrêmes.

La portée d'une vis (40) l'empêche de se soulever. La vis (04) se montant sur la pièce aux quarts, sa jambe peut jouer dans le trop ovalisé (41).

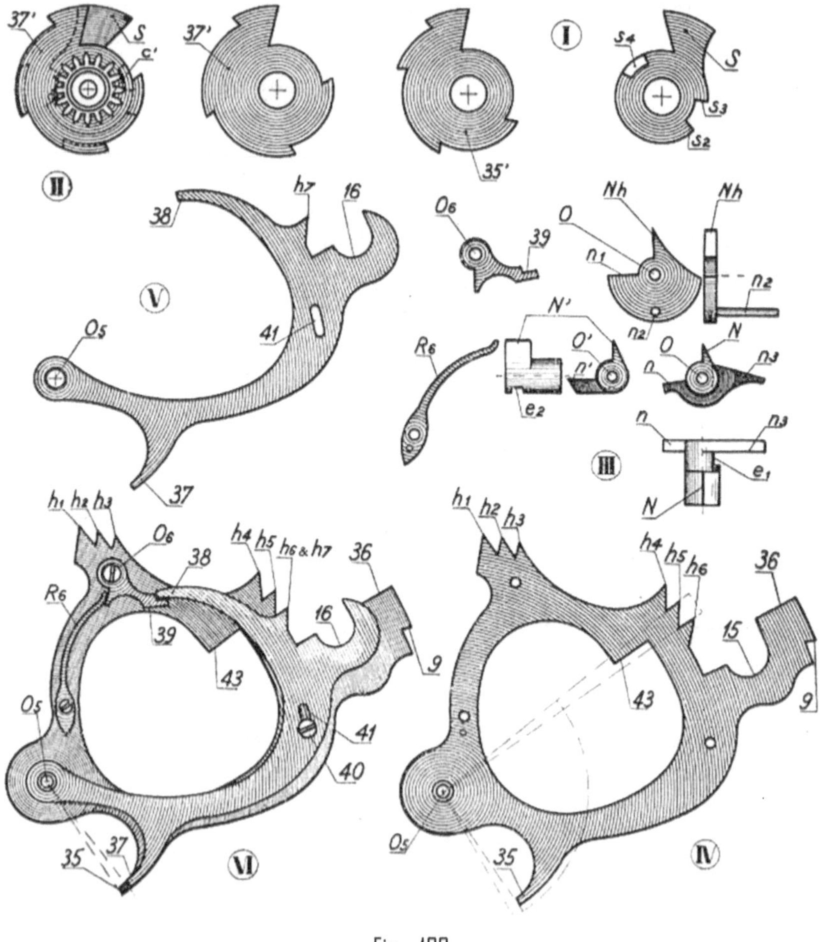

Fig. 123.

(I), S, surprise ; si, doigt de menée de l'étoile ; s2-s3 entaille destinée à la cheville du limaçon des quarts (35'). — (Il), c' chaussée dant le canon supporte les trois pièces précédentes. — (111), Levées. — (IV), Pièce aux quarts (35-05-36). — (V), Pièce aux demi-quarts (37-05-38). — (V1), Positions des pièces aux demi-quarts et aux quarts lorsqu'il n'y a pas de demi-quart à sonner.

ARRÊT DE LA RÉPÉTITION. — FONCTIONS QUI PRÉCÈDENT IMMÉDIATEMENT, UN ARRÊT. — Le sens du taillage des dents du *rochet des heures* suffit pour révéler le sens dans lequel le ressort-moteur, en se désarmant, entraîne l'arbre de barillet *a*, le rochet des heures (34) et le doigt (42) (fig, 122 et 123).

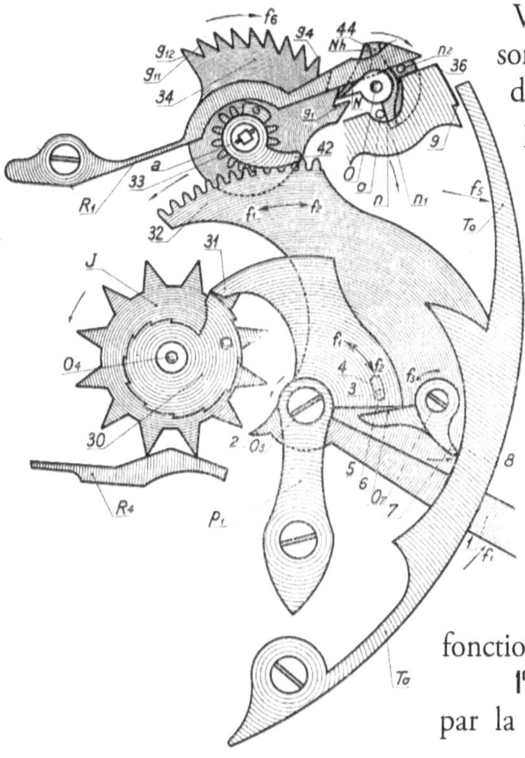

Fig. 124.

Leviers intéressant la sonnerie des heures (sauf N et (9-36)) à la fin du déclenchement, la montre marquant 1 heure juste.

Vers la fin de chaque sonnerie, le doigt entraîne, dans le sens négatif, la pièce aux quarts par son épaulement (43) et, lorsque l'extrémité concave (15) de cette pièce vient s'appuyer contre le corps de la levée N dont elle épouse exactement la forme, (fig. 122), le désarmage du ressort du barillet est interrompu. Autrement dit, c'est l'arrêt de la répétition. Mais, un peu avant cet arrêt, les fonctions ci-après s'effectuent.

1°. le talon (36) amène, par la cheville n_2, la levée des heures N_h hors de la trajectoire de la denture du rochet (34) des heures ;

2°. le ressort R_1 sort de la fraisure latérale de N et la partie concave (15) de la pièce aux quarts se substitue à ce ressort pour maintenir en respect la levée N ;

3°. le tout-ou-rien T_o, pénètre dans l'encoche (9) (fig. 122 et 123).

Pendant ce temps, le rôle de la pièce aux demi-quarts n'a été que passif, sauf lorsqu'il n'y a pas de demi-quart à sonner. Dans ce cas, la partie concave (16) de cette pièce, vue (VI) rencontrant la première, la levée N s'immobilise jusqu'à ce qu'elle soit rattrapée par la concavité (15) de la pièce aux quarts. À ce moment, la pièce aux demi-quarts a repris la position représentée à la figure 122. On remarque que, dans cette position, les extrémités des bras (37) et (35) coïncident, tandis que, dans l'autre position, elles sont décalées d'une valeur correspondant à un demi-pas de la denture h_1, h_2...

FONCTIONNEMENT DE LA SONNERIE DES HEURES. — On peut envisager, en premier lieu, le cas où la montre marque, par exemple, une heure juste, ou une heure plus un nombre de minutes inférieur à 7 m. ½.

On provoque le déclenchement de la répétition en agissant, suivant la flèche f_1, sur le verrou qui commande le bras (1). Le râteau (32) et son bras (31), mobiles sur un axe fixe commun O_3, suivent le même mouvement, cependant que (32) imprime, par le pignon (33), un mouvement de rotation, suivant la flèche f_6 (fig. 124), à l'arbre de barillet *a*, au rochet (34) et au doigt (42). Ce mouvement a, notamment, pour effet d'armer le ressort-moteur autour de la bonde de l'arbre. Il ne doit pas être annihilé dès que le bras (31) vient en contact de l'échelon du limaçon des heures (30) qui lui fait vis-à-vis. Comme il a été déjà dit, à propos du déclenchement de la répétition à tout-ou-rien, il faut qu'il se prolonge pour permettre à la goupille (3), solidaire de (31), de regagner le temps perdu, représenté par le trou ovalisé (4) du râteau (32) ; le dos (5) du bras doit provoquer, par la basculation du levier (6, O_7, 7), la poussée en (8) suivant la flèche f_5, du tout-ou-rien T*o*.

Dès que le tout-ou-rien est sorti de l'entaille (9), la pièce aux quarts et sa « compagne » s'éloignent de la levée N par l'effet du ressort R_3, permettant ainsi au ressort R_1 de ramener, par la cheville n_2, la levée des heures N*h* dans son cercle d'engrènement avec les dents du rochet (34) et de réintégrer la fraisure latérale e_1 de N (fig. 124 et 123 (III)).

Si, maintenant, le verrou, ou le bras (1-O_3-2), sont abandonnés à l'action du ressort R_5 (fig. 122), le ressort de barillet réagit ; il imprime aux divers mobiles des mouvements de rotation, inverses de ceux qui résultent du déclenchement ; par son action sur la levée N, l'unique dent *g* du râteau — que le premier échelon du limaçon (30) a permis de passer au-dessous du bec de la susdite levée — fait sonner 1 heure par le deuxième marteau. Peu après, l'arrêt du mécanisme se produit.

Tout se passe de la même façon quel que soit l'échelon du limaçon qui vient de se placer devant le bras (31), étant entendu que le nombre de coups d'heures s'accorde avec l'échelon rencontré par ce bras.

Comme en ce qui concerne la précédente répétition, la pièce aux quarts doit, nécessairement, s'effacer devant la grande levée des quarts, quand bien même il n'y a ni quart ni demi-quart à sonner. Dans la figure 124, le déplacement de la pièce aux quarts n'est qu'amorcé ; il faut, en effet, qu'il soit tel que la cheville n_2 puisse se déplacer devant le talon (36) pour permettre aux dents du rochet des heures de soulever la levée N*h*.

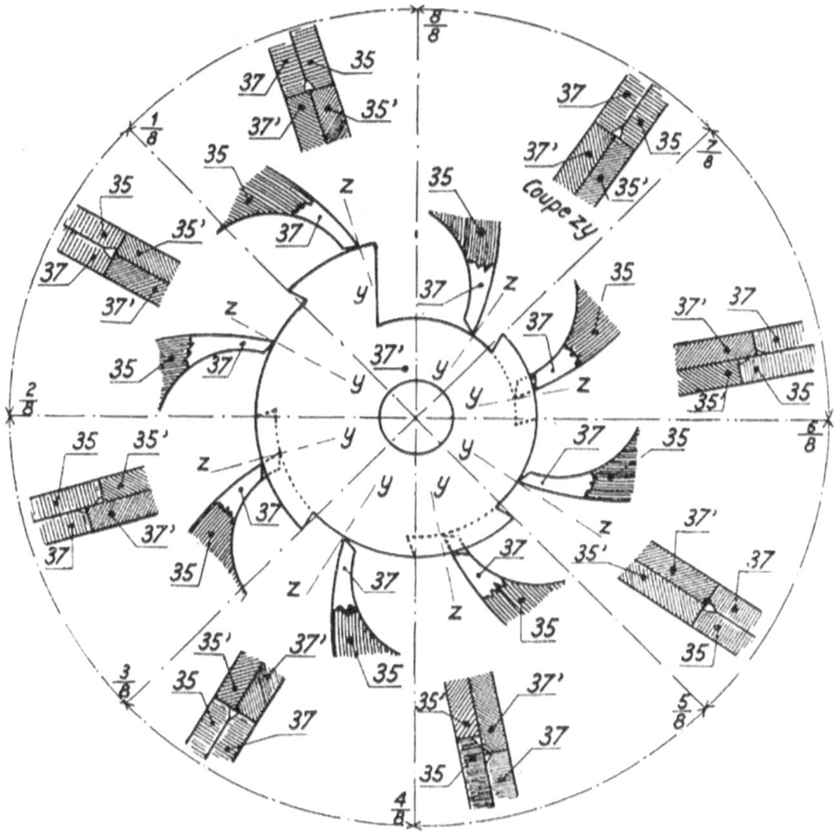

Fig. 125.

Positions occupées pratiquement par les bras des pièces aux quarts (35) et aux demi-quarts (37) lorsque le limaçon des quarts (35') présente un échelon de rayon égal ou plus petit que l'échelon présenté par le limaçon des demi-quarts (37').

FONCTIONNEMENT DES SONNERIES DES DEMI-QUARTS ET DES QUARTS. — Les déplacements que le ressort R3 fait subir aux pièces aux quarts et aux demi-quarts sont réglés par les limaçons (35') et (37') lesquels sont représentés :

- séparément, à la vue (I) de la figure 123 ;
- à la vue (II) où ils sont montés, avec la surprise S, sur la chaussée *c'* ;
- à la figure 125, où ils sont réunis dans les positions qu'ils occupent pratiquement, le limaçon des demi-quarts (37') et celui des quarts (35') étant sur les mêmes plans que les bras (37) et (35) des pièces aux demi-quarts et aux quarts dont ils règlent les courses.

Pour faciliter pratiquement la compréhension, on a fait tourner — sur le dessin, bien entendu — l'axe des pièces aux demi-quarts et aux quarts autour de l'axe des limaçons et, comme le montre la figure 125, on a représenté autant de chutes des bras (35) et (37) que la durée de 1 tour des limaçons contient de fois 7 m. ½. Le nombre de chutes — soit le quotient de 60/7,5 est de 8.

À la première chute (⅛), les bras (35) et (37) s'arrêtent, ensemble, sur les premiers échelons des limaçons ; les pièces aux quarts et aux demi-quarts se sont juste déplacées pour permettre à la sonnerie des heures de s'effectuer (fig. 124). Il n'y a donc pas de sonneries de quarts ni de demi-quarts[15].

À la seconde chute (2/8), les bras (35) et (37) ont encore rencontré, ensemble, les deuxièmes échelons des limaçons : la dent *h*, de la pièce aux demi-quarts ayant défilé devant la levée N dans le sens positif, la réaction du ressort de barillet provoquera, dans le sens contraire, la frappe, après la sonnerie de l'heure, de l'unique coup de marteau qui marque la sonnerie d'un demi-quart.

À la troisième chute (⅜), correspond un échelon du limaçon des quarts, dont le rayon est plus petit que celui de son « compagnon » (Voir la partie en pointillés) ; le bras (37) est donc arrêté par l'échelon du limaçon (37'), alors que le bras (35) continue à se mouvoir jusqu'à la rencontre de l'échelon de l'autre limaçon ; d'où un glissement de la pièce aux quarts sous la pièce aux demi-quarts, qui a pour conséquence d'amener ces pièces à la position représentée à la vue (VI) de la figure 123. Les choses se passent alors comme si la pièce aux demi-quarts n'existait pas, c'est-à-dire que le groupe formé par les dents h_7 et h_6, qui se confondent, a défilé devant la levée N, cependant que la dent h_3 a défilé devant la levée N'. Lorsque le ressort-moteur réagit, la dent h_3 provoque le soulèvement du premier marteau et, le groupe h_6-h_7, le soulèvement du second marteau ; les deux coups successifs qui en résulteront marquent la sonnerie du 1er quart. À l'arrêt de cette sonnerie, la pièce aux demi-quarts a repris la position représentée à la figure 122.

À la quatrième chute (4/8), l'échelon du limaçon (35') n'ayant pas varié tandis que l'échelon du limaçon (37') se confondant avec le précédent, les bras (37) et (35) les rencontrent en même temps. La chute de la pièce aux quarts étant la même que la précédente, les mêmes dents h_3 et h_6 ont défilé devant N' et N ; mais la dent h_7 de la

[15] Afin de ne pas charger le dessin, on n'a pas représenté la surprise qui, on le sait, vient se substituer, à l'heure juste, à la partie avant de cet échelon.

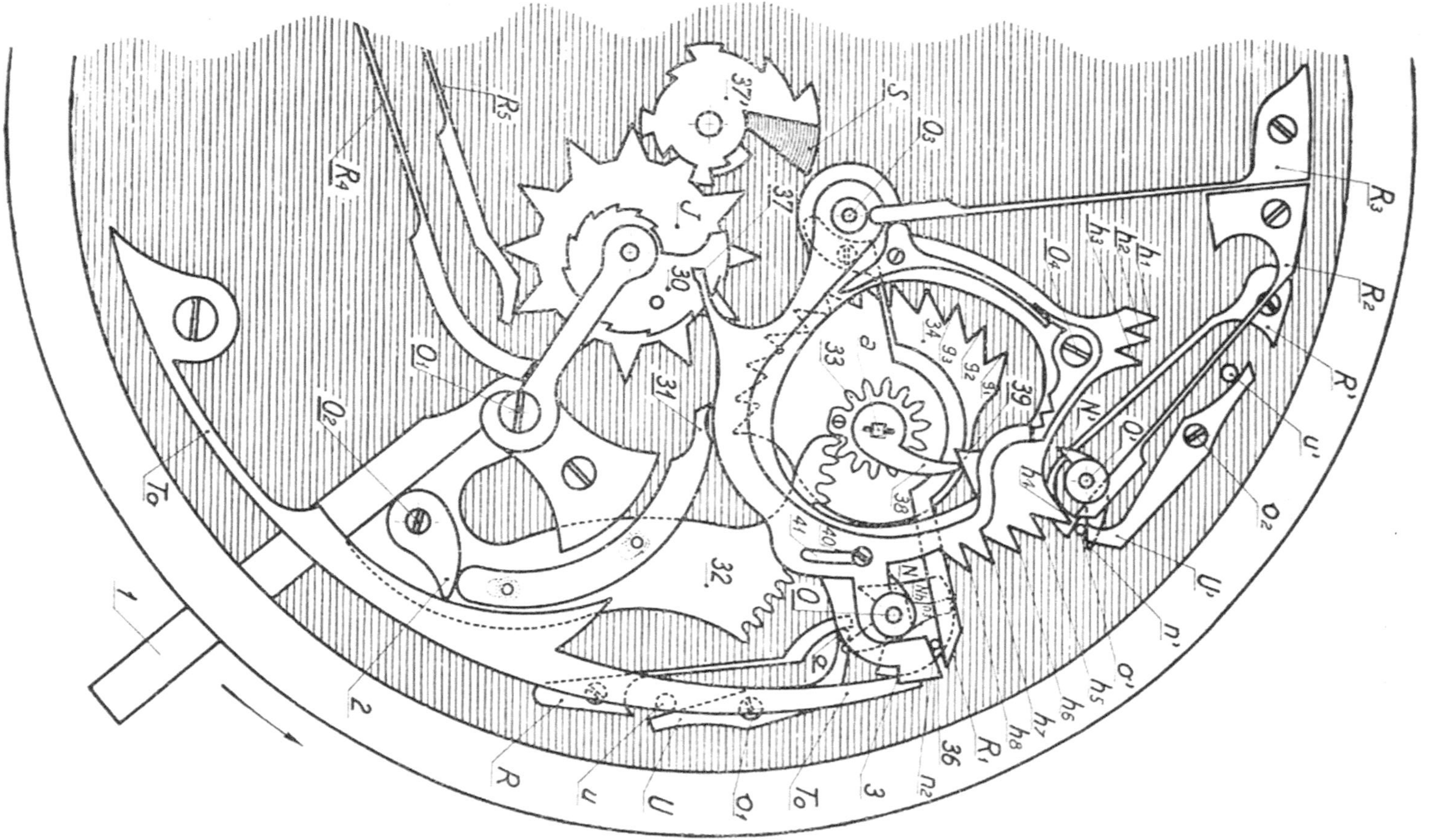

Fig. 126.

Cadrature de la répétition aux cinq minutes.

pièce aux demi-quarts, dont le cheminement a augmenté, ayant défilé la première devant la levée N, le ressort-moteur, en réagissant, fera sonner après l'heure, 1 quart et ½ quart.

À la cinquième chute (5/8), un nouveau glissement de la pièce aux quarts sous la pièce aux demi-quarts se produit : le groupe de dents h_6-h_7 et la dent h_5 ont passé au-dessous de N tandis que h_3 et h_2 ont passé au-dessous de N' ; la montre sonnera donc deux quarts.

À la sixième chute (6/8), l'échelon du limaçon (37') coïncidant avec celui du limaçon (35'), la montre sonnera deux quarts et un demi-quart.

À la septième chute (7/8) : troisième glissement de (35) sous (37), provoquant la sonnerie de trois-quarts.

À la huitième chute (8/8), l'échelon de (37') étant au niveau de celui de (35'), toutes les dents h_1, h_2... h_6, h_7 des pièces aux quarts et aux demi-quarts, effectuant la même chute, ont passé au-dessous des levées N' et N. La montre sonne alors trois quarts et un demi-quant.

Enfin, si l'on déclenche la répétition lorsque tous ses organes occupent les positions représentées à la figure 122, la montre accusera les sonneries suivantes : onze heures, deux-quarts et un demi-quart.

REMARQUES. — La suppression de la pièce aux demi-quarts et de ses accessoires et le remplacement du limaçon de cette pièce par un limaçon des quarts ordinaire, transformeraient la répétition que l'on vient de décrire en une simple répétition aux quarts qui se fabriquait couramment autrefois.

Dans les pièces compliquées, ce sont souvent les extrémités des ressorts actionnant les leviers qui limitent le jeu en hauteur de ces derniers ; c'est précisément le cas pour les pièces aux demi-quarts et aux quarts ci-dessus.

Certains ressorts de répétitions produisent de multiples effets ; c'est ainsi que le ressort R_1 de la répétition aux demi-quarts et de la répétition aux quarts de même type remplit, à lui seul, les fonctions suivantes :

a.) lorsque le mécanisme est au repos, il maintient en respect la levée des heures ;

b.) il amène, à chaque déclenchement, la levée des heures dans la trajectoire des dents du rochet des heures ;

c.) il se substitue à la pièce aux quarts pour maintenir la grande levée des quarts à sa position normale ;

d.) avant qu'il ait pénétré dans la fraisure latérale de cette levée, il maintient celle-ci en place par son bras (44) ;

e.) il ramène la levée des heures à sa position normale lorsqu'elle échappe les dents du râteau des heures ;

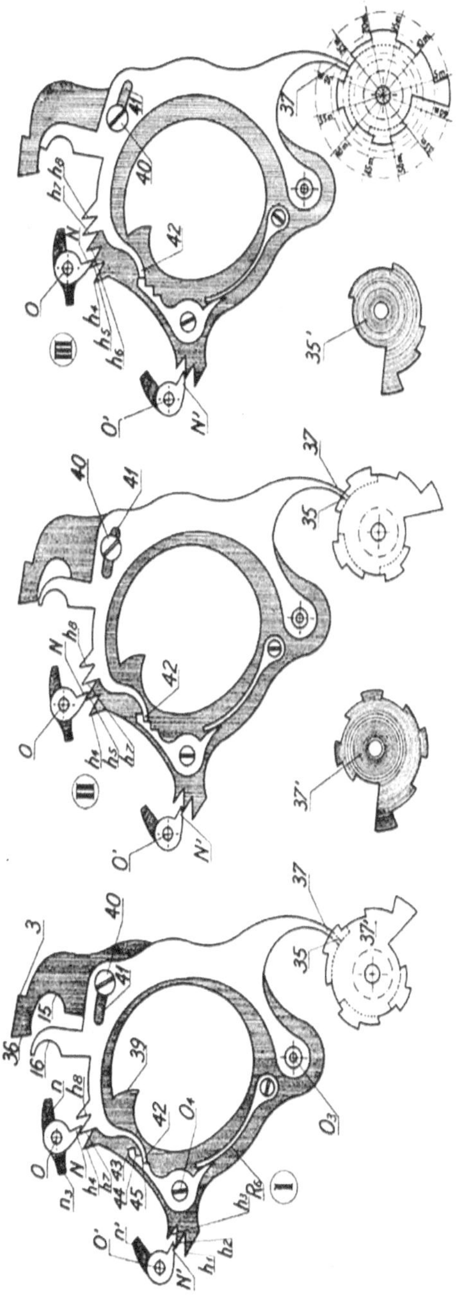

Fig. 127.

Positions des pièces aux quarts et aux demi-quarts après un déclenchement et immédiatement avant les sonneries : (I), d'un quart juste. — (II), d'un quart et cinq minutes. — (III), d'un quart et dix minutes.

f.) il remplit, également, cette dernière fonction sur la grande levée des quarts quand elle échappe les dents des pièces aux quarts et aux demi-quarts.

45. Répétition aux cinq minutes.

L'aspect de cette répétition rappelle tout à fait la répétition aux demi-quarts. Les seules pièces qui la singularisent sont celles qui participent à la sonnerie des cinq minutes. Les autres restent inchangées, sauf le bras du râteau des heures et le levier qui commande le tout-ou-rien dont la construction varie quelque peu. En outre, les contre-marteaux U et U' (fig. 126) sont commandés, comme l'ont montré les figures 115, § 43 et 118, par les cônes qui succèdent aux tarauds des vis *u* et *u'*.

Chaque sonnerie correspondant à l'heure ou à l'un des

quarts suivis de cinq minutes, est signalée, comme celle d'un demi-quart, par un coup du second marteau sur son timbre. Deux coups sont donc frappés pour signaler dix minutes succédant à l'heure ou à l'un des quarts. Deux dents, h_7 et h_8 dont est muni le levier (37, O_3,16), que l'on dénomme *pièce aux cinq*, commandent la sonnerie des cinq (fig. 127) ; (35') est le limaçon des quarts et (37') *le limaçon des cinq*.

Avant et après un déclenchement où la montre doit sonner les deux coups signalant dix minutes, les pièces aux quarts et aux cinq occupent les positions représentées aux figures 126 et 137, vue (III). À ce moment, l'extrémité (42) de la pièce aux cinq repose contre l'extrémité du levier stabilisateur qui est mobile en O_4 sur la pièce aux quarts. Ce bras repose : à la vue (II), dans l'encoche (44) et, à la vue (I), dans l'encoche (45).

La vue (I) montre les pièces aux quarts et aux cinq après le déclenchement qui précède la sonnerie du premier quart ; la vue (II) montre ces pièces après le déclenchement précédant la sonnerie d'un quart et de cinq minutes et, la vue (III), après le déclenchement qui précède la sonnerie d'un quart et de dix minutes.

Ces diverses positions sont l'œuvre de limaçons contre lesquels un fort ressort R_3 (fig. 126) pousse violemment les pièces aux quarts et aux cinq, lorsqu'elles sont libérées de leur arrêt. Ce ressort R_3 limite également le jeu en hauteur des pièces aux quarts et aux demi-quarts.

La vue (I), montre que le bras (37) de la pièce aux cinq a été arrêté par le quatrième échelon du *limaçon des cinq* (37') ; tandis que le bras (35) de la pièce aux quarts a dû continuer sa course jusqu'au quatrième échelon du limaçon des quarts (35'). Or, la différence des rayons de ces deux échelons correspondant à l'angle dans lequel sont comprises les dents h_7 et h_8, celles-ci sont venues se superposer aux dents h_5 et h_6 de la pièce aux quarts ; la pièce aux cinq peut alors être considérée comme inexistante.

D'autre part, le quatrième échelon du limaçon des quarts ayant permis le passage des dents h_3 et h_4 devant les levées N' et N, le ressort de barillet provoquera la sonnerie du premier quart, dès que la main abandonnera le levier de déclenchement (1) à l'action de son ressort R_4.

Vue (II), l'échelon du limaçon des quarts étant resté le même, tandis que celui du limaçon des cinq n'a plus avec lui que la moitié de la différence précédente, le glissement de la pièce aux quarts a été réduit de moitié ; la dent h_6 de cette pièce est donc seule recouverte par la dent h_7 de la pièce aux cinq. Un coup, signalant cinq minutes, succédera à la sonnerie du quart.

Enfin, à la vue (III) les bras (35) et (37) étant arrêtés par des échelons de mêmes rayons, deux coups, signalant dix minutes, succéderont à la sonnerie du quart.

FONCTIONNEMENT GÉNÉRAL DE LA RÉPÉTITION. — Lorsque les diverses pièces occupent les positions représentées (fig. 126) si l'on fait mouvoir le bras (1) suivant la flèche, le râteau des heures (32) imprime un mouvement de rotation, dans le sens positif, au pignon (33), au rochet des heures (34), au doigt (38), puis tout s'immobilise lorsque le bras (31) rencontre le limaçon des heures (30).

L'échelon rencontré étant la troisième, les trois premières dents g_1, g_2 et g_3 du rochet (34) ont passé devant la levée des heures N_h.

Pendant ce temps, si l'on a eu soin d'exercer une certaine pression contre le limaçon des heures (30) le dos du bras (31) fait basculer, dans le sens positif, le levier (2) dont l'extrémité pousse, de gauche à droite, le tout-ou-rien *To* qui libère alors l'épaulement (3) de la pièce aux quarts. Cette dernière, ainsi que sa « compagne », la pièce aux cinq, obéissant à l'action du ressort R_3, se déplacent brusquement dans la direction de leur limaçon respectif.

Le bras (37) de la pièce aux cinq est arrêté par le dixième échelon de (37') et, le bras (35), par le sixième échelon de (35'). La différence entre les rayons de ces échelons correspondant à deux pas mesurés aux extrémités des bras, la pièce aux quarts a glissé de deux dents sous la pièce aux cinq. Ces pièces se trouvent alors dans les positions indiquées vue (I) de la figure 127 ; il convient toutefois de remarquer que les dents h_3, h_2 et h_1 ont défilé devant la petite levée des quarts N' et les dents h_8, h_7 et h_4, devant la grande levée des quarts N. Lorsque la main abandonnera le levier de déclenchement, la montre sonnera donc, par l'effet du ressort-moteur, 3 heures ¾.

Au cas où les limaçons des quarts et des cinq auraient été perdus, on pourrait procéder, sans outillage spécial, à la réfection de ces pièces, en opérant comme suit :

1°. tourner deux rondelles d'acier, d'épaisseur convenable, et de diamètre tel, qu'étant posées sur la chaussée, elles ne permettent, lorsque les bras (35) et (37) viennent à leur contact, que juste l'éloignement du bras (36) de la cheville n_2 qui est nécessaire à la levée des heures pour accomplir sa fonction ;

2°. diviser en douze parties égales la plus grande circonférence possible tracée sur la platine, du côté de la cadrature (cette circonférence peut être au milieu de la bate), et munir la chaussée d'un index dont l'extrémité aboutisse aux divisions ci-dessus ;

3°. l'index coïncidant avec 1/12 (5 m.), fig. 127 (III), limer les deuxièmes échelons jusqu'à ce que, les bras (35) et (37) ayant été amenés à leur contact, la dent h_8 passe, en la faisant juste décliqueter, devant la levée N ;

4°. amener l'index sur 2/12 (10 m.) et limer les troisièmes échelons jusqu'à ce que, (35) et (37) les touchant, les dents h_8 et h aient passé devant la levée N ;

5°. ne laisser sur la chaussée que le futur limaçon des quarts, et, le bras (35) étant placé à l'origine de l'échelon précédent, amener l'index sur 3/12 (15 m.) ; ensuite, limer le quatrième échelon en empiétant de la largeur du bras sur les 3/12 de la circonférence (le même empiétement doit exister aux origines des deux autres quarts, c'est-à-dire des cinquième et sixième échelons) ; le rayon du quatrième échelon a atteint sa valeur lorsque la dent h_3 a défilé devant la levée N' et la dent h_8, qui recouvre la dent h_6 de la pièce aux quarts, devant la levée N ;

6°. amener l'index sur 6/12 (30 m.) et limer le cinquième échelon jusqu'à ce que, le bras (35) étant mis en contact avec lui, les dents h_3, h_2 et h_3, h_7, superposées à h_6 et à h_5, aient, respectivement, défilé devant les levées N' et N ;

7°. amener l'index sur les 9 /12 (45 m.) et limer le sixième et dernier échelon jus qu'à ce que, le bras (35) le touchant, les six dents de la pièce aux quarts aient défilé devant les levées N' et N ;

8°. tremper et « revenir » bleu-clair le limaçon des quarts, après avoir percé les trous qu'il comporte, et le remettre sur la chaussée, ainsi que l'ébauche du limaçon des cinq et l'index ;

9°. après avoir eu soin de faire coïncider les origines des troisièmes échelons des deux limaçons, déplacer l'index jusqu'aux 3/12, et limer le quatrième échelon du limaçon des cinq jusqu'à ce que son rayon soit égal à celui du deuxième. On voit que :

- le rayon du 5e échelon est égal au rayon du 3e ;
- le rayon du 6e se confond avec le rayon du 4e du limaçon des quarts ;
- le rayon du 7e est égal au rayon du 5e ;
- le rayon du 8e est égal au rayon du 6e ;
- le rayon du 9e se confond avec le 5e du limaçon des quarts ;
- le rayon du 10e est égal à celui du 8e du limaçon des cinq ;
- le rayon du 11e est égal à celui du 9e ;
- le rayon du 12e se confond avec le 6e du limaçon des quarts.

Après avoir fait subir au limaçon des cinq la même opération thermique qu'au limaçon des quarts, il ne reste plus qu'à leur donner le « fini » des autres pièces.

REMARQUE. — Les coups des cinq, des heures et le dernier coup de chaque quart étant frappés par le même marteau que commande la grande levée des quarts, on pourrait les confondre. Pour éviter cet inconvénient on fait les deux dents de la pièce aux cinq un peu plus courtes que celles du rochet des heures et de la pièce aux quarts. Ainsi, le soulèvement du marteau étant moindre, les coups des cinq minutes sont moins forts et ils se distinguent nettement des autres. La même précaution peut être observée pour la sonnerie des demi-quarts (§ 44).

46. Répétition aux minutes sans tout-ou-rien.

L'avantage des répétitions aux minutes est de réduire à moins d'un soixantième l'erreur entre l'heure sonnée et l'heure indiquée par la montre.

SONNERIES. — La nature et l'ordre dans lesquels s'effectuent les sonneries ne varient pas : c'est-à-dire que les heures sonnent en premier lieu, à raison d'un coup par heure ; puis le, ou les quarts, qui sont individuellement signalés par deux coups successifs de sonorités différentes et, enfin, les minutes dont chacune est signalée, comme un demi-quart et cinq minutes, par un coup moins fort que le dernier coup de l'heure ou des quarts. Les deux marteaux et timbres des répétitions précédentes suffisent donc.

COMMANDE DES MARTEAUX. — L'axe O' du marteau qui frappe le premier coup de chaque quart et l'unique coup de chaque minute, supporte la levée N' et, l'axe O de l'autre marteau qui frappe les heures et le second coup de chaque quart, supporte les levées N_h et N. La première N_h, étant sous la seconde N, n'est pas visible dans la vue d'ensemble de la répétition (fig. 128) ; mais elle est représentée à part, ainsi que les deux autres, à la vue (I) de la figure 129. On sait que leurs épaulements n_1, n' et n servent à éloigner, par leurs tiges o et o', les marteaux de leurs timbres, et que les ressorts R et R' les y ramènent. La mission des ressorts R_2 et R_1 est de ramener, par leurs chevilles n_4, n_3 et n_2, les trois levées à leurs positions normales. La forme très particulière du ressort R_3 se justifie par deux raisons : d'abord, celui-ci agit par ses points n_5 et n_6 simultanément, sur les chevilles n_2 et n_3 des levées N' et N ensuite, il leur sert de pont ; en d'autres termes, il les maintient en place.

COMMANDE DES LEVÉES. — Quand la répétition fonctionne, la levée N_h est commandée, pour la sonnerie des heures, par les dents g_1, g_2..., g_6,... et g_{12} du rochet (34), ou *rochet des heures*, lequel est représenté, ainsi que son pignon (33) et le râteau (32-2-O_5) engrenant avec celui-ci, fig. 129 (II).

Les levées N' et N sont, respectivement, actionnées par les dents h_1, h_2, h_3 et h_4, h_5, h_6, correspondant aux trois paires de coups signalant la sonnerie de trois quarts.

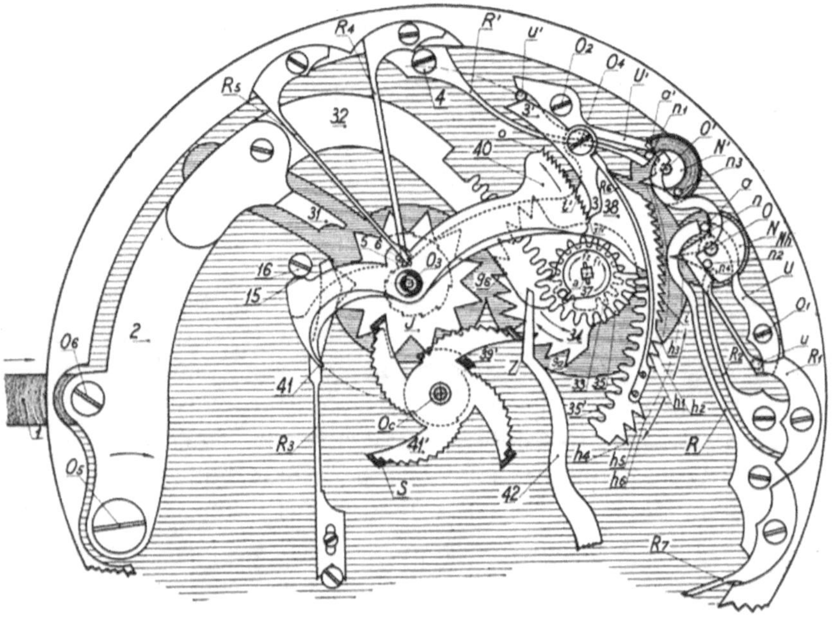

Fig. 128.

Cadrature de la répétition aux minutes sans tout-ou-rien.

Le levier (38-39), auquel appartiennent les six dents ci-dessus, est la *pièce aux quarts* qui pourrait aussi bien être dénommée : *pièce aux quarts et aux minutes* parce qu'elle est également, munie de quatorze dents *i* qui actionnent la levée N' pour la sonnerie des minutes. Mais, la vraie *pièce aux minutes* est un levier (40-41), mobile sur le même axe fixe O_3 que la pièce aux quarts et l'étoile à laquelle est fixé le limaçon des heures (30).

LIMAÇONS ET SURPRISE. — Deux ressorts R_4 et R_5, dont les forces s'appliquent sur des goupilles (5) et (6), tendent constamment à pousser les bras (39) et (41) des pièces (38) et (40) dans la direction du

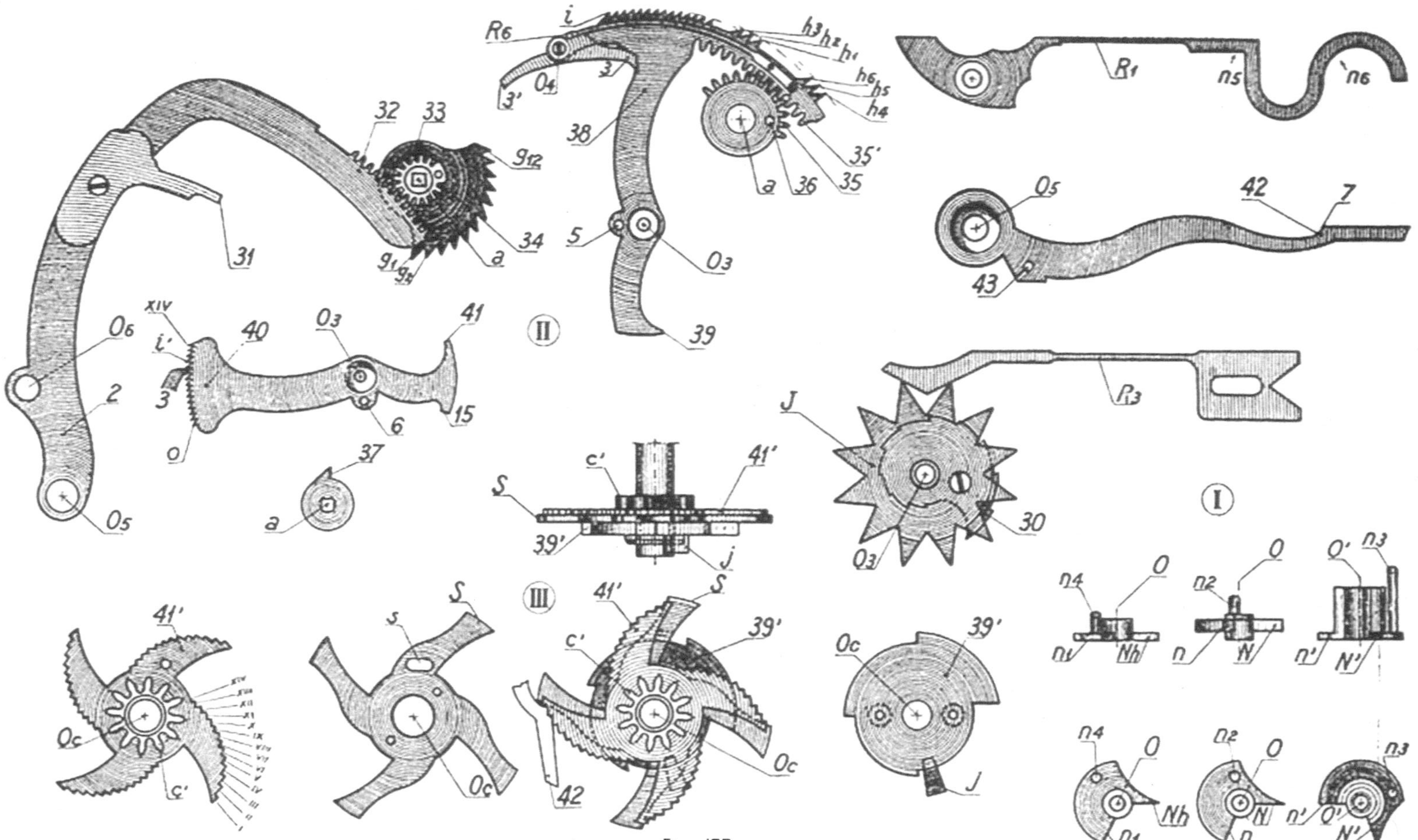

Fig. 129.

Détails : (I), Levées. — (II), Râteaux. — (III), Limaçons.

centre *Oc* de la montre. Toutefois, ces bras ne peuvent jamais atteindre ce but, parce qu'ils rencontrent, le premier, le limaçon des quarts (39') et, le second, le limaçon des minutes (41'), ou l'extrémité d'un des quatre bras d'une pièce S qui constitue la surprise de la répétition aux minutes.

La surprise et le limaçon des quarts sont solidarisés par deux vis et ils sont ajustés, à frottement libre, sur le canon de la chaussée *c'*, de laquelle le limaçon des minutes est, au contraire, solidaire.

Le jeu circulaire du groupe (S-39') est réglé par une goupille, chassée sur le limaçon des minutes, qui pénètre dans une ouverture oblongue *s* pratiquée dans la surprise, fig. 129 (III).

Un levier-sautoir (7-42), mobile en O_5, partiellement vu à la figure 128, et vu en entier à la figure 129 (I), est poussé par le ressort R_7 contre la surprise. La cheville (43) sert de point d'appui à ce ressort.

Tant que la montre ne marque pas exactement un quart il faut que la sonnerie de quatorze minutes puisse s'effectuer. Pour cela, on réduit l'avant des quatre bras du limaçon des minutes d'une largeur au moins égale à celle du bras (41) de la pièce aux minutes. Généralement, l'avant du limaçon des quarts se confond avec celui du limaçon des minutes, lorsque la surprise est dissimulée sous celui-ci.

Mais, lorsque la grande aiguille arrive à la quinzième minute, il faut restituer, automatiquement, à la pièce aux minutes, la matière qui lui a été enlevée. C'est précisément ce rôle que remplit la surprise, par l'effet conjugué du sautoir et de son ressort, lorsque le saillant (7) rencontre l'arrière d'un bras.

La vue (III) montre la surprise après son déplacement de l'arrière à l'avant. Celle-ci est ramenée sous le limaçon au moment de la treizième minute où le sautoir va monter sur l'extrémité d'un bras. Ce mouvement rétrograde est provoqué par la résistance de frottement du sautoir.

REMARQUE. — À la soixantième minute, le mouvement en avant, communiqué à la surprise par le sautoir, sert également à amener le premier échelon du limaçon des quarts (39') devant le bras (39) de la pièce aux quarts. C'est assez dire que la surprise des quarts devient inutile et que le doigt *j* (III) de (39') ne sert que pour la menée de l'étoile J. (Les grandeurs relatives des limaçons des quarts et des minutes, telles qu'elles sont représentées figure 129 (III) sont préférables à celles qui sont représentées figure 128).

LIAISON DES PIÈCES AUX QUARTS ET AUX MINUTES. — Ces deux pièces sont reliées, pendant la sonnerie des minutes, par un cliquet

(3), mobile en O_4 sur la pièce aux quarts et qu'un ressort R_6, fixé sur celle-ci, pousse contre la denture de la pièce aux minutes. À chaque déclenchement, cette dernière est rendue indépendante de la pièce aux quarts par suite de la rencontre du bras (3) du cliquet avec une tête de vis (4) (fig. 130), qui sert aussi à fixer sur la platine le ressort R' du marteau sonnant le premier coup de chaque quart et les minutes.

BARILLET DE LA RÉPÉTITION ; PIÈCES SUPPORTÉES PAR L'ARBRE. LES POINTS D'ARRÊT DE LA RÉPÉTITION. — Le barillet et le petit rouage sont, en principe, les mêmes que ceux qui ont été précédemment décrits. Par contre, le carré *a* de l'arbre de ce barillet supporte, en outre du rochet des heures (34) et de son pignon (33), deux autres pièces, qui n'ont pas encore été mentionnées. Ce sont : un doigt (37) et un pignon (35) dont la périphérie est, comme celle de (33), partiellement dentée et sur lequel est implantée une goupille (36) dont l'extrémité libre se trouve dans la trajectoire du doigt. Ce pignon est ajusté à frottement libre sur un tigeron qui suit le carré sur lequel sont montés le rochet des heures et son pignon, fig. 129 (II). Le carré qui reçoit le doigt doit donc être plus petit que le précédent. (Ces deux carrés pourraient être égaux ; il suffirait, pour cela, d'aménager sur la face postérieure du doigt le tigeron destiné au mobile (35)).

Le ressort-moteur tend à se désarmer en faisant tourner l'arbre *a* dans le sens positif (flèche *f2* - fig. 128). Mais, tant qu'on ne déclenche pas la répétition, il en est empêché par les pièces suivantes : le doigt (37), la goupille (36), le pignon (35) ; la denture intérieure (35') avec laquelle engrène (35) et qui fait partie de la pièce aux quarts (38), le cliquet (3) et, enfin, le talon (15) de la pièce aux minutes qui bute contre une tête de vis (16) fixée sur la platine.

En résumé, la répétition est immobilisée par la rencontre du talon (15) de la pièce aux minutes avec la butée (16).

DÉCLENCHEMENT. — Le mode de déclenchement de la répétition aux minutes est identique à celui de la répétition aux quarts sans tout-ou-rien (§ 42). En admettant que les organes de comptage des coups à sonner occupent les positions représentées à la figure 128 et si l'on presse sur un poussoir qui déborde la carrure, un mouvement rectiligne en résulte qui se transmet au bras (1) articulé en O_6 sur un levier (2), mobile en O_2. Ce levier acquiert un mouvement circulaire dans le sens positif, mouvement limité par la rencontre du bras (31) avec le dixième échelon du limaçon des heures (30) (fig. 128), et, qui provoque les effets suivants :

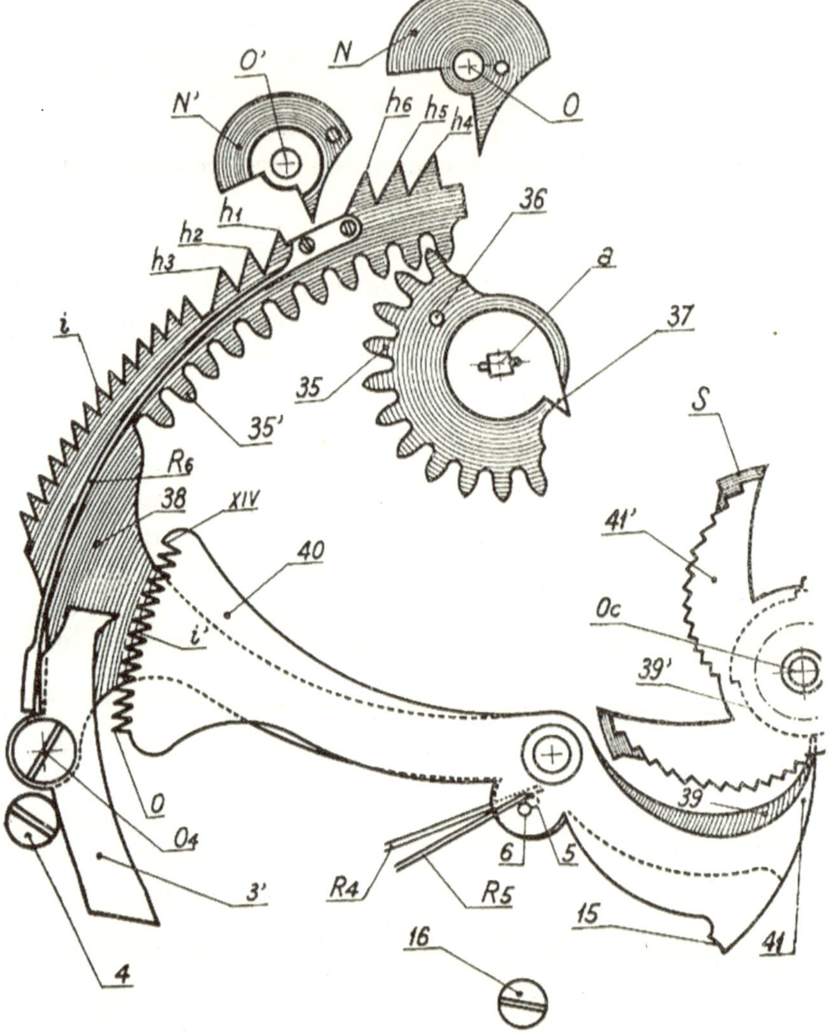

Fig. 130.

Pièces aux quarts et aux minutes après un déclenchement.

1°. le râteau (32), qui fait partie, comme (31), du levier (2), imprime au pignon (33), au rochet (34), au doigt (37) et à l'arbre de barillet *a* un mouvement de rotation dans le sens de la flèche *fi* ;

2°. le ressort moteur s'enroule et s'arme, par conséquent, autour de la bonde de l'arbre ;

3°. les dents g_1..., g_6... et g_{12} du rochet des heures (34) ont défilé, en la faisant décliqueter, devant la levée des heures ;

4°. le doigt (37) s'étant éloigné de la goupille (36) du mobile (35), la pièce aux quarts (38) peut obéir à l'action de son ressort R_4 et son bras (39) vient alors s'arrêter contre le deuxième échelon du limaçon des quarts (39'), qui est celui du premier quart, cependant que les dents *h*3 et *h*6 ont défilé, la première devant la levée N' et, la seconde, devant la levée N ;

5°. le cliquet est sorti des dents *i'* de la pièce aux minutes, lors de la rencontre du bras (3') avec la butée (4) (fig. 130) ;

6°. la pièce aux minutes (40) obéissant, à son tour, à son ressort R_5, son bras (41) vient s'arrêter contre le dixième échelon du limaçon des minutes (41').

Abandonnant, maintenant, le poussoir, si l'on observe les effets de la réaction du ressort de barillet, on voit que :

1°. les douze dents du rochet provoquent, en attaquant la levée N*h*, douze soulèvements et autant de chutes du marteau des heures sur son timbre ;

2°. le doigt (37) vient, après la sonnerie des heures, entraîner la goupille (36), le pignon (35) et, par la denture (35'), la pièce aux quarts (38) ;

3°. les dents *h*3 et *h*6 attaquent, respectivement les levées N' et N et les deux marteaux frappent, successivement, un coup sur leurs timbres respectifs ;

4°. dix des dents *i*, qui suivent *h*3, attaquent, les unes après les autres, la levée N' qui sert aussi à sonner les minutes ;

5°. le cliquet a pénétré, immédiatement après la sonnerie du quart, dans le dixième creux de la denture *i'*, à partir de zéro, de la pièce aux minutes (40) qui, pendant que dure la sonnerie des minutes accomplit le même, mouvement angulaire que la pièce aux minutes ;

6°. le talon (15) de la pièce (40) rencontrant, aussitôt après la sonnerie de la dernière minute la répétition, est immobilisé après avoir sonné douze heures, un quart et dix minutes. La figure 130 montre les positions occupées par les pièces aux quarts et aux minutes avant la sonnerie de trois quarts et de quatorze minutes.

REMARQUE. — La répétition aux minutes, qui vient d'être décrite, a, entre autres, la similitude suivante avec la répétition aux quarts sans tout-ou-rien : la pièce aux quarts n'occupe jamais la même position au moment de l'arrêt, sauf, bien entendu, si l'on déclenche plusieurs fois la sonnerie pendant la même minute. Le cliquet subit les mêmes fluctuations ; c'est ainsi qu'il se trouve, pendant et après les sonneries de 14, 13, 12, 11, 10, 9...2, et 1 minutes, dans les 14e, 13e, 12e, 11e, 10e, 9e,... 2e et 1er vides de la denture *i'*.

Lorsque la montre marque l'heure ou le quart juste, le cliquet se trouve devant la dent zéro.

Pour réduire la résistance passive provoquée par le sautoir, on limite, parfois son parcours par une goupille fixée sur la platine. Il existe d'ailleurs un moyen d'opérer plus efficace qui est signalé dans la répétition suivante. On retiendra, toutefois, qu'il faut que le lanternage de la chaussée (*L'Horloger*, tome I, § 43) soit tel que la fixité de celle-ci ne soit pas compromise par le jeu du sautoir de surprise.

La remise à l'heure de ce type de montre à sonnerie ne doit se faire que dans le sens positif.

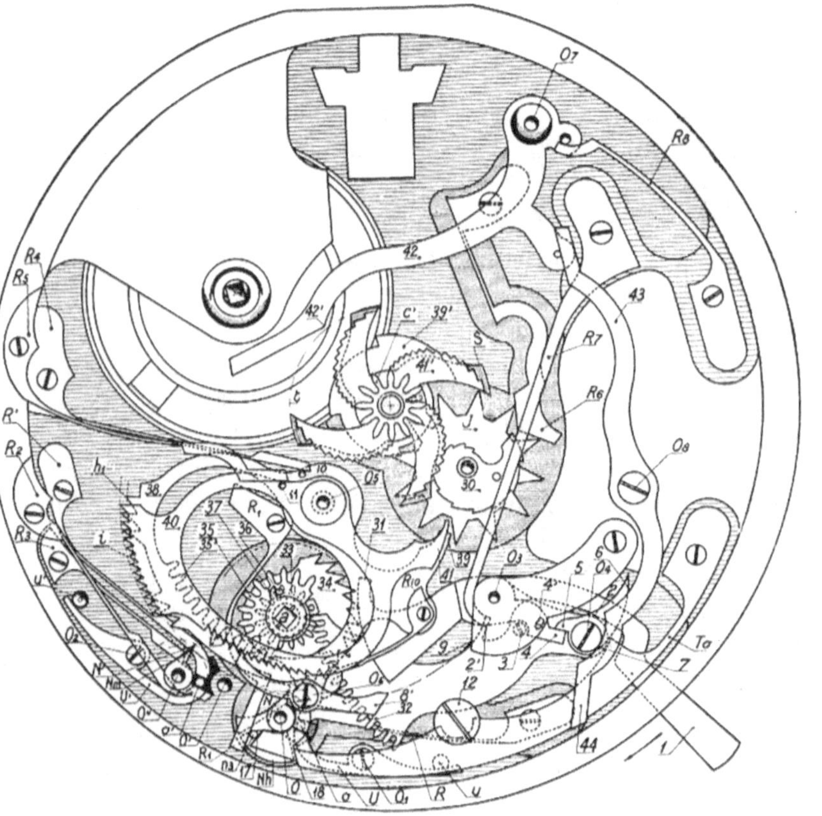

Fig. 131.

Cadrature de la répétition aux minutes à tout-ou-rien.

47. Répétition aux minutes à tout-ou-rien et à isolateur de surprise.

La répétition aux minutes, précédente, se fait en qualité ordinaire ; celle qui suit se fait, au contraire, en qualité très soignée.

COMMANDE DES MARTEAUX. — Les marteaux sont actionnés par l'intermédiaire de quatre levées : N*h* est la levée des heures ; N*m*, la levée des minutes ; N', la levée du marteau frappant le premier coup de chaque quart et, N, la levée du marteau qui frappe le second coup, fig. 131 et fig. 132 (I). N*h* et N sont supportées par l'axe O du second marteau ; N' et N*m* sont supportées par un axe fixe O". L'axe O' du premier marteau ne servant que de tourillon, son extrémité s'arrête au niveau du fond de la platine (fig. 131).

Comme dans les répétitions précédentes, les épaulements *n, n'*, n_1 et n_2, servent à entraîner les marteaux par leurs tiges *o* et *o'* ; les ressorts R et R', qui maintiennent, ordinairement, ces tiges contre les extrémités des leviers U et U' (contre-marteaux), sont le siège des forces avec lesquelles les marteaux frappent, aux moments voulus, sur leurs timbres ; les ressorts R_2 et R_3, dont les extrémités libres reposent, respectivement, sur le fond de fraisures latérales pratiquées dans les levées N' et N*m*, servent à ramener celles-ci à leurs positions normales quand elles ont été écartées, en même temps qu'ils les maintiennent sur leur axe commun ; enfin, le ressort R_1 remplit les multiples effets énumérés à la fin du paragraphe 44.

COMMANDE DES LEVÉES. — Dans cette répétition, la *pièce aux quarts* (38-39) ne comprend que les deux groupes de trois dents h_1, h_2, h_3 et h_4, h_5 h_6, qui actionnent alternativement les levées N' et N pour la sonnerie des quarts. Les quatorze dents *i* qui, en actionnant la levée N*m* provoquent la sonnerie des minutes, font partie du même levier (40-41), qui supporte les dents de comptage *i'*. Ce levier, qui n'est autre que la pièce aux minutes, a son centre de mouvement sur le même axe fixe O_5 que la pièce aux quarts. La liaison entre ces deux pièces est assurée, comme dans la répétition aux minutes sans tout-ou-rien, par un cliquet (8-8') qui est mobile sur le tourillon d'une vis à portée O_6, fixée sur la pièce aux quarts. Deux ressorts R_3 et R_5, qui ont leurs points d'application sur les chevilles (10) et (11), fig. 132 (III), ont pour mission, à chaque déclenchement, de pousser les pièces aux quarts et aux minutes contre leurs limaçons (39') et (41') (fig. 131).

Quant à la levée N*h* ce sont les douze dents du rochet (34) qui la commandent pour faire sonner les heures.

FORCE MOTRICE. — ÉQUIPEMENT DE L'ARBRE DU BARILLET DE LA RÉPÉTITION. — Est-il besoin de rappeler que le siège de la force motrice est dans le barillet dont les deux seules pièces mobiles sont la roue commandant le petit rouage et l'arbre autour de la bonde duquel s'arme le ressort-moteur.

L'équipement de la partie de l'arbre qui déborde la platine du côté de la cadrature est exactement le même, abstraction faite du « fini » des pièces, que celui de la répétition précédente : il comprend, en effet, le rochet (34) et son pignon (33), le pignon (35) sur lequel est chassée une cheville (36), et un doigt (37). Le premier et le dernier de ces trois mobiles sont montés sur le carré *a*, tandis que le mobile intermédiaire (35) est ajusté à frottement libre sur un dégagement cylindrique pratiqué sur la face postérieure du doigt.

POINTS D'ARRÊT. — LEVIER TOUT-OU-RIEN. — Le ressort-moteur se désarmant dans le sens positif lorsqu'on regarde la cadrature, le doigt (37) entraîne par sa goupille (36) le mobile (35) qui, à son tour, entraîne la pièce aux quarts (38-39) par sa denture intérieure (35'). Ces mouvements cessent lors de la rencontre de la concavité (15) de la pièce aux quarts et du flanc (16) de la levée N, fig. 131 et 132 (I) et (III). À ce moment, le talon (18) de la pièce aux quarts, fig. 132 (III), est venu s'accrocher sur l'extrémité (19) du levier tout-ou-rien T*o* ; la similitude de ces dernières fonctions avec celles des répétitions aux demi-quarts et aux cinq minutes est très apparente.

Quant aux points d'arrêt de la pièce aux minutes, ils subissent les fluctuations de la pièce similaire appartenant à la répétition aux minutes sans tout-ou-rien.

ÉQUIPEMENT DE LA CHAUSSÉE. — Cet équipement est aussi le même que celui de cette dernière répétition ; c'est-à-dire que la chaussée supporte le limaçon des minutes (41'), la surprise S et le limaçon des quarts (39'). Le premier est solidaire de la chaussée, tandis que S et (39') qui sont solidaires l'un de l'autre, sont ajustés à frottement doux sur le canon *c"*. La vue (I) (fig. 133) montre les faces postérieures de ces pièces. La bague (45), qui est ajustée à frottement élastique sur le canon *c"* de la chaussée, sert à maintenir, contre le limaçon des minutes, le groupe (S-39'), tout en lui laissant la liberté de se mouvoir concentriquement à la chaussée dans la mesure permise par son ouverture oblongue dans laquelle pénètre la cheville *w* du limaçon des minutes. Le doigt *j* sert à faire sauter l'étoile J d'une dent à chaque heure. Quant au ressort R9 qui n'existe pas dans la répétition précédente, son rôle apparaîtra bientôt.

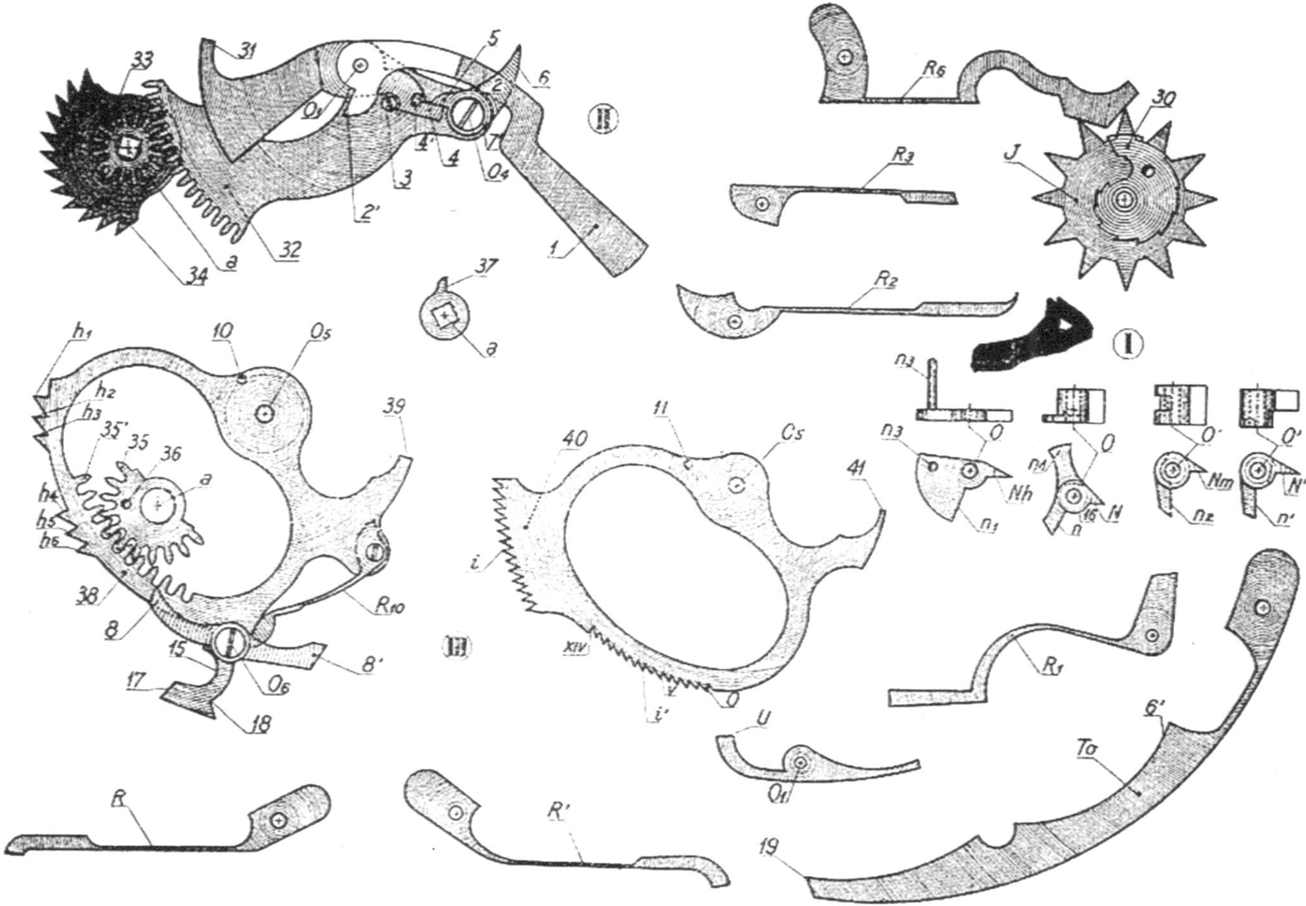

Fig. 132.

(I), Détail de levées, du tout-ou-rien et du limaçon des heures. — (II), Leviers de déclenchement provoquant le décrochement de la pièce aux quarts par le tout-ou-rien. — (III), Pièce aux quarts et pièce aux minutes.

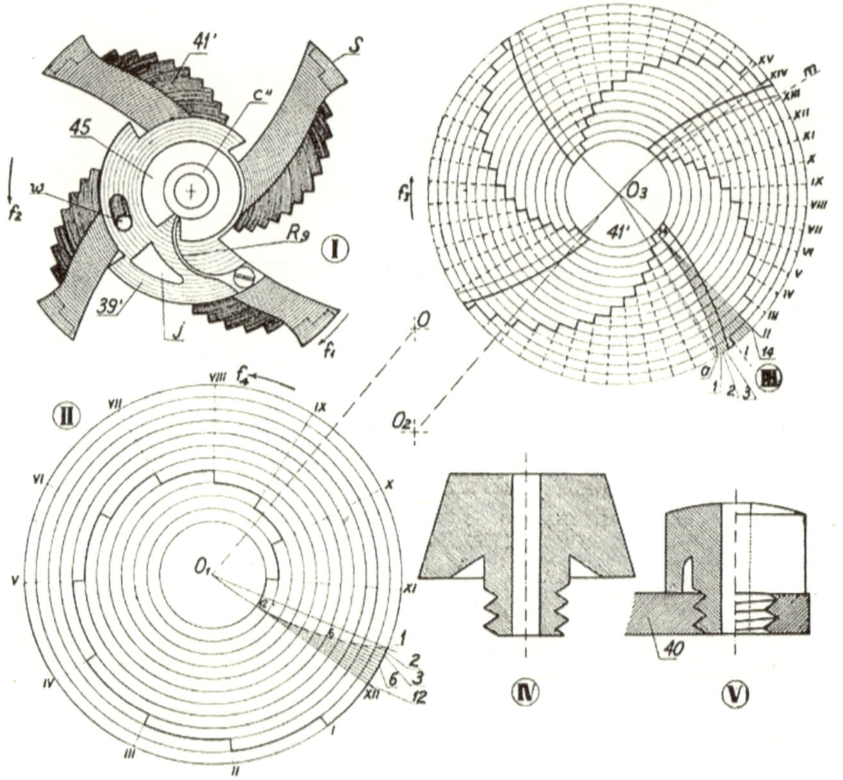

Fig. 133.

(I), Vue postérieure des pièces supportées par la chaussée. — (II), Tracé du limaçon des heures d'une répétition. — (III), Tracé du limaçon des minutes. — (IV) et (V), Ébauche et finition d'un canon dont le trou sert de pivotement à certaines pièces.

LEVIERS DE DÉCLENCHEMENT. — COMPTAGE DES COUPS D'HEURES À SONNER. — Le premier levier de déclenchement est le verrou, dont il a déjà été question dans quelques répétitions, que l'on déplace sur la périphérie de la boîte lorsqu'on veut faire sonner la montre.

Les autres leviers sont (1-2-O_3-2') ; (O_3-4) ; (5-O_4-6) et, finalement, le tout-ou-rien (T*o*-19).

Le râteau (32), sur lequel est fixée la vis à portée O_4, et le bras (O_3-31) servent, concurremment avec le limaçon (30), au comptage des coups d'heures à sonner.

Le râteau (32) et le levier (31-O_3-4) sont reliés par une goupille (4') qui peut jouer dans un trou ovalisé ; au repos, le tout-ou-rien T*o* oblige, par l'intermédiaire de la bascule (6-O_4-5), le bras (31) à prendre son maximum de mouvement en avant. Une pression de (31) contre le limaçon des heures produisant l'effet contraire, la bascule repousse, contre la bate, le tout-ou-rien dont l'extrémité (19) libère le talon (18) de la pièce aux quarts.

Le ressort R_7, qui a son point d'application à l'extrémité (2') du levier (1-2-O_3-2') tend constamment à imprimer à ce dernier, et au verrou extérieur, un mouvement dans le sens négatif.

Un pont maintient les trois leviers ci-dessus, y compris le râteau, sur leur axe commun O_3.

Ce pont joue encore un autre rôle : son plan incliné (9), qui se trouve dans la trajectoire de la queue (8') du cliquet (8), provoque, lorsque la pièce aux quarts tombe sous l'action du ressort R_4, la basculation du cliquet autour de la vis à portée O_6, rendant ainsi son indépendance à la pièce aux minutes (40) qui peut alors obéir à son ressort R_5.

RÉCAPITULATION DES FONCTIONS QUI SE PRODUISENT, D'ABORD, PAR L'EFFORT DE LA MAIN ET, ENSUITE, PAR LA FORCE DU RESSORT-MOTEUR. — Si l'on imprime au verrou extérieur un mouvement dans le sens positif (*c'est* le seul possible), les fonctions suivantes se produisent plus ou moins simultanément :

1°. le bras (1-2) entraîne, dans le même sens, le râteau (32) et le bras (31) ;

2°. le pignon (33), le rochet (34), le doigt (37) et l'arbre de barillet *a* tournent dans le sens négatif ;

3°. le ressort de barillet acquiert le complément d'armage qui lui est nécessaire, cependant que le doigt s'éloigne de la cheville (36) du pignon (35) ;

4°. lorsque le bras (31) rencontre le limaçon (30), un effort suffisant de la main fait reculer la cheville (4') dans le trou oblong du râteau ; le bras (4) fait basculer, dans le sens positif, le levier (5-O_4-6) dont le bras (6), en repoussant la partie (6') du tout-ou-rien T*o* (fig. 132), provoque le décrochement par (19) du talon (18) de la pièce aux quarts ;

5°. l'engrenage intérieur (35'-35) étant libéré du doigt (37), la pièce aux quarts tombe par l'effet de son ressort R_4 jusqu'à ce que son bras (39) rencontre le limaçon des quarts (39') ;

6°. pendant cette chute, le bras (8') ayant rencontré le plan incliné (9), le cliquet sort de la denture *i'* et la pièce aux minutes (40) tombe, à son tour, sous l'action du ressort R_5, jusqu'à ce que son bras (41) rencontre le limaçon des minutes (41').

À la fin de ce déclenchement, les limaçons occupant les positions représentées à la figure 131, sept dents du rochet (34) ont passé en deçà de la levée N*h* ; les dents h_1, h_2, h_3 et h_4, h_5, h_6 de la pièce aux quarts ont défilé, respectivement, devant la levée N' et devant la levée N ; enfin, cinq des dents *i* de la pièce aux minutes ont passé en deçà de la levée N*m*.

Dès que l'on cesse de retenir le verrou, le ressort R_7 le ramène instantanément, ainsi que le levier (2'-O_3-2-1), à leur position de repos, tandis que le ressort de barillet provoque les fonctions ci-après :

1°. la roue motrice entraîne le rouage régularisant la vitesse du désarmage ;

2°. l'arbre *a* tournant, avec son équipement dans le sens positif, les six premières dents du rochet (34) attaquent la levée N*h* et la sonnerie de six heures s'effectue ;

3°. le doigt (37) ayant rattrapé la cheville (36), le pignon (35) entraîne, par la denture intérieure (35'), la pièce aux quarts dont les deux groupes de dents provoquent la sonnerie des trois quarts en actionnant successivement les deux marteaux par l'intermédiaire des levées, N' et N ;

4°. à la fin de cette sonnerie le cliquet (8), dont la queue (8') a abandonné le plan incliné (9), pénètre, sous l'action de son ressort R_{10}, dans le sixième vide de la denture c'est-à-dire qu'il se trouve au point *v* devant la cinquième des petites dents de la pièce aux minutes, fig. 132 (III) ;

5°. dès cet instant, la pièce aux quarts entraîne, par le cliquet (8), la pièce aux minutes dont les cinq dernières grosses dents *i* attaquent la levée N*m* et font sonner cinq minutes

6°. les sonneries achevées, le ressort-moteur continue à entraîner la pièce aux quarts jusqu'à ce que sa concavité (15) vienne s'immobiliser contre le flanc (16) de la levée N.

À ce moment les diverses pièces de la cadrature ont repris les positions de repos représentées à la figure 131, sauf le cliquet (8) qui reste devant la dent *v* de la pièce aux minutes.

ISOLATEUR DE SURPRISE. — L'isolateur de surprise est un dispositif très simple qui maintient le sautoir (42-42') écarté de la surprise S aussi longtemps que l'on ne fait pas fonctionner la répétition. Ainsi est supprimé un pernicieux freinage perturbant la bonne marche de la montre.

À cet effet, on a adjoint au sautoir un bras muni d'une cheville sur laquelle agit le bras (43), d'un levier, mobile autour d'une vis à portée O_8, dont un second bras (44) repose, ordinairement, contre la périphérie (7) de la tête de vis à portée O_4 qui sert de point de pivotement à la bascule de déclenchement (5-O_4-6) (fig. 131).

Mais, lorsqu'on déclenche la répétition, la tête O_4 s'étant éloignée du bras (44), le ressort R_8 a toute liberté pour amener le sautoir contre la surprise S. À la fin de la sonnerie, la tête O_4 en revenant à sa position de repos, oblige le levier (44-O_8-43) à écarter, de nouveau, le sautoir de la surprise S jusqu'au prochain déclenchement.

RESSORT AUXILIAIRE DE LA SURPRISE. — Pour permettre la mise à l'heure dans les deux sens, on a imaginé de fixer sur le limaçon des quarts (39') un ressort R_9, fig. 133 (I) dont l'extrémité libre a son point d'appui sur l'un des côtés de la fente pratiquée dans la bague (45). Celle-ci ne pouvant se déplacer sur le canon de la chaussée par l'action du ressort, c'est le pied de ce dernier qui se déplace, suivant la flèche *fi*, en entraînant le groupe formé par le limaçon des quarts et la surprise S. Le sens de ce déplacement est positif parce que les pièces de la chaussée montrent leurs faces postérieures ; il serait négatif si ces pièces montraient leurs faces opposées. En résumé, le ressort R_9 tend toujours à ramener le groupe (S-39') en arrière, c'est-à-dire sous le limaçon des minutes.

Lorsque la répétition est déclenchée, le ressort R_9 doit céder le pas au ressort du sautoir ; autrement dit, la force de celui-ci doit prédominer la force de celui-là. Le ressort auxiliaire de surprise est un corollaire de l'isolateur de surprise.

TRACÉ DES LIMAÇONS DE RÉPÉTITIONS. — On se donne la distance des centres des limaçons et des leviers dont ceux-ci règlent les chutes, ainsi que les dimensions intérieures et extérieures.

Soit à tracer un limaçon des heures, fig. 133 (II). O O_1 est la distance des centres du râteau et du limaçon ; (1-12) est l'arc total décrit, de O comme centre, par le bras du râteau.

Diviser cet arc en onze parties égales et, du centre O_1, faire passer par chaque point de division une circonférence. Dans ces onze circonférences seront compris les onze échelons faisant suite à celui qui se confond avec la circonférence maximum et qui correspond à la sonnerie d'une heure.

Tracer les rayons passant par les points d'intersection des onze circonférences et des onze divisions de l'arc 1-12.

La longueur du premier pas s'obtient en portant le douzième de la circonférence totale de 1 en I.

On obtient le point II du second pas, en portant deux douzièmes, toujours sur la circonférence totale, de l'extrémité 2 du rayon (O_1-2).

On obtient le point III du troisième pas, en portant trois douzièmes de l'extrémité 3 du rayon (O_1-3).

Et, ainsi de suite.

REMARQUE. — Contrairement à ce que l'on observe dans un limaçon qui règle la chute d'une crémaillère, la longueur de chaque échelon varie à cause du mouvement circulaire du bras du râteau. En outre, les échelons ne peuvent avoir, exactement, la même hauteur du fait que l'on divise l'arc et non la corde du segment.

TRACÉ D'UN LIMAÇON DES MINUTES. — Soit (O_2-O_3) la distance des centres de ce limaçon et de la pièce aux minutes. Lors de sa chute totale, le bras de la pièce aux minutes décrit, de O_2 comme centre, l'arc (*o* -14).

Diviser cet arc en quatorze parties égales.

Par chaque point de division, faire passer des circonférences concentriques à O_3 et tracer, à partir des points d'intersection des circonférences et des points de division, les rayons O_3 - *o*, O_3 -1, O_3 -2... et O_3 -14.

Les arcs *o-m* et *o*-I représentent, respectivement, le quart et le soixantième de la circonférence totale.

Le point I représente donc la limite du premier échelon qui est l'échelon correspondant à zéro minute à sonner.

Pour avoir le point II qui marque la limite de l'échelon de la première minute, porter, sur la grande circonférence, deux soixantièmes depuis l'extrémité 1 du rayon (O_3 -1).

Pour avoir le point III porter trois soixantièmes depuis l'extrémité 2 du rayon (O_3 -2). Et, ainsi de suite.

REMARQUES. — Dans la pratique, on dégage l'avant du premier échelon de chacune des quatre branches comme il est indiqué à la vue (III). Ce qui reste du premier échelon peut être supprimé puisque, dans les quatre branches, il est remplacé par la surprise lorsque la montre marque l'heure ou le quart juste, c'est-à-dire, lorsqu'il n'y a pas de minutes à sonner.

Les machines à tailler les limaçons des minutes doivent pouvoir réaliser les divers mouvements du tracé ci-dessus.

CANONS DONT LES TROUS SERVENT DE PIVOTEMENT À CERTAINS LEVIERS DE RÉPÉTITIONS ET AUTRES PIÈCES COMPLIQUÉES. — Parmi les leviers utilisant ces canons, on peut citer, notamment, les pièces aux quarts, aux minutes, etc. Le mode de fixation d'un canon sur son levier est la rivure. Dans les mécanismes soignés, le canon est vissé sur le levier ; mais, la minceur de ce dernier rend obligatoire l'emploi de tarauds à pas très fin et il importe de lui éviter toute ébiselure afin de lui conserver les quelques filets qu'il peut contenir. Pour résoudre ce problème, on peut employer la méthode suivante qui est à la portée de l'artisan horloger : ébaucher le canon, comme le montre la vue (IV) ; en forger la périphérie : après rectification au burin, le canon a l'aspect représenté à la vue (V). L'origine du filetage se trouvant à l'intérieur de la portée, le levier se visse facilement jusqu'à celle-ci.

Conclusion. — Il existe, certes, un grand nombre d'autres mécanismes de sonneries présentant un intérêt indiscutable, mais leur description ne peut trouver place dans cet ouvrage. Non seulement une telle publication deviendrait fort onéreuse, mais on serait fatalement amené, à cause de l'invariabilité des rôles assignés à ces sortes de mécanismes, à reprendre une fois de plus les mêmes explications. L'essentiel pour le praticien est d'être parfaitement fixé sur les organes qu'il peut rencontrer dans chaque type de sonnerie. L'expérience aidant, il sera vite en mesure d'analyser les calibres nouveaux qui pourront lui passer entre les mains.

Table des Matières

Chapitre IV – Horloges d'appartement sonnant les heures et les quarts

Chapitre V

Chapitre VI – Horloges d'édifice

Chapitre VII – Montres à sonnerie

Horlogerie

www.decoopman.com

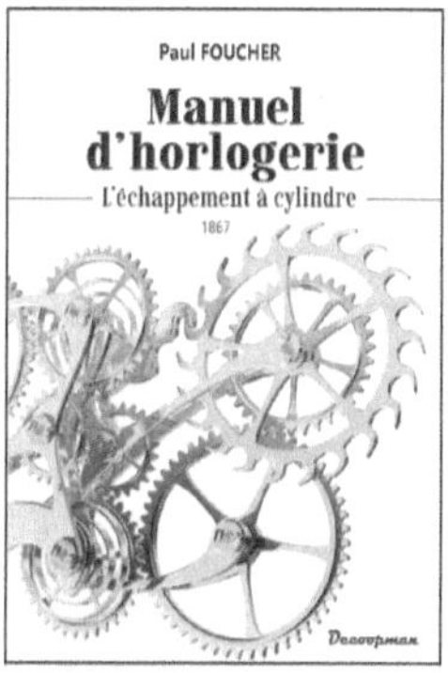

Éditions Decoopman - Ferrières - 30440 Saint-Laurent-le-Minier
Tel : +33 (0) 4.67.73.90.95 - web : www.decoopman.com - e.mail : livres@decoopman.com

Horlogerie

www.decoopman.com

www.ingramcontent.com/pod-product-compliance
Lightning Source LLC
LaVergne TN
LVHW090420061026
849522LV00002B/422